高职高专"十三五"规划教材

金属切削原理与机床

U0258434

● 胡黄卿 主编

第四版

JINSHU QIEXIAO YUANLI
YU JICHUANG

化学工业出版社
·北京·

本书根据《金属切削原理与机床》课程的基本要求和教材编写大纲，遵循"拓宽基础，强化能力，立足应用，激发创新"的原则编写而成。

本书的主要内容包括：金属切削原理、金属切削刀具和金属切削机床三大部分。金属切削原理主要介绍了金属切削中切屑的形成和变形、切削力和切削功、切削热和切削温度、刀具的磨损机理和刀具寿命、切削振动和加工表面质量等。在金属切削机床与刀具方面重点介绍了车削过程基本规律及其应用；车床、磨床和铣床能完成的主要工作、组成、结构特征、传动系统分析和车刀、铣刀的种类、构造、几何参数及其选用，切削力的计算方法等。并简要介绍了滚齿机、钻床、镗床、插床、拉床、刨床等能完成的主要工作任务和基本构造；钻头、铰刀、镗刀、复合孔加工刀具、拉刀和滚刀等刀具的组成、种类、加工方式和切削用量的确定等。

本书有配套的电子教案和课件，可登录化学工业出版社教学资源网免费下载。

本书集金属切削原理、金属切削机床和金属切削刀具为一体，适用于高职高专机械工程类（机械设计、机械加工、机械维修与保养）专业，近机械类及高等工程专科学校（包括本科少学时、成人高校及重点中等专业学校）、职工大学、从事机械行业的职工进行职业培训时开设金属切削原理、金属切削机床和金属切削刀具综合课程的教学用书。

图书在版编目（CIP）数据

金属切削原理与机床/胡黄卿主编. —4 版. —北京：化学工业出版社，2020.1（2025.2 重印）
高职高专"十三五"规划教材
ISBN 978-7-122-35748-9

Ⅰ.①金… Ⅱ.①胡… Ⅲ.①金属切削-机床-高等职业教育-教材 Ⅳ.①TG502

中国版本图书馆 CIP 数据核字（2019）第 259437 号

责任编辑：高　钰　　　　　　　　　　文字编辑：陈　喆
责任校对：王　静　　　　　　　　　　装帧设计：刘丽华

出版发行：化学工业出版社（北京市东城区青年湖南街 13 号　邮政编码 100011）
印　　装：北京建宏印刷有限公司
787mm×1092mm　1/16　印张 16　字数 387 千字　2025 年 2 月北京第 4 版第 4 次印刷

购书咨询：010-64518888　　　　　　　　售后服务：010-64518899
网　　址：http://www.cip.com.cn
凡购买本书，如有缺损质量问题，本社销售中心负责调换。

定　　价：48.00 元

前言

本书第一版于 2004 年出版，第二版于 2009 年出版，第三版于 2012 年出版。在十多年的使用过程中，得到了众多读者的认可，同时收到了许多读者提出的宝贵意见。由于切削技术在不断发展，对金属切削原理、刀具、机床的课程内容也提出了新的要求，为了使本书更适合发展和读者的需要，我们在第三版的基础上进行了修订。这次修订主要做了以下几方面的工作。

① 删除了切削热与切削力的实验内容，SG 砂轮、人造金刚石砂轮和立方氮化硼砂轮等内容。

② 修改了刀具材料中的硬质合金种类、牌号及其性能，工件材料切削加工性的衡量指标；修改了表面质量标志，砂轮的特殊性及其选择等内容的表述方式。

③ 增加了新型硬质合金，刀具材料的选用原则，几种难加工材料的切削加工性［介绍了广泛使用的两类材料（高锰钢和不锈钢）的切削加工性］，切削液的润滑机理，可转位车刀夹紧结构的选择，砂轮的安装与修整，内排屑深孔钻和外排屑深孔钻等内容。

④ 金属切削机床型号编制用 GB/T 15375—2008 内容代替了 GB/T 15375—1994。

本书的内容已制作成用于多媒体教学的 PPT 课件，并将免费提供给采用本书作为教材的院校使用。如有需要，请发电子邮件至 cipedu@163.com 获取，或登录 www.cipedu.com.cn 免费下载。

本书自出版以来，受到广大读者的关心与爱护，在此深表感谢！

由于修订时间仓促，书中难免有不足之处，敬请读者批评指正。

编　者
2019 年 10 月

第一版 前言

　　本书是高职机械工程类（机械设计、机械加工、机械维修与保养）专业的全国统编教材。也可作为中等专业学校、职工大学、成人教育的试用教材以及工厂技术人员的参考书。

　　本书的特点是通俗易懂，文字简练，图文并茂。主要突出金属切削过程中切削力、热及温度的变化，刀具的磨损，刀具材料与合理几何参数的选择和切削用量的制订，切削液的选择以及机床的加工范围、组成、结构特征和传动系统分析等实用知识，并注重各个知识面的有机结合。

　　本书力求保持教材和生产实际相结合、专业理论为专业技能服务的基本原则，注重对学生专业能力和解决生产实际问题能力的培养，使学生获得的知识能满足生产第一线的需要。

　　全书绪论、第二章、第四章、第六章、第七章、第八章、第九章、第十二章由胡黄卿编写；第一章、第十章和第三章第一节、第二节由阎林洲编写；第五章、第十一章和第三章第五节由陈金霞编写；第三章第三节由黄坚编写、第四节由周勇编写。全书由胡黄卿统稿和定稿。

　　在编写过程中，袁广主审对整个初稿提出了宝贵和详细的修改意见，并得到了有关院校领导和老师的大力支持和帮助，谨此一并表示衷心感谢。

　　由于编者水平所限和编写时间仓促，书中不妥之处在所难免，恳请广大读者批评指正。

编　者

2004 年 4 月

第二版 前言

本教材第一版于 2004 年 6 月出版发行，在几年的使用过程中，得到了众多读者的认可，同时收到了许多读者提出的宝贵意见。为使教材更加适合广大使用者的需要，特对本教材第一版进行了修订，并在此特别感谢为本书提出宝贵修订意见的读者。这次修订主要做了以下几方面的工作。

（1）删除了与实验重复的内容　如切削温度的测量；因生产实际中切削力常常是用仪器测量而获取的，因此删除了理论研究用的指数法计算切削力的例题。

（2）增加了生产实际中必须掌握的内容　如硬质合金牌号的表示方法、硬质合金材料的牌号、性能及其应用；加工表面质量的范畴、磨削加工影响表面质量的因素、磨削加工时表面层材料金相组织变化和避免磨削烧伤的措施，切削液的维护与保管知识。

（3）增加了新技术方面的知识　如在改善材料的切削加工性能中，对一些先进的加工切削技术进行了简介；增加了陶瓷刀具的分类和性能特点、陶瓷刀具适用加工的材质。

（4）对第一版教材中一些编写得太简单但学生难以掌握的内容进行了补充　如可转位车刀片十个代号表示的特征意义内容，对砂轮组成要素、代号、性能和适用范围，砂轮的选择和砂轮的维护与保养等知识进行了详细的补充。

在修订过程中始终围绕"必需、够用"的原则，力求使教材与生产实际紧密结合，专业理论为专业技能服务，注重对学生专业能力和解决生产实际问题能力的培养，使学生获得的知识满足生产第一线的需要。

本教材可作为中等专业学校、职工大学、成人教育和从事机械行业的职员职业培训的试用教材以及工程技术人员的参考书。

由于编者水平有限，疏漏和不妥之处在所难免，恳请广大读者批评指正。

编　者
2009 年 2 月

第三版
前言

　　本教材于 2004 年 6 月第一版出版发行，在使用过程中，收到了许多使用者提出的宝贵的意见，于 2009 年 5 月第二版出版发行，在几年的使用过程中，得到了众多读者的认可，同时收到了许多读者提出的宝贵意见。为使教材更加适合广大读者的需要，特对本教材再次进行修订，并在此特别感谢为本书提出宝贵修订意见的读者。这次修订主要作了以下方面的工作。

　　① 对第二版的教材内容删除了一些内容。如数控高速切削刀具材料、切削液的选择方法、选择步骤和切削液的维护与管理知识、磨削参数的选择、砂轮使用过程中的注意事项、金刚石整修工具使用中的注意事项、涂附磨具、高光洁度高精度磨削简介、高速磨削简介、砂带磨削简介、珩磨、超精加工及研磨简介、钻削运动、钻头磨损与钻头耐用度、常用高速钢铰刀类型和用途、铰刀几何参数的选择、扩孔钻和锪钻结构、常用镗刀结构（固定式单刃镗刀、装夹式单刃镗刀、微调镗刀、镗头与镗排等结构）盘形齿轮铣刀、插齿刀的结构要素、滚齿刀的种类及特点等内容。

　　② 增加了生产实际中必须掌握的内容。如硬质合金牌号的表示方法，积屑瘤的形成、积屑瘤对切削过程的影响、积屑瘤的成因、各种因素对积屑瘤的影响、积屑瘤的控制措施，复合孔刀具加工的特点等内容。

　　③ 对上版教材编写得太简单但学生难以掌握的内容进行了补充。如工件材料的化学成分对切削加工性的影响中增加了碳、锰、硅、铬、镍、钼、钒、铅、硫、磷、氧、氮对切削加工性的影响的分析；金属组织对切削加工性的影响增加了铁素体、渗碳体、珠光体、索氏体和托氏体、马氏体和奥氏体对切削加工性的影响分析。

　　在修订过程中始终围绕"必需、够用"的原则，力求使教材与生产实际紧密结合，专业理论为专业技能服务，注重对学生专业能力和解决生产实际问题能力的培养，使学生获得的知识满足生产第一线的需要。

　　由于编者水平有限，疏漏和不妥之处恳请广大读者批评指正。

编　者

2012 年 4 月

目录

第十一章　铣床 / 178

第十二章　其他机床 / 198

附录　金属切削机床型号编制方法（摘自 GB／T 15375—2008）／234

绪 论

一、本课程的性质和任务

切削加工是用切削工具，把坯料或工件上多余的材料层切去，使工件获得规定的几何形状、尺寸和表面质量的加工方法。

任何切削加工都必须具备三个基本条件：切削工具、工件和切削运动。切削工具应有刃口，其材质必须比工件坚硬；不同的刀具结构和切削运动形式，构成不同的切削方法。用刃形和刃数都固定的刀具进行切削的方法有车削、钻削、镗削、铣削、刨削、拉削和锯切等；用刃形和刃数都不固定的磨具或磨料进行切削的方法有磨削、研磨、珩磨和抛光等。

金属机械零件按加工方式分为塑性加工、加热加压成形加工、机械加工、高能加工、电及化学加工等几大类。塑性加工又可分为热锻加工、轧压加工、冷拔加工、挤压加工、冷锻加工、剪切加工和弯曲加工。加热加压成形加工又分砂型铸造、特种铸造、注入成形、焊接（摩擦焊、钎焊）、金属喷镀、粉末冶金。机械加工又可分为用刀具加工（切削加工）、用磨料加工和液压喷射加工，用磨料加工还可分为磨削、珩磨、超精加工、研磨、抛光、滚筒加工、超声波加工和喷射加工。高能加工可分为火焰切割、等离子加工、放电加工、电子束加工、离子束加工和激光束加工。电及化学加工可细分为电化学加工、电解抛光、电镀、电铸、化学加工和化学抛光等。虽然毛坯制造精度不断提高，精铸、精锻、挤压、粉末冶金等加工工艺应用日益广泛，但由于切削加工的适应范围广，且能达到很高的精度和很低的表面粗糙度，在机械制造工艺中仍占有重要地位。在上述各种加工方法中，机械加工中的切削加工和磨削加工，在机械制造过程中所占比重最大，用途最广。

金属材料的切削加工有许多分类方法，常见的有按工艺特征、按材料切除率和加工精度、按表面成形方法三种分类方法。

切削加工的工艺特征取决于切削工具的结构，以及切削工具与工件的相对运动形式。因此按工艺特征，切削加工一般可分为车削、铣削、钻削、镗削、铰削、刨削、插削、拉削、锯切、磨削、研磨、珩磨、超精加工、抛光、齿轮加工、蜗轮加工、螺纹加工、超精密加工、钳工和刮削等。

按材料切除率和加工精度，切削加工可分为粗加工、半精加工、精加工、精整加工、修饰加工、超精密加工等。

粗加工是用大的切削深度，经一次或少数几次走刀，从工件上切去大部分或全部加工余量的加工方法，如粗车、粗刨、粗铣、钻削和锯切等，粗加工效率高但精度较低，一般用作预先加工。半精加工一般作为粗加工与精加工之间的中间工序。精加工是用精细切削的方式，使加工表面达到较高的精度和表面质量，如精车、精刨、精铰、精磨等，精加工一般是最终加工。精整加工是在精加工后进行，其目的是获得更小的表面粗糙度，并稍微提高精度。精整加工的加工余量小，如珩磨、研磨、超精磨削和超精加工等。修饰加工的目的是减小表面粗糙度，以提高防蚀、防尘性能和改善外观，而并不要求提高精度，如抛光、砂光等。超精密加工主要用于航天、激光、电子、核能等需要某些特别精密零件的加工，其精度高达 IT4 以上，如镜面车削、镜面磨削、软磨粒机械化学抛光等。

切削加工时，工件的已加工表面是依靠切削工具和工件做相对运动获得的。按表面成形方法，切削加工可分为刀尖轨迹法、成形刀具法、展成法三类。

刀尖轨迹法是依靠刀尖相对于工件表面的运动轨迹，获得工件所要求的表面几何形状，如车削外圆、刨削平面、磨削外圆、用靠模车削成形面等，刀尖的运动轨迹取决于机床所提供的切削工具与工件的相对运动。成形刀具法简称成形法，是用与工件的最终表面轮廓相匹配的成形刀具，或成形砂轮等加工出成形面，如成形车削、成形铣削和成形磨削等，由于成形刀具的制造比较困难，因此一般只用于加工短的成形面。展成法又称滚切法，是加工时切削工具与工件做相对展成运动，刀具和工件的瞬心线相互做纯滚动，两者之间保持确定的速比关系，所获得加工表面就是刀刃在这种运动中的包络面，齿轮加工中的滚齿、插齿、剃齿、珩齿和磨齿等均属展成法加工。有些切削加工兼有刀尖轨迹法和成形刀具法的特点，如螺纹车削。

本书包含金属切削加工和磨削加工中的金属切削原理、金属切削刀具和金属切削机床等综合内容。

金属切削原理和金属切削刀具是一门研究金属切削加工的技术科学。材料的切削加工是用一种硬度高于工件材料的单刃刀具或多刃刀具，在工件表层切去一部分预留量，使工件达到预定的几何形状、尺寸精确度、表面质量以及低加工成本的要求。切削过程中牵涉刀刃前端工件材料的大塑性变形（剪切应变为 2～8）、高切削温度（可达或超过 1000℃），新鲜的具有化学敏感性的切出表面，刀具以及加工表面的相当高的机械应力和刀具的磨损或破损。因此，这门科学与金属物理学、金属工艺学、力学、热学、化学、弹塑性理论、工程数学、计算技术、电子学和生产管理与经济等有着密切的联系。

金属切削机床就是用切削的方法将金属毛坯（或半成品）加工成机器零件的机器，本书主要介绍机床的性能、结构、传动、调整、维护等方面的基础知识，切削加工时刀具的材料、角度的选择和金属切削加工时切削用量的制定，切削不同零件时机床的调整等基础知识。

本课程是一门专业基础课，它为这一专业的培养目标即培养机械制造设计、机械制造和机械维修与保养的工程师服务，并为本专业的后续课程以及专业课课程设计、毕业设计提供必要的基础知识。

学生通过本课程的教学、试验，并配合生产实习，应达到下列要求：

① 在基本理论方面，掌握金属切削及磨削过程中切削变形、切削力、切削热及切削温度、刀具磨损和破损的基本理论与基本规律。

② 在基本知识方面，掌握常用刀具材料的种类、性能及其应用范围；掌握材料加工性及加工表面质量的评定标志、影响因素和提高加工性及提高零件加工表面质量的主要措施等知识；掌握切削用量的选用原则，并初步了解切削液的种类、作用和选用；了解切削刀具的材料类型和材料特性，掌握各类机床的加工范围、结构特点、传动系统的分析、机床速度的计算。

③ 在基本技能方面，应具有根据加工条件合理选择刀具材料、刀具几何参数的能力；应具有根据加工条件和应用资料、手册及公式计算切削力和切削功率的能力；应具有根据加工零件的结构形状选择不同的机床和根据加工条件、应用资料和手册制定切削用量的能力；应能够通过观摩、操作、实际动手拆装机床掌握机床必要的调整、维护知识和正确装夹工

件，应具有初步解决生产第一线一般技术问题的能力。

此外，还应初步了解国内外在金属、非金属切削（磨削）方面的新成就和发展趋势，对国内切削加工的生产实践有一定的了解，有初步的对生产上提出的切削加工问题进行试验研究的能力；对国内外机床发展趋势有一定的了解。

二、金属切削理论的发展

对金属切削理论的研究可以追溯到 17 世纪，1679 年 Hooke 把他包括 6 个主要工作的一组报告汇集一起，出版了单行本《论刀具切削》，这本书中至少包括了 Hooke 的两个重要的科学发现。一个发现是提出了以其名字命名的定律，这就是著名的应力与应变成正比的弹性定律。另一个发现是 Hooke 直觉地理解到振动着的弹簧与一个单摆是动力等价的。但真正作为一门学科来研究的话，金属切削理论研究大致从 1850 年算起。

回顾金属切削理论研究一百多年的历史，根据研究重点的不同，可以分为以下三个时期。

① 第一研究阶段。这个阶段可称为力学或切屑形成机理时期（Mechanics or Chip Formation Period），大致为 1850～1900 年五十多年的时间。1774 年，J. Wilkinson 发明了第一台金属镗床，提高了气缸的加工精度，减少了气缸和活塞间的蒸汽泄漏，从而使得 J. Watt 的蒸汽机的应用成为可能，从这一典型事例中，我们可以知道金属切削加工在当时社会生产中具有非常重要的地位，是当时最先进的加工方法。

这一阶段的初期，金属切削理论主要研究方向是切削过程中的切削力和消耗的切削能量，主要的研究者有 H. Cocquihat、Wiebe 和 Joessel。1851 年，H. Cocquihat 研究了在铸铁、黄铜和石头等材料上钻孔时，切去一定体积材料所需的功。1864 年，Joessel 探讨了刀具几何角度对切削力的影响。

在这一时期的后半段，主要的研究方向是塑性剪切和切屑形成机理。Timme 在 1870 年提出切屑是经过剪切面的剪切变形而形成的。Tresca 于 1864～1872 年在一系列金属挤压实验基础上提出了最大剪应力屈服准则，1873 年和 1878 年，Tresca 又提出切屑的形成是工件材料受刀具挤压，从而在垂直切削方向的平面发生剪切变形的过程。

这一时期也开始了切削模型的研究，1881 年，Mallock 提出了类似于卡片模型的理论，而 Zvorkin 则在 1893 年建立了剪切角关系式，他假设剪切面是剪应力最大面。值得注意的还有塑性力学 Durcker 公式的提出者 Durcker 等力学家的工作。

回顾这一阶段的历史可以发现，切削理论的研究一开始就是和力学的研究有着紧密的关系，金属切削过程中所遇到的问题既给力学家们提供了新的课题，也为他们提供了验证其力学理论可靠而又简便的试验手段。考察自然科学的发展史，在当时力学起着先导和基础的作用，处于自然科学的前沿地位。所以金属切削理论的研究起点是很高的，也是居于当时自然科学的前沿地位。这也跟金属切削加工在当时社会生产中的地位相适应。

② 第二研究阶段。这个阶段可称为切削可加工性时期（Machinability Period），大致从 1900 至 1930 年共约 30 年时间。在这一时期随着社会生产力的发展，金属切削加工技术也有了长足的进步，新的刀具材料和加工工艺不断出现。例如，1898 年 Taylor 和 White 发明高速钢。1930 年前后人们又发明了硬质合金。

新的刀具材料的出现使切削加工的生产效率大大提高，应用范围越来越广。以高速钢的应用为例，Trent 在他的名著 *Metal Cutting* 中写到"高速钢刀具的出现引起了金属切削实践的革命，大大提高了机械加工车间的生产率，并要求完全改变机床的结构，据估计，在最初几年，美国的工程制造业，由于使用了价值二千万美元的高速钢而增加了八十亿美元的产值"。

与此同时，生产实际也给金属切削研究者带来了许多急需解决的问题，例如刀具的耐用度、加工表面质量、切屑的排除等。这一时期金属切削理论主要的成果有：1907 年，Taylor 在整整工作了 26 年切除了 3 万吨切屑，掌握了 10 万个以上的实验数据的基础上，在他经典的论文 *On the Art of Cutting Metal* 中提出了著名的刀具耐用度公式，第一个研究了切削速度和刀具耐用度之间的关系。这一公式对今天预测刀具耐用度仍有重要的指导意义。有些学者认为金属切削理论的研究是从 Taylor 开始，虽不确切，但 Taylor 的工作确实是金属切削理论史上一个重要的里程碑。

切削可加工性（Machinability）这一概念是 20 世纪 20 年代中期首先由 Herbert、Rosenhain 和 Sturney 提出，在这一时期切削加工性主要是指切削速度与刀具耐用度之间的关系，而对切削表面质量、切屑去除和尺寸精度等的研究还不深入。切削加工性被看作是与材料的硬度、韧性等有关的材料的一个重要特性。在这一时期还开始关注刀具与切屑温度的重要性，并进行了初步的研究。

③ 第三研究阶段。从 20 世纪 30 年代至今，可以称之为理论推广应用时期（Amplification and Application Period），传统意义上的金属切削理论研究在 20 世纪六七十年代达到高峰。在这一时期总结了上两个时期的研究成果，将切屑成形机理与切削可加工性的关系的研究发展到了一个新的高度。而在实验手段和理论应用于生产方面也达到了前所未有的水平，这一时期有以下比较重要的工作。

Bisacres 和 Chao 在 20 世纪 40 年代中期首先研究了切削过程中的切削温度分布，提出了温度参数的概念（包括切削速度、切削厚度、热导率）。以后还有 Trigger、Lowen 等人的工作。

在正交切削模型的研究方面，Pisspen、Merchant、Lee 和 Shaffer、Shaw 以及 Oxley 等都做了重要的开创性工作。工藤英明、臼井英治利用视塑性方法构造滑移线场，从而建立切削方程式。

这一时期研究重点是切削过程中出现的各种现象及其发生机理，例如剪切角关系、切削温度分布和刀具磨损、切屑卷曲机理以及积屑瘤形成机理等。

金属切削机理的研究可以说是在 20 世纪 60～80 年代初期达到高峰期，新理论、新方法不断涌现，计算机技术的飞速发展及其广泛应用使得金属切削机理的研究有了新的强有力的工具。在这一时期还出现了英国金属学家 Trent 的 *Metal Cutting*、美国金属切削理论家 Shaw 的 *Metal Cutting Principles* 等全面总结性介绍金属切削理论和实验技术的经典著作。

20 世纪 80 年代以后随着计算机技术、自动控制技术在金属切削生产中的广泛应用，金属切削加工的研究重点逐步转向切削加工与计算机技术和自动控制技术相结合方面，对金属切削过程本身现象产生机理的研究相对较少。然而要更好地将计算机技术、自动控制技术应用于金属切削加工的生产实际中，还是应该重视金属切削基础理论的研究。而且随着生产力的进一步发展，新材料、新工艺的不断涌现，以及计算机技术和自动控制技术在金属切削加工中更为广泛深入的应用，必将为金属切削基础理论的研究开拓新的方向，提出新的要求。

回顾历史，展望未来，金属切削理论今后的发展方向主要有以下两个方面。

① 紧密联系生产实际，研究解决不断涌现的新材料的切削加工机理和加工方法，以及切削加工向精密化、自动化和智能化发展过程中所碰到的各种问题。在实验和理论分析计算

等方面应用计算机作为一种强有力的工具，以求得到更为精确的理论结果，开拓新的研究领域。

② 金属切削过程是一个复杂的动态过程，它具有比常规力学试验大得多的变形和高得多的应变率。金属切削过程中既有弹性变形，又有塑性变形，还有很高的切削温度和复杂的摩擦条件，所以金属切削过程的力学实质到目前为止还有许多未能彻底搞清楚的地方，对金属切削力学机理的研究必将有助于力学的发展和进步，这已经被前人的实践所证明，也必将被未来的实践所证实。例如，当前力学研究的前沿之一是对在高应变率下材料动态力学性能的研究，切削过程正是这样一个大应变和高应变率的过程，运用切削方法可为研究这一动态过程的力学特性提供方便可靠的实验手段。切削过程中材料的变形机理应该成为这一研究方向的重要内容。

总之，金属切削机理领域里还有许多值得我们去研究探讨和加以完善的内容。

三、切削加工技术

1. 切削加工技术发展

我国的金属切削加工技术是从青铜器时代开始萌芽，并逐渐形成和发展的。从殷商到春秋时期已经有了相当发达的青铜冶铸业，出现了各种青铜工具，如青铜刀、青铜锉、青铜锯等。同时有出土文物与甲骨文记录表明，这个时期生产的青铜工具和生活工具，在制造过程中大都要经过切削加工或研磨。西汉时期（公元前 206～公元 23），就已使用杆钻和管钻，用加砂研磨的方法在"金缕玉衣"的 4000 多块坚硬的玉片上钻了 18000 多个直径 1～2mm 的孔。我国的冶铸技术比西欧早一千多年。渗碳、淬火和炼钢技术的发明，为制造坚硬锋利的工具提供了便利的条件。铁质工具的出现，表明金属切削加工进入了一新的阶段。有记载表明早在三千多年前的商代已经有了旋转的琢玉工具，这就是金属切削机床的前身。20 世纪 70 年代在河北满城一号汉墓出土的五铢钱，其外圆上有经过车削的痕迹，刀花均匀，切削振动波纹清晰，椭圆度很小。可能是将五铢钱穿在方轴上然后装夹在木质的车床上，用手拿着工具进行切削而成。

公元 8 世纪的时候我国就出现了金属切削车床。到了明代，手工业有了很大的发展，各种切削方法有了较细的分工，如车、铣、钻、磨等。从北京古天文台上的天文仪器可以看出，当时采用与 20 世纪五六十年代类似的加工方法，说明当时就有较高精度的磨削、车削、铣削、钻削等，其动力是畜力和水力。

17 世纪中叶，中国开始利用畜力代替人力驱动刀具进行切削加工。如公元 1668 年，曾在畜力驱动的装置上，用多齿刀具铣削天文仪上直径达 2 丈（古丈）的大铜环，然后再用磨石进行精加工。

18 世纪后半期，英国工业革命开始后，由于蒸汽机和近代机床的发明，切削加工开始用蒸汽机作为动力；到 19 世纪 70 年代，切削加工中又开始使用电力。

金属切削原理的研究始于 19 世纪 50 年代，磨削原理的研究始于 19 世纪 80 年代，此后各种新的刀具材料相继出现。19 世纪末出现的高速钢刀具，使刀具许用的切削速度比碳素工具钢和合金工具钢刀具提高两倍以上，达到 25m/min 左右；1923 年出现的硬质合金刀具，使切削速度比高速钢刀具又提高两倍左右；20 世纪 30 年代以后出现的金属陶瓷和超硬材料（人造金刚石和立方氮化硼），进一步提高了切削速度和加工精度。

20 世纪七八十年代，工具材料进一步得到发展，硬质合金和高速钢的规格品种不断增加，如涂层硬质合金、立方碳化硼、陶瓷等。

到了 20 世纪 80 年代，数控、数显设备开始出现。但由于受限于当时电子设备、微机、传输等发展缓慢的影响，没有太大的发展空间。现在随着电子设备、微机、传输速率等技术的飞速前进，数控、数显设备技术发展迅猛。

切削加工质量主要是指工件的加工精度和表面质量（包括表面粗糙度、残余应力和表面硬化）。随着技术的进步，切削加工的质量不断提高。18 世纪后期，切削加工精度以毫米计；20 世纪初，切削加工的精度最高已达 0.01mm；至 20 世纪 50 年代，切削加工精度已达微米级；20 世纪 70 年代，切削加工精度又提高到 0.1μm。

影响切削加工质量的主要因素有机床、刀具、夹具、工件毛坯、工艺方法和加工环境等方面。要提高切削加工质量，必须对上述各方面采取适当措施，如减小机床工作误差、正确选用切削工具、提高毛坯质量、合理安排工艺、改善环境条件等。

提高切削用量以提高材料切除率，是提高切削加工效率的基本途径。常用的高效切削加工方法有高速切削、强力切削、等离子弧加热切削和振动切削等。

磨削速度在 45m/s 以上的切削称为高速磨削。采用高速切削（或磨削）既可提高效率，又可减小表面粗糙度。高速切削（或磨削）要求机床具有高转速、高刚度、大功率和抗振性好的工艺系统，要求刀具有合理的几何参数和方便的紧固方式，还需考虑安全可靠的断屑方法。

强力切削指大进给或大切深的切削加工，一般用于车削和磨削。强力车削的主要特点是车刀除主切削刃外，还有一个平行于工件已加工表面的副切削刃同时参与切削，故可把进给量比一般车削提高几倍甚至十几倍。与高速切削比较，强力切削的切削温度较低，刀具寿命较长，切削效率较高；缺点是加工表面较粗糙。强力切削时，径向切削力很大，故不适于加工细长工件。

振动切削是沿刀具进给方向，附加低频或高频振动的切削加工，可以提高切削效率。低频振动切削具有很好的断屑效果，可不用断屑装置，使刀刃强度增加，切削时的总功率消耗比带有断屑装置的普通切削降低 40％左右。高频振动切削也称超声波振动切削，有助于减小刀具与工件之间的摩擦，降低切削温度，减小刀具的黏着磨损，从而提高切削效率和加工表面质量，刀具寿命约可提高 40％。

对非金属材料的加工，包括木材、塑料、橡胶、玻璃、大理石、花岗石等非金属材料的切削加工，虽与金属材料的切削类似，但所用刀具、设备和切削用量等各有特点。木材制品的切削加工主要在各种木工机床上进行，其方法主要有锯切、刨切、车削、铣削、钻削和砂光等。塑料的刚度比金属差，易弯曲变形，尤其是热塑性塑料导热性差，易升温软化。故切削塑料时，宜用高速钢或硬质合金刀具，选用小的进给量和高的切削速度，并用压缩空气冷却。若刀具锋利，角度合适，可产生带状切屑，易于带走热量。玻璃（包括锗、硅等半导体材料）的硬度高而脆性大。对玻璃的切削加工常用切割、钻孔、研磨和抛光等方法。对厚度在 3mm 以下的玻璃板，最简单的切割方法是用金刚石或其他坚硬物质，在玻璃表面手工刻划，利用刻痕处的应力集中，即可用手折断。对大理石、花岗石和混凝土等坚硬材料的加工，主要用切割、车削、钻孔、刨削、研磨和抛光等方法。切割时可用圆锯片加磨料和水；外圆和端面可采用负前角的硬质合金车刀，以 10～30m/min 的切削速度车削；钻孔可用硬质合金钻头；大的石料平面可用硬质合金刨刀或滚切刨刀刨削；精密平滑的表面，可用三块互为基准对研的方法，或磨削和抛光的方法获得。

2. 金属切削刀具的发展概况

金属切削刀具是机械制造中用于切削加工的工具，又称切削工具。广义的刀具还包括磨具。绝大多数的刀具是机用的,但也有手用的。通常所说的刀具指金属切削刀具,切削木材的刀具称为木工刀具。

刀具的发展在人类进步的历史上占有重要的地位。中国早在公元前28年到公元前20世纪,就已出现黄铜锥和紫铜的锥、钻、刀等铜质刀具。战国后期(公元前3世纪),由于掌握了渗碳技术,制成了铜质刀具。当时的钻头和锯,与现代的扁钻和锯已有些微相似之处。然而,刀具的快速发展是在18世纪后期,伴随蒸汽机等机器的发展而来的。1783年,勒内首先制出铣刀。1792年,莫兹利制出丝锥和板牙。有关麻花钻的发明最早的文献记载是在1822年,但直到1864年才作为商品生产。那时的刀具是用整体高碳工具钢制造的,许用的切削速度约为5m/min。1868年,穆舍特制成含钨的合金工具钢。1898年,泰勒和怀特发明高速钢。1923年,施勒特尔发明硬质合金。

在采用合金工具钢时,刀具的切削速度提高到约8m/min,采用高速钢时,又提高两倍以上,到采用硬质合金时,又比用高速钢提高两倍以上,切削加工出的工件表面质量和尺寸精度也大大提高。由于高速钢和硬质合金的价格比较昂贵,刀具出现焊接和机械夹固式结构。1949~1950年,美国开始在车刀上采用可转位刀片,不久即应用在铣刀和其他刀具上。1938年,德古萨公司取得关于陶瓷刀具的专利。1972年,通用电气公司生产了聚晶人造金刚石和聚晶立方氮化硼刀片。这些非金属刀具材料可使刀具以更高的速度切削。

1969年,山特维克钢厂取得用化学气相沉积法生产碳化钛涂层硬质合金刀片的专利。1972年,邦沙和拉古兰发展了物理气相沉积法,在硬质合金或高速钢刀具表面涂覆碳化钛或氮化钛硬质层。表面涂层方法把基体材料的高强度和韧性,与表层的高硬度和耐磨性结合起来,从而使这种复合材料具有更好的切削性能。

刀具技术的发展趋势如下。

① 根据制造业发展的需要,多功能复合刀具、高速高效刀具将成为刀具发展的主流。面对日益增多的难加工材料,刀具行业必须改进刀具材料,研发新的刀具材料和更合理的刀具结构。硬质合金材料及涂层、细颗粒、超细颗粒硬质合金材料、纳米涂层、梯度结构涂层及全新结构材料的涂层用来大幅度提高刀具使用性能;陶瓷、金属陶瓷、氮化硅陶瓷、PCBN、PCD等刀具材料的韧性进一步增强,应用场合日趋增多。

② 开发精密和超精密加工刀具。这类刀具的研究代表了一个国家制造领域的高技术水平,直接影响到机械、国防、电子、计算机、手机等许多方面的发展。超精密刀具技术主要是金刚石刀具刃磨技术和其他新型超硬刀具材料的研究与开发。精密切削和超精密切削除传统刀具可以依靠外,还可依靠水刀切割、线切割和激光切割技术进行加工。

③ 切削技术快速发展。高速切削、硬切削、干切削在快速发展,应用范围在迅速扩大。使用者要求经过动平衡的切削刀具,以便减少刀具平衡时间,延长刀具使用寿命,改进被加工零件的精度以及增加机床主轴轴承的寿命。

④ 开发多功能刀具。多功能刀具是指用一把刀具就能实现数把刀才能实现的加工,即实现一次安装多次走刀完工的要求。发展这样的刀具可有效避免频繁换刀和对刀,减省辅助时间,提高生产率和加工精度。

⑤ 开发高刚性连接系统、模块化工具系统以及刀具监控与诊断系统。零件的加工精度、生产率和成本、刀与机床的连接刚性与换刀精度、刀具磨损、刀具的高稳定性和可靠性等许多问题均与上述各系统有着密切的关系。因此,开发这类系统是整个制造业发展的需要。

⑥ 开发环保型刀具。环境保护是人类社会赖以生存和发展的需要。近年来的"绿色制

造工程""无公害切削技术""清洁化生产"等应运而生，而环保型刀具技术是解决这些问题的重要手段之一。因此，开发各种高刚性、高稳定性、高抗震性、高锋利性、低摩擦、低噪声、无需切削液的干式切削刀具是刀具发展的一个重要方向。

⑦ 刀具制造商研发的重点不再是通用品牌和通用结构。面对复杂多变的应用场合和加工条件，研发针对性更强的刀片槽形结构、牌号及相应配套刀具取代通用的槽形、牌号的刀片及刀具。刀具制造商角色转变，从单纯的刀具生产、供应，扩展至新切削工艺的开发及相应成套技术和解决方案的开发，为用户提供全面的技术支持和服务。

3. 金属切削刀具的分类

金属切削刀具的品种和规格繁多，为了便于区别、使用和管理，需对刀具加以分类和编制型号。刀具按工件加工表面的形式可分为五类：加工各种外表面的刀具包括车刀、刨刀、铣刀、外表面拉刀和锉刀等；孔加工刀具包括钻头、扩孔钻、镗刀、铰刀和内表面拉刀等；螺纹加工刀具包括丝锥、板牙、自动开合螺纹切头、螺纹车刀和螺纹铣刀等；齿轮加工刀具包括滚刀、插齿刀、剃齿刀、锥齿轮和拉刀等；切断刀具包括镶齿圆锯片、带锯、弓锯、切断车刀和锯片铣刀等。此外，还有组合刀具。

按切削运动方式和相应的刀刃形状，刀具又可分为三类：通用刀具，如车刀、刨刀、铣刀（不包括成形的车刀、成形刨刀和成形铣刀）、镗刀、钻头、扩孔钻、铰刀和锯等；成形刀具，这类刀具的刀刃具有与被加工工件断面相同或接近相同的形状，如成形车刀、成形刨刀、成形铣刀、拉刀、圆锥铰刀和各种螺纹加工刀具等；特殊刀具，是用于加工一些特殊工件（如加工齿轮、花键等用的刀具），如插齿刀、剃齿刀、锥齿轮刨刀和锥齿轮铣刀盘等。

4. 金属切削刀具装夹结构分类

各种刀具的结构都由装夹部分和工作部分组成。整体结构刀具的装夹部分和工作部分都做在刀体上；镶齿结构刀具的工作部分（刀齿或刀片）则镶装在刀体上。

刀具的装夹部分有带孔和带柄两类。带孔刀具依靠内孔套装在机床的主轴或芯轴上，借助轴向键或端面键传递扭转力矩，如圆柱形铣刀、套式面铣刀等。

带柄的刀具通常有矩形柄、圆柱柄和圆锥柄三种。车刀、刨刀等一般为矩形柄；圆锥柄靠锥度承受轴向推力，并借助摩擦力传递扭矩；圆柱柄一般适用于较小的麻花钻、立铣刀等刀具，切削时借助夹紧时所产生的摩擦力传递扭转力矩。很多带柄的刀具的柄部用低合金钢制成，而工作部分则用高速钢把两部分对焊而成。

刀具的工作部分就是产生和处理切屑的部分，包括刀刃、使切屑断碎或卷拢的结构、排屑或容储切屑的空间、切削液的通道等结构要素。有的刀具的工作部分就是切削部分，如车刀、刨刀、镗刀和铣刀等；有的刀具的工作部分则包含切削部分和校准部分，如钻头、扩孔钻、铰刀、内表面拉刀和丝锥等。切削部分的作用是用刀刃切除切屑，校准部分的作用是修光已切削的加工表面和引导刀具。

刀具工作部分的结构有整体式、焊接式和机械夹固式三种：整体结构是在刀体上做出切削刃。焊接结构是把刀片钎焊到钢的刀体上。机械夹固结构又分两种：一种是把刀片夹固在刀体上；另一种是把钎焊好的刀头夹固在刀体上。硬质合金刀具一般制成焊接结构或机械夹固结构；陶瓷刀具都采用机械夹固结构。

四、金属切削机床

1. 金属切削机床的发展概况

金属切削机床是用切削的方法将金属毛坯加工成机器零件的机器，它是制造机器的机器，所以又称为"工作母机"或"工具机"，习惯上简称为机床。

金属切削机床是人类在改造自然的长期生产实践中，不断改进生产工具的基础上产生和发展起来的。最原始的机床是依靠双手的往复运动，在工件上钻孔。最初的加工对象是木料。为加工回转体，出现了依靠人力使工件往复回转的原始车床。在原始加工阶段，人既是提供机床的动力，又是操纵者。

15 世纪的机床雏形，由于制造钟表和武器的需要，出现了钟表匠用的螺纹车床和齿轮加工机床，以及水力驱动的炮筒镗床。1501 年左右，意大利人列奥纳多·达·芬奇曾绘制过车床、镗床、螺纹加工机床和内圆磨床的构想草图，其中已有曲柄、飞轮、顶尖和轴承等新机构。明朝出版的《天工开物》中也载有磨床的结构，用脚踏的方法使铁盘旋转，加上沙子和水来剖切玉石。

工业革命导致了各种机床的产生和改进。18 世纪的工业革命推动了机床的发展。1774 年，英国人威尔金森（全名约翰·威尔金森）发明了较精密的炮筒镗床。次年，他用这台炮筒镗床镗出的气缸，满足了瓦特蒸汽机的要求。为了镗制更大的气缸，他于 1775 年制造了一台水轮驱动的气缸镗床，促进了蒸汽机的发展。从此，机床开始用蒸汽机通过曲轴驱动。

1797 年，英国人莫兹利创制成的车床由丝杠传动刀架，能实现机动进给和车削螺纹，这是机床结构的一次重大变革。莫兹利也因此被称为"英国机床工业之父"。

19 世纪，由于纺织、动力、交通运输机械和军火生产的推动，各种类型的机床相继出现。1817 年，英国人罗伯茨创制龙门刨床。1818 年美国人惠特尼（全名伊莱·惠特尼）制成卧式铣床。1876 年，美国制成万能外圆磨床；1835 年和 1897 年又先后发明滚齿机和插齿机。

工业技术发展的中心，从 19 世纪起就悄悄从英国移向美国。在把英国的技术声望夺过去的人中，惠特尼堪称佼佼者。惠特尼聪颖过人，具有远见卓识，他率先研究出了作为大规模生产的可更换部件的系统。至今还很活跃的惠特尼工程公司，早在 19 世纪 40 年代就研制成功了一种转塔式六角车床。这种车床是随着工件制作的复杂化和精细化而问世的，在这种车床中，装有一个绞盘，各种需要的刀具都安装在绞盘上，这样，通过旋转固定工具的转塔，就可以把工具转到所需的位置上。

随着电动机的发明，机床开始先采用电动机集中驱动，后又广泛使用单独电动机驱动。

20 世纪初，为了加工精度更高的工件、夹具和螺纹加工工具，相继创制出坐标镗床和螺纹磨床。同时为了适应汽车和轴承等工业大量生产的需要，又研制出各种自动机床、仿形机床、组合机床和自动生产线。

1900 年进入精密化时期。19 世纪末到 20 世纪初，单一的车床已逐渐演化出了铣床、刨床、磨床、钻床等，这些主要机床已经基本定型，这样就为 20 世纪前期的精密机床和生产机械化与半自动化创造了条件。

在 20 世纪的前 20 年内，人们主要是围绕铣床、磨床和流水装配线展开的。由于汽车、飞机及其发动机生产的要求，在大批加工形状复杂、高精度及高光洁度的零件时，迫切需要精密的、自动的铣床和磨床。由于多螺旋线刀刃铣刀的问世，基本上解决了单刃铣刀所产生的振动和光洁度不高而使铣床得不到发展的困难，使铣床成为加工复杂零件的重要设备。

1920 年进入半自动化时期。在 1920 年以后的 30 年中，机械制造技术进入了半自动化时期，液压和电气元件在机床和其他机械上逐渐得到了应用。1938 年，液压系统和电磁控制不但促进了新型铣床的发明，而且在龙门刨床等机床上也得到推广使用。20 世纪 30 年代以后，行程开关-电磁阀系统几乎应用到各种机床的自动控制上。

1950年进入自动化时期。第二次世界大战以后，由于数控和群控机床和自动线的出现，机床的发展开始进入自动化时期。数控机床是在电子计算机发明之后，运用数字控制原理，将加工程序、要求和更换刀具的操作数码和文字码作为信息进行存储，并按其发出的指令控制机床，按既定的要求进行加工的新式机床。

1951年世界第一台数控机床（铣床）诞生。数控机床的方案，是美国的帕森斯（全名约翰·帕森斯）在研制检查飞机螺旋桨叶剖面轮廓的板叶加工机时向美国空军提出的。在麻省理工学院的参加和协助下，终于在1949年取得了成功。1951年，他们正式制成了第一台电子管数控机床样机，成功地解决了多品种小批量的复杂零件加工的自动化问题。以后，一方面数控原理从铣床扩展到铣镗床、钻床和车床；另一方面，则从电子管向晶体管、集成电路方向过渡。1958年，美国研制成能自动更换刀具，以进行多工序加工的加工中心。

机床未来发展方向如下。

① 虚拟机床。通过研发机电一体化的、硬件和软件集成的仿真技术，用来实现提高机床的设计水平和使用绩效。

② 绿色机床。强调节能减排，力求使生产系统的环境负荷达到最小化。

③ 智能机床。提高生产系统的智能化、可靠性、加工精度和综合性能。

④ e-机床。提高生产系统的独立自主性以及与使用者和管理者的交互能力，使机床不仅是一台加工设备，而是成为企业管理网络中的一个节点。

其中，绿色机床将成为研究热点。将毛坯转化为零件的工作母机，在使用过程中不仅消耗能源，还会产生固体、液体和气体废弃物，对工作环境和自然环境造成直接或间接的污染。据此，绿色机床应该具有以下特点：机床主要零部件由再生材料制造；机床的重量和体积减少50%以上；通过减轻移动质量、降低空运转功率等措施使功率消耗减少30%～40%；使用过程中产生的各种废弃物减少50%～60%，保证基本没有污染的工作环境；报废后机床材料100%可回收。据统计，机床使用过程中，用于切除金属的功率只占25%左右，各种损耗和辅助功能占去大部分。机床绿色化的第一个措施，是通过大幅度降低机床重量和减少驱动功率来构建具有生态效益的机床。绿色机床提出一种全新的概念，力求大幅减少重量，节省材料，同时降低能耗。

2. 金属切削机床的分类

金属切削机床的品种和规格繁多，为了便于区别、使用和管理，需对机床加以分类和编制型号。

金属切削机床按其工作原理划分为车床、钻床、镗床、磨床、齿轮加工机床、螺纹加工机床、铣床、刨插床、拉床、锯床和其他特殊机床共11类。除基本分类外，同类型金属切削机床还可根据其他特征进行分类。

① 按应用范围分类，可分为通用机床、专门化机床和专用机床。

a. 通用机床。这类机床可以完成多种零件的不同工序，加工范围较广，通用性较大，但结构比较复杂，适用于单件小批量生产，如卧式车床、卧式镗床、万能升降台铣床、立式炮塔铣床、立卧式炮塔铣床、万能工具铣床。

b. 专门化机床。这类机床的工艺范围较窄，专门用于加工某一类或几类零件的某一个特定工序，如曲轴机床、齿轮机床、旋风铣床、六角车床、键槽铣床。

c. 专用机床。这类机床的工艺范围最窄，只能用于加工某一零件的某一个特定工序，适用于大批量生产，如加工机床的主轴箱专用镗床、加工机床孔系的专用机床、加工汽车连杆的专用圆台铣床、加工汽车车桥的龙门钻铣床、加工发动机壳体的专用铣床。

② 按加工精度分类，可分为普通精度机床、精密机床、高精度机床。如外圆磨床就分为普通、精密和高精密。

③ 按自动化程度分类，可分为手动、机动、半自动、自动和数控机床。如台正炮塔铣床就分为普通立式炮塔铣床、数显炮塔铣床、数控炮塔铣床、全自动炮塔铣床加工中心。

④ 按质量与尺寸分类，可分为仪表机床、中型机床、大型机床、重型机床、超重型机床。

⑤ 按机床主要工作部件的数目分类，可分为单轴、多轴、单刀或多刀机床。

⑥ 按机床具有的数控功能分类，可分为普通机床、数控机床、加工中心和柔性制造单元以及智能生产线机床。

人类研究金属切削历史不长，但当人们将研究成果应用于生产实际后，就已发现其强大的作用。正如国际生产技术研究会（CIRP）在一项研究报告中指出："由于刀具材料的改进刀具允许的切削速度每隔十年几乎提高一倍；由于刀具结构和几何参数的改进，刀具使用寿命每隔十年几乎提高二倍"。因此，向高效率（或高速切削）（图1）和高精度（图2）方向的发展趋势，表明了金属切削加工发展的历史与未来。

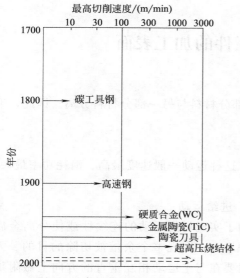

图1 最高切削速度和刀具材料

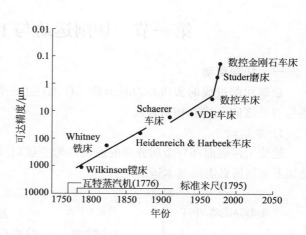

图2 各种切削加工机床的可达精度及发展情况

第一章 刀具几何角度及切削要素

金属切削加工就是用切削刀具把工件毛坯上预留的金属材料（统称余量）切除，以获得满足零件图纸要求的加工过程。在金属切削过程中，绝大部分是由担当切削工作的刀具（手动工具：锯、锉、錾子等；机用工具：标准通用刀具、专用刀具、标准专用刀具等）直接接触被加工工件毛坯。刀具和工件之间必须有相对运动。就机械加工而言，这些运动是由金属切削机床来完成的。

如果不考虑刀具切削部分材料等因素，对不同被加工材料，刀具切削部分几何形状的选择正确与否，直接关系着切削工作的质量、效率，刀具制造、刃磨的难易程度及使用寿命的长短。此外，刀头部分与其他部分的结合方式、刃磨质量以及刀具的合理使用等也是影响刀具寿命的重要因素。

切削层参数及切削方式的合理选择对掌握金属的切削规律、提高切削效率、降低成本、改善加工质量是至关重要的。

第一节 切削运动与工件的加工表面

一、切削运动

金属切削过程的实质是刀具迫使工件毛坯上一部分材料与另一部分材料分离。因此，毛坯与刀具之间必然有相对运动。

1. 主运动

迫使工件表面部分金属分离的运动即为主运动。这种运动一般速度最高、消耗功率最大，是切下金属所必需的基本运动。

2. 进给运动

为了实现切削运动的连续性或使分离金属的面积增大，实现整个余量被切除的目的。刀具一般要在与主运动相互垂直的方向上做附加相对运动。这个运动可以与主运动同时进行，也可以与主运动交替进行，此时，主运动与进给运动都是间歇运动。

3. 合成切削运动

当主运动与进给运动同时进行时，这两个运动的合成运动称为合成切削运动。刀具切削刃上选定点相对于工件的瞬时合成运动方向称为合成切削运动方向，其速度称为合成切削速度。该速度的方向与过渡表面相切，如图 1-1 所示。

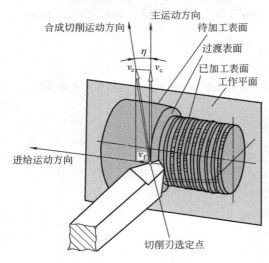

图 1-1　切削运动和工件表面

二、工件上的加工表面

在整个切削过程中，工件上有三个不断变化的表面，如图 1-2 所示。

① 待加工表面：工件上将被切除表面层的表面。

② 已加工表面：工件上经切削后产生的新表面。

③ 过渡表面：由刀具切削刃切削后形成的表面，它将在下一行程中被去除。

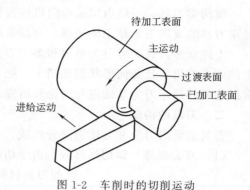

图 1-2　车削时的切削运动

三、切削用量

切削用量是用来表示切削运动的参量，即切削速度、进给量、吃刀深度。也称为切削用量三要素。

（1）切削速度 v_c　是指切削刃选定点相对工件主运动的瞬间速度（单位：m/s），按下式计算

$$v_c = \frac{\pi dn}{1000} \tag{1-1}$$

式中　d——切削刃选定点处所对应的工件或刀具的直径，实际计算中一般取工件或刀具的外圆直径，mm；

n——工件或刀具的转速，r/s。

（2）进给量 f　是指刀具在进给运动方向上相对工件的位移量，可用刀具或工件每转行程的位移量来表示或度量。单位为 mm/r 或 mm/行程（如刨削等）。车削时的进给速度 v_f（单位：mm/s）为

$$v_f = nf \tag{1-2}$$

（3）吃刀深度 a_p　通过切削刃基点并垂直于工作平面的方向上测量的距离（mm），或者说是已加工表面与待加工表面之间的法向距离，有些叫做切削深度或背吃刀量。切削刃基点是指作用在主刀刃上的特定参考点。

$$a_p = \frac{d_w - d_m}{2} \tag{1-3}$$

式中　d_w——待加工表面直径，mm；

d_m——已加工表面直径，mm。

第二节　刀具的几何参数

一、刀具按使用角度的分类

刀具的种类很多，从使用角度分类可分为以下几种。

（1）标准通用刀具　如车刀类中的可转位式刀具；铣刀类中的圆柱平面铣刀、平面端铣刀、槽铣刀、角度铣刀；孔加工刀具类中的钻头、扩孔钻、锪钻、铰刀；螺纹刀具类中的丝锥、板牙、螺纹梳刀、螺纹铣刀等。

（2）标准专用刀具　如齿轮刀具类中的盘类齿轮铣刀、插齿刀、滚刀、剃齿刀、锥齿轮

13

刀具等。

（3）专用刀具　如成形车刀、成形铣刀、拉刀、蜗轮滚刀、花键滚刀等。

前两类刀具，一般由国家专门机构按标准化设计，让专业厂生产，提供给用户。对标准通用刀具的要求主要是正确选择、合理使用；另外还有使用前的验算问题。

上述众多刀具又可分为单刃和多刃刀具、各种复杂刀具或多齿刀具。但是，如果拿出其中的一个刀齿，其几何形状都相当于一把车刀的刀头。因此，在确立刀具的基本定义时，通常以普通外圆车刀为基础进行讨论和研究，从而使问题得到简化。

二、刀具的构成

刀具通常由刀头和刀体两部分组成。

（1）刀头部分　即切削部分，由于切削时的工作环境很恶劣，要求根据实际情况选择相应的刀具材料，并加工成合理的几何形状。

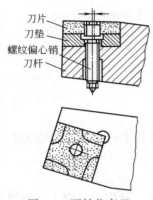

图 1-3　可转位车刀

（2）刀体部分　其作用除起支撑刀头部分之外，还是被夹持和定位的部位。由于夹持和定位的形式和方法，各种机床有所不同，所以不同刀具刀体部位的形状有所不同。要求刀体部分应该具有足够的强度、刚度、弹性、韧性。

为了满足两部分不同性能的要求，并节约昂贵的刀头材料，上述两部分通常由两种材料，分别按各自的形状制成。两部分的结合形式有硬钎焊和机械连接两种，特别是现代刀具引入"不重磨"概念，机械连接的比例大大增加。所谓不重磨刀头，就是把刀头制成规则的几何形状，如图 1-3 所示，使用中，一个刀刃用钝后，只要松动螺纹偏心销，就可以转动刀片，改用另一个刀刃。另外，它还大量应用在多齿刀具中。

对于较小或较薄的刀具，为了简化制造工艺，刀头和刀体两部分可采用一种材料制成。

三、刀具切削部分的组成

刀具投入切削工作的仅仅是靠近刀尖的一部分区域，称为刀具的切削部分。刀具的切削部分像六面体的一个角，是由三个面组成的实体。这三个面相交形成三个棱边和一个尖角。其中两个棱边在切削过程中担任着重要的角色，即是刀具几何形状研究的对象："三面两刃和一尖"。最初接触刀具，感到刀具种类、形式繁多，无从下手。如果引入极限概念，当把研究点缩小到足够小，就可以认为三个面为平面。下面以外圆车刀为例来讨论刀具切削部分的组成，先定义"三面""两刃""一尖"，如图 1-4 所示。

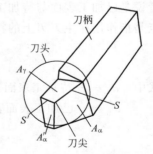

图 1-4　典型外圆车刀
切削部分的构成

① 前面（A_γ）：是产生切削力的面，同时又是切屑接触并流过的刀面。

② 主后面（A_α）：是与工件上的过渡表面相对的刀面。

③ 副后面（A_α'）：是与工件上的已加工表面相对的刀面。

④ 主切削刃（S）：是前面与主后面相交的棱线。切削过程中由它产生过渡面，担任主要的切削工作。

⑤ 副切削刃（S'）：是前面与副后面相交的棱线。切削过程中由它产生已加工面，同时修整已加工表面和协同主切削刃完成金属的切除工作。

⑥ 刀尖：是主切削刃与副切削刃的交点。

四、刀具切削部分的几何形状和角度

在描述刀具几何角度时，仅靠刀头上的几个面是不够的，要人为地建立一组参考坐标平面，即参考系。用刀具前面、后面和切削刃相对规定参考系的夹角来表示它们在空间的位置，以便准确表达"三面""两刃"的相对位置和角度。参考系可分为静止参考系和工作参考系两种。

静止参考系是在假定运动条件和假定安装条件下建立的固定理想参考系，在该参考系中定义的刀具角度，为设计、制造、刃磨和测量刀具部分的几何形状，以及切削刃和刀面相对于该参考系即安装基准的空间位置提供确切的参数。故在一些教材和参考书中把在静止参考系中定义的角度，称为刀具的标注角度或刃磨角度。刀具的使用性能不仅与刀具的几何角度有关，而且还与刀具在机床上的安装位置和合成切削速度有关，当刀具相对工件或机床的安装位置发生变化时，或受进给运动的影响，常常使刀具实际切削的角度发生变化，称它为工作角度。工作角度是在工作参考系中定义的刀具角度。

（一）刀具静止参考系及其坐标平面

1. 假设条件

① 装刀时，刀尖恰在工件的中心线上。

② 刀具的轴线垂直于工件的轴线。

③ 没有进给运动，只考虑主运动，并且限定主运动垂直水平面，方向向上。

④ 工件已加工表面的形状是圆柱表面。

可见刀具静止参考系是在简化了切削运动和设定刀具标准位置下建立的一种参考系。

2. 刀具静止参考系

大家知道描述一个空间的平面或直线，是在平面直角坐标系中的三个平面上来标注其位置和角度的。刀具的静止参考系同样定义三个坐标平面：基面、切削平面、刃截面（当讨论主刀刃时，称为主刀刃截面，简称主截面，同理，在讨论副刀刃时，称为副刀刃剖面，简称副截面）。仅仅是静止参考系所定义的方位与平面直角坐标系有所差异而已，其表达方法完全可以沿用平面直角坐标系的方法。

（1）基面 P_r　是垂直运动方向并通过切削刃上选定点（即要研究的点，如果切削刃是直线，并平行于水平面，切削刃上的各点均符合这个条件）的平面。根据假设条件，只考虑主运动方向和刀尖恰在工件中心线上的假设，可以认为基面就是由工件中心线和刀尖规定的一个平面。如果刀尖安装得过高或过低，根据主运动垂直向上的假设，该点不在刀尖上，而是在刀刃上的某一点，此时并不会改变基面的位置，如果刀刃是直线，也不会影响其测量的角度，如图 1-5 所示。

（2）切削平面 P_s　是指切削刃上选定点与主刀刃相切并垂直于基面的平面，如图 1-5 所示。一般情况下切削平面就是指主切削平面。

（3）主截面 P_o　是指通过切削刃选定的点并同时垂直于基面和切削平面的平面。也可以看成是通过切削刃选定点并垂直于切削刃在基面上投影的平面。

对于副切削刃的静止参考系，也有上述同样的坐

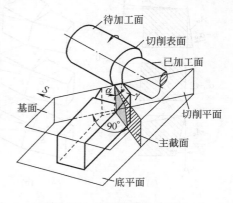

图 1-5　切削时的几个面

标平面。为区分起见，在相应的符号上方加"′"。如 P_o' 为副切削刃的副截面。

（二）刀具静止角度的标注

1. 在主截面上显示的角度

（1）前角 γ_o　前角是前面（A_γ）与基面（P_r）间的夹角，当前面与切削平面夹角小于 $90°$ 时，前角为正值，大于 $90°$ 时，前角为负值。习惯上把用主截面剖开所得的图 1-6 翻转 $90°$，画在切削平面的延长线上，如图 1-7 所示。此时主切削刃与切削平面重合，所以看到的是在主切削刃的延长线上。这种画法可以沿用在任何截面上。

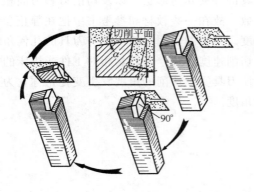

图 1-6　车刀主截面内的几个角度

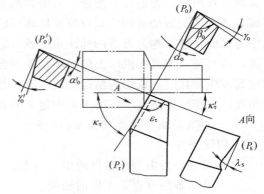

图 1-7　车刀的标注角度

（2）后角 α_o　后角是主后面（A_α）与切削平面（P_s）间的夹角，当主后面与基面夹角小于 $90°$ 时，后角为正值，大于 $90°$ 时，后角为负值，如图 1-8 所示。

（3）楔角 β_o　楔角是前面（A_γ）与主后面（A_α）间的夹角。它是由前角和后角得到的派生角度

$$\beta_o = 90° - (\gamma_o + \alpha_o) \tag{1-4}$$

2. 由基面向底平面投影所显示的角度

① 主偏角 κ_τ：主刀刃与走刀方向在底平面上投影所夹的角度。

② 副偏角 κ_τ'：负切削刃与进给方向的反向在底平面上投影所夹的角度。

③ 刀尖角 ε_τ：主、负切削刃在底平面上投影所夹的角度。其大小为

$$\varepsilon_\tau = 180° - (\kappa_\tau' + \kappa_\tau) \tag{1-5}$$

3. 在切削平面中测量的角度 λ_s

在切削平面测量的角度有刃倾角，如图 1-7 所示。它是主切削刃与基面 P_r 间的夹角。当刀尖是主切削刃的最高点时，刃倾角为正值；反之，刃倾角为负值。当切削刃与基面平行时，刃倾角为 $0°$，这时切削刃在基面内，如图 1-8 所示。

同理，如果以副切削刃为研究对象，可以给出副前角 γ_o'、副后角 α_o'、副刃倾角 λ_s' 的定义。

在上述角度中，前角 γ_o 与刃倾角 λ_s 确

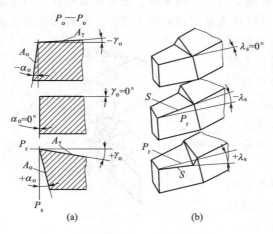

图 1-8　前角、后角、刃倾角正、负的规定

定了前面的方位。其主偏角 κ_τ 和后角 α_o 确定了主后面的方位。由主偏角 κ_τ 和刃倾角 λ_s 也就自然确定了主切削刃的方位。可见主切削刃与形成该刃的两个刀面只用四个基本角度 γ_o、α_o、κ_τ 和 λ_s 就完全能确定。同理，只用副前角 γ'_o、副后角 α'_o、副偏角 κ'_τ 和副刃倾角 λ'_s，副切削刃及其对应的前面和副后面在空间的方位也就完全确定了。由于外圆车刀的主切削刃与副切削刃共处在一个平面中，因此，只需知道前角 γ_o、后角 α_o、刃倾角 λ_s、主偏角 κ_τ、副偏角 κ'_τ 和副后角 α'_o 以及刀尖的位置，则刀具前面，主、副后面和主、副切削刃在空间的位置也就完全确定了。

第三节 刀具工作参考系及工作角度

刀具静止角度是在假设条件下定义的角度，是供设计、刃磨与测量使用的，然而，绝大多数刀具的加工状态由于进给运动的参与，速度或刀具安装位置的变化，导致刀具静止角度与实际工作角度不同。

一、刀具的工作参考系

（1）工作基面 P_{re} 过切削刃上选定点与合成切削速度 v_e 垂直的平面叫做工作基面。如图 1-9 所示。

（2）工作切削平面 P_{se} 过切削刃上选定点与切削刃相切，并垂直于工作基面的平面叫做工作切削平面。也可以叙述为：过切削刃上选定点与切削刃相切，并包含合成切削速度方向的平面叫做工作切削平面，如图 1-9 所示。

（3）工作主截面 P_{oe} 过切削刃上选定点并同时与工作基面和工作切削表面相垂直的平面叫做工作主截面。

（4）工作平面 P_{fe} 过切削刃上选定点且同时包含主运动速度 v_c 和进给运动速度 v_f 方向

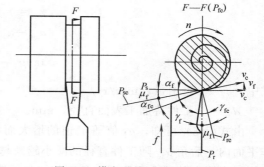

图 1-9 横向进给时刀具的角度

的平面叫做工作平面 P_{fe}。显然它垂直于工作基面 P_{re}（纸平面）。当过渡平面与进给速度方向 v_f 垂直时，工作平面 P_{fe} 与工作正交平面 P_{oe} 重合。

二、刀具的工作角度

工作前角 γ_{oe}：在工作主截面 P_{oe} 内度量的工作基面 P_{re} 与前面 A_γ 间的夹角。

工作后角 α_{oe}：在工作主截面 P_{oe} 内度量的工作切削平面 P_{se} 与后面 A_α 间的夹角。

工作侧前角 γ_{fe}：在工作主截面 P_{fe} 内度量的工作基面 P_{re} 与前面 A_γ 间的夹角。

工作侧后角 μ_{fe}：在工作主截面 P_{fe} 内度量的工作切削平面 P_{se} 与后面 A_α 间的夹角。

三、进给运动对刀具工作角度的影响

以切断刀为例，具体地分析这种刀具在实际工作中各种角度的变化，同时也可以理解复合刀具的意义，如图 1-10 所示。

切断刀是最简单的复合刀具，可以把它看成是两把端面车刀的组合，只不过两把端面车刀的主切削刃合二为一，成为公共的一条主切削刃、两条副切削刃，左右两个刀尖同时车削左右两个端面。设切断刀主偏角 $\kappa_{\tau R} = 90°$，前角 $\gamma_o > 0$，后角 $\alpha_o > 0$，左、右副偏角相等 $\kappa'_{\tau L} = \kappa'_{\tau R}$，安装时刀刃对准工件的中心。

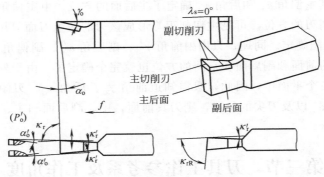

图 1-10　切断刀的刀具角度

当刀具要切断工件时，就要做横向进给运动。此时主切削刃上选定点相对于工件的运动轨迹是主运动和横向进给运动的合成运动轨迹，称为阿基米德螺旋线，如图 1-9 所示。其合成运动 v_e 沿过该点阿基米德螺旋线的切线方向。工作基面 P_{re} 应垂直于 v_e，工作切削平面 P_{se} 过切削刃上该点并切于阿基米德螺旋线和 v_e 重合，于是工作基面 P_{re} 和工作切削平面 P_{se} 相对基面 P_r 和切削平面 P_s 转动一个 μ_f 角，结果使切削刃的工作前角增加、工作后角减少。计算公式如下

$$\gamma_{oe} = \gamma_{fe} = \gamma_f + \mu_f \tag{1-6}$$

$$\alpha_{oe} = \alpha_{fe} = \alpha_f - \mu_f \tag{1-7}$$

$$\tan\mu_f = \frac{v_f}{v_e} = \frac{f}{\pi d_w} \tag{1-8}$$

式中　f——进给量，mm/r；

　　　d_w——工件待加工表面直径，mm。

由式 (1-8) 可知，μ_f 值随 f 值的增大而增大，随工件直径的减小而增大，意味着在工作平面内，后角 α_{fe} 随工件直径的减小越来越小。甚至为负值。使刀具后面和过渡表面间产生剧烈摩擦，甚至出现抗刀现象而使切削无法进行。切削刃为平行于工件轴线的切断刀，切断时最后实际是挤断，在工件上中心留下一个尾巴，甚至还会产生打刀现象，就是由于 α_{fe} 为负值的原因。

当外圆车刀纵向进给时，工作前角和工作后角同样发生变化。这在车削大导程的丝杠或多头螺纹时必须加以注意和考虑。

四、刀尖安装高低对工作角度的影响

图 1-11 所示为切断刀的三种安装情况，图 1-11 （a）是将刀尖对准工件的工作中心安装，此时基面与车刀底平面平行，切削平面与车刀底平面垂直，刀具的静止角度与工作角度相等；图 1-11 （b）是将刀尖安装高于工件的工作中心，此时工作基面 P_{re} 和与工作切削平面 P_{se} 相对静止参考系中的基面 P_r 和切削平面 P_s 向逆时针方向扭转一个角度 θ_f，使工作前角 γ_{oe} 增大，工作后角 α_{oe} 减小；图 1-11 （c）是将刀尖安装低于工件的工作中心，与上述情况相反，此时工作基面 P_{re} 和工作切削平面 P_{se} 相对静止参考系中的基面 P_r 和切削平面 P_s 向顺时针方向扭转一个角度 θ_f，其结果是工作前角 γ_{oe} 减小，工作后角 α_{oe} 增大。图中 θ_f 表示在工作平面中测量的角变量，θ_o 是在工作主截面内测量的角变量，在切削刃垂直进给速度方向时，两个平面重合，所以两变量相等。因此在刀具安装位置高低发生变化时，工作角度的变化范围如下

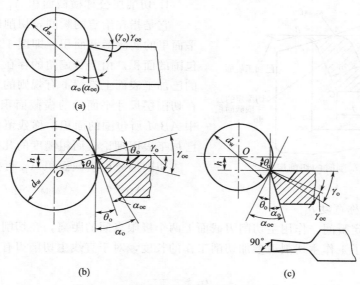

图 1-11　刀具安装高低对刀具工作的影响

$$\gamma_{oe} = \gamma_o \pm \theta_o \tag{1-9}$$

$$\alpha_{oe} = \alpha_o \pm \theta_o \tag{1-10}$$

$$\sin\theta_o = \frac{2h}{d_w} \tag{1-11}$$

式中　γ_{oe}——工作主截面内的工作前角（°）；

　　　α_{oe}——工作主截面内的工作后角（°）；

　　　θ_o——工作主截面内基面 P_r 和工作基面 P_{re} 的转角（°）；

　　　h——刀尖高于或低于工件中心的数值，mm；

　　　d_w——工件待加工表面直径，mm。

实际生产中一般允许车刀刀尖高于或低于工作中心 $0.01d$（d 为工件直径）。在镗孔时，为使切削顺利，避免车刀因刚度差产生扎刀而把孔车大，对整体单刃车刀，允许刀尖高于工件中心 $0.01D$（D 为孔径）。对刀杆上安装小刀头的车刀，由于结构的需要，一般取 $h = 0.05D$。在切断材料或车端面时，刀尖应严格安装到工件的中心位置，否则容易造成打刀现象。

五、切削层参数与切削方式

（一）切削层

切削层是指切削部分的一个单一动作所切除的工件材料层。即刀具的一个刃在一个加工周期中的纯加工时间内所切除工件的材料层。切削层的横截面形状、尺寸描述均规定在基面中度量。切削层的大小和形状直接决定了切削刃、切削部分所承受的负荷大小及切下切屑的形状和尺寸。

对于单刃刀具，切削刃沿进给运动方向移动一个进给量 f（mm/r）后所切下的金属体积在基面上所截得的金属层如图 1-12 所示，规定这个截面称为切削层尺寸平面。

切削层的大小和形状（图 1-13），直接决定了切削刃切削部分所承受的负荷大小，以及被切下的切屑形状和尺寸。

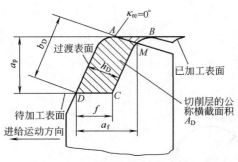

图 1-12　车削时的切削层尺寸

1. 切削层公称横截面积 A_D

它是指在给定的瞬间，切削层在切削层尺寸平面里的实际横截面积，即图 1-12 中 $AMCD$ 所包围的面积。由于负偏角的存在，经切削加工后的已加工表面上常留下有规则的刀纹，这些刀纹在切削层尺寸平面里的横截面积 A_{ABM}（图 1-12 中 ABM 所包围的面积）称残留面积，它构成了已加工表面理论表面粗糙度的几何形状。

切削层公称横截面积 A_D 可按下式计算

$$A_D = a_p f - A_{ABM} \approx a_p f = b_D h_D \quad (1-12)$$

2. 切削层公称宽度 b_D

它是指在给定瞬间，作用主切削刃截面上两个极限点间的距离，在切削层尺寸平面中测量。它大致反映了工作主切削刃参加切削工作的长度，对于直线主切削刃有以下近似关系

$$b_D \approx \frac{a_p}{\sin \kappa_r} \quad (1-13)$$

3. 切削层公称厚度 h_D

它是指在同一瞬间的切削层横截面积与其公称切削层宽度之比，如图 1-13（a）所示。相邻两个过渡表面之间在基面上测量的垂直距离，又称为切削厚度。h_D 可以由下式表示

$$h_D = f \sin \kappa_r = \frac{A_D}{b_D} \quad (1-14)$$

从上述公式可以看出，切削层公称厚度和宽度随主偏角的变化而变化，当 $\kappa_r = 90°$ 时，$h_D = h_{Dmax} = f$，$b_D = b_{Dmin} = a_p$。切削层横截面积仅由切削用量 f 和切削深度 a_p 决定，不受主偏角变化的影响。但切削层横截面的形状与主偏角、刀尖圆弧半径大小有关。如图 1-13（b）所示，由于刀尖圆弧半径和主偏角不同，引起公称切削厚度和宽度的很大变化。一般

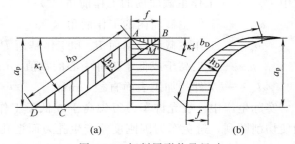

图 1-13　切削层形状及尺寸

粗车工件时，由于待加工表面较内部金属硬度往往偏高，有些待加工表面还高低不平，造成切削时对刀具的冲击较大，此时采用较小主偏角的刀具，因为参加切削的主刀刃 $\kappa_r = 90°$ 时的长度长，使主切削刃单位长度上的负荷减轻，同时抗冲击性也较好，有利于提高刀具的寿命。

（二）切削方式

1. 自由切削和非自由切削

刀具在切削过程中，如果只有一条切削刃参加切削，这种切削称为自由切削。它的主要特征是刀刃上各点切屑流出方向大致相同，被切金属的变形基本发生在二维平面内，如图 1-14 所示。其特点是主切削刃长度大于工件被切削层的宽度，没有其他切削刃参加切削，且

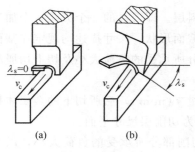

图 1-14　直角切削与斜角切削

主切削刃各点切屑流出方向基本上都沿着切削刃的法向，所以属于自由切削。

若刀具上的切削刃为曲线或折线，或有几条切削刃（包括主切削刃和副切削刃）同时参加切削，并同时完成整个切削过程，这种切削称为非自由切削。它的主要特征是各切削刃汇交处下的金属互相影响和干涉，金属变形更为复杂，且发生在三维空间内。

2. 直角切削和斜角切削

直角切削是指刀具主切削刃的刃倾角 $\lambda_s = 0$ 时的切削，此时切削速度垂直于主切削刃，如图 1-14(a) 所示，故又称为正交切削。其切屑沿切削刃的法向方向流出。

斜角切削是指刀具主切削刃的刃倾角 $\lambda_s \neq 0$ 的切削，此时，切削速度方向与主切削刃不垂直。图 1-14(b) 所示为斜角刨削的情况，切屑流出方向与直角切削不同，将偏离切削刃法向流出。

3. 材料的切除率 Q_Z

材料切除率是指特定瞬间、单位时间里被切除工件材料的体积。相当于切削层公称截面积以切削速度 v_c 值沿切削速度方向运动一个单位时间所包含的空间体积，它是反映切削效率高低的一个指标。其计算公式如下

$$Q_Z = 1000 f v_c a_p \tag{1-15}$$

式中 f——进给量，mm/r；

v_c——主切削速度，m/s；

a_p——切削深度，mm。

思考题与习题

1-1 用图表示外圆车刀的 γ_o、α_o、κ_r、λ_s 角度。

1-2 用图表示刀具安装高、低对刀具工作的影响。

1-3 试述刀具的标注角度与工作角度的区别。

1-4 试分析每分钟金属切除量与切削层参数的关系。

第二章　刀具材料

刀具切削性能的好坏，取决于构成刀具切削部分的材料、切削部分的几何参数、刀具结构的选择和设计是否合理。切削加工生产率和刀具耐用度的高低，刀具消耗和加工成本的多少，加工精度和表面质量的优劣等，在很大程度上都取决于刀具材料的合理选择。

第一节　刀具材料的性能及其类型

一、刀具材料的性能

刀具在工作时，由于切削时产生的金属塑性变形以及在刀具、切屑、工件相互接触表面间产生的强烈摩擦，使刀具切削刃上产生很高的温度和受到很大的应力，在这样的条件下，刀具将迅速磨损或破损。因此刀具材料应具备以下的性能要求。

1. 高的硬度和耐磨性

硬度是刀具材料应具备的基本特性。刀具要从工件上切下切屑，其硬度必须比工件材料的硬度大。切削金属所用刀具的切削刃的硬度一般都在 60HRC 以上。

耐磨性是材料抵抗磨损的能力。一般来说，刀具材料的硬度越高，耐磨性就越好。组织中硬质点（碳化物、氮化物等）的硬度越高，数量越多，颗粒越小，分布越均匀，则耐磨性越好。但刀具材料的耐磨性实际上不仅取决于它的硬度，而且也和化学成分、强度、显微组织及摩擦区的温度有关。

考虑到材料的品质因素（不考虑摩擦区温度及化学磨损等影响），可用下式表示材料的耐磨性 W_R。

$$W_R = K_{IC}^{0.5} E^{-0.8} H^{1.43} \tag{2-1}$$

式中　H——材料硬度，GPa；

　　　K_{IC}——材料的断裂韧度，MPa·m$^{1/2}$；

　　　E——材料的弹性模量，GPa。

材料硬度 H 越高，耐磨性越好；K_{IC} 越大，则材料受应力引起的断裂（脆性材料的磨损主要是通过显微裂纹过程进行的）越小，故耐磨性越好；E 较小时，由于磨粒引起的显微应变，有助于产生较低的应力，故耐磨性提高。

2. 足够的强度和韧性

要使刀具在承受很大压力、冲击和振动的条件下工作而不产生崩刃和折断，刀具材料就必须具有足够的强度和韧性。

3. 高的耐热性

耐热性（热稳定性）是衡量刀具材料切削性能的主要标志。它是指刀具材料在高温下保持硬度、耐磨性、强度和韧性的性能。除高温硬度外，刀具材料还应具有在高温下抗氧化的能力以及良好的抗黏结和抗扩散的能力，即刀具材料应具有良好的化学稳定性。

4. 良好的物理性能和耐热冲击性能

刀具材料的导热性能越好，切削热越容易从切削区散走，有利于降低切削温度。

刀具在断续切削（如铣削）或使用切削液切削时，常常受到很大的热冲击（温度变化剧烈），因而刀具内部会产生裂纹而导致断裂。刀具材料抵抗热冲击的能力可用耐热冲击系数 R 表示，R 的定义式如下

$$R = \frac{\lambda \sigma_b (1-\mu)}{E\alpha} \tag{2-2}$$

式中　λ——热导率；

　　　σ_b——拉伸强度，GPa；

　　　μ——泊松比；

　　　E——弹性模量；

　　　α——热膨胀系数。

热导率大，使热量容易散走，降低刀具表面的温度梯度；热膨胀系数小，可减少热变形；而弹性模量小，可以降低因热变形而产生的交变应力幅度；它们均有利于材料耐热冲击性能的提高。耐热冲击性能好的刀具材料，在切削加工时可使用切削液。

5. 良好的工艺性能

为便于刀具制造，要求刀具材料具有良好的工艺性能，如锻造性能、热处理性能、高温塑性变形性能、磨削加工性能等。

6. 经济性

经济性是刀具材料的重要指标之一，刀具材料的发展应结合本国资源。有的刀具（如超硬材料刀具）虽然单件成本很贵，但因其使用寿命很长，分摊到每个零件的成本不一定很高，因此在选用时要考虑经济效益。此外，在切削加工自动化和柔性制造系统中，也要求刀具的切削性能比较稳定和可靠，有一定的可预测性和高度的可靠性。

二、刀具材料的类型和刀体材料

当前使用的刀具材料分四大类：工具钢（包括碳素工具钢、合金工具钢、高速钢）、硬质合金、陶瓷、超硬刀具材料。一般机加工使用最多的是高速钢与硬质合金。各类刀具材料所适应的切削范围如图 2-1 所示。

常用的碳素工具钢（如 T10A、T12A）、合金工具钢（如 8SiCr、CrWMn），因耐热性较差，仅用于一些手工工具及切削速度较低的刀具；陶瓷、金刚石和立方氮化硼仅用于有限的场合；目前刀具材料中用得最多的仍是高速钢和硬质合金。工具钢耐热性差，但弯曲强度高，价格便宜，焊接与刃磨性能好，故广泛用于中、低速切削的成形刀具，不宜高速切削。硬质合金耐热性好，切削效

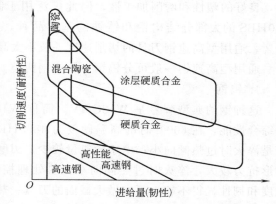

图 2-1　各类刀具材料适应的切削范围

率高，但刀片强度、韧性不及工具钢，焊接刃磨工艺性也比工具钢差，故多用于制作车刀、铣刀及各种高效切削刀具。

一般刀体均用普通碳钢或合金钢制作，如焊接车刀、镗刀的刀柄，钻头、铰刀的刀体常

用 45 钢或 40Cr 制造。尺寸较小的刀具或切削负荷较大的刀具宜选用合金工具钢或整体高速钢制作，如螺纹刀具、成形铣刀、拉刀等。机夹、可转位硬质合金刀具，镶硬质合金钻头，可转位铣刀等可用合金工具钢制作，如 9CrNi 或 GCr15 等。对于一些尺寸较小的精密孔加工刀具，如小直径镗、铰刀，为保证刀体有足够的刚度，宜选用整体硬质合金制作，以提高刀具的切削用量。

第二节　高　速　钢

高速钢是一种加入了较多的钨、铂、铬、钒等合金元素的高合金工具钢。高速钢具有较高的热稳定性，在切削温度高达 $500\sim650℃$ 时，尚能进行切削，与碳素工具钢和合金工具钢相比，高速钢能提高切削速度 $1\sim3$ 倍，提高刀具耐用度 $10\sim40$ 倍，可以加工从有色金属到高温合金的范围广泛的材料。高速钢具有高的强度（弯曲强度为一般硬质合金的 $2\sim3$ 倍，为陶瓷的 $5\sim6$ 倍）和韧性，具有一定的硬度（$63\sim70HRC$）和耐磨性，适合于各类切削刀具的要求，也可用于在刚性较差的机床上加工。高速钢材料性能较硬质合金和陶瓷稳定，在自动机床上使用较可靠。高速钢刀具制造工艺简单，容易磨成锋利切削刃，能锻造，故在复杂刀具（钻头、丝锥、成形刀具、拉刀、齿轮刀具等）制造中，高速钢仍占主要地位。特别是用于制造结构复杂的成形刀具、孔加工刀具，例如，各类铣刀、拉刀、螺纹刀具、切齿刀具等。

按用途不同，高速钢可分为通用型高速钢和高性能高速钢。

按制造工艺方法不同，高速钢可分为熔炼高速钢和粉末冶金高速钢。

一、通用型高速钢

这类高速钢含碳量为 $0.7\%\sim0.9\%$。按钢中含钨量的不同，可分为含 W12% 或 18% 的钨钢，含 W6% 或 8% 的钨钼系钢，含 W2% 或不含钨的钼钢。

这类钢按其耐热性可称为中等热稳定性高速钢。它经 4h 加热到 $615\sim620℃$ 后，仍可保持硬度为 60HRC。由于这类钢具有一定的硬度（$63\sim66HRC$）和耐磨性，高的强度和韧性，良好的塑性和磨削加工性，因此广泛用于制造各种复杂刀具，成为切削硬度在 $250\sim280HBS$ 的大部分结构钢和铸铁的基本品种，应用最为广泛，占高速钢总产量的 $75\%\sim80\%$。通用型高速钢刀具的切削速度一般不太高，切削普通钢料时常不高于 $40\sim60m/min$。

通用型高速钢一般可分钨钢、钨钼钢两类。

1. 钨钢

这种钢的典型牌号是 W18Cr4V（简称 W18），它含 W18%、Cr4%、V1%，具有较好的综合性能，在 $600℃$ 时的高温硬度为 48.5HRC，可用于制造各种复杂刀具。W18% 的优点是淬火时过热倾向小；由于含钒量较少，刃磨工艺性好；由于碳化物含量较高，因而塑性变形抗力较大，淬火时过热倾向小，热处理控制较容易。W18 缺点是碳化物分布不均匀；强度和韧性显得不够，不宜做大截面的刀具；热塑性较差。

2. 钨钼钢

钨钼钢是将钨钢中的一部分钨用钼代替所获得的一种高速钢。如果钨钼钢中的钼不多于 5%，钨不少于 6%，而且满足 $W+(1.4\sim1.5)Mo=12\%\sim13\%$ 时，则可保证钼对钢的强度和韧性具有有利的影响，而又不致损害钢的热稳定性。

钨钼钢的典型牌号是 W6Mo5Cr4V2（简称 M2），它含 W6%、Mo5%、Cr4%、V2%。

它的弯曲强度比 W18 钢高 10%～15%，韧性高 50%～60%，而且大截面的工具也具有这种优点，因而可做尺寸较大、承受冲击力较大的刀具。

我国生产的另一种钨钼钢为 W9Mo3Cr4V（简称 W9），它具有良好的力学性能，其热稳定性略高于 M2 钢。这种钢的碳化物均匀性优于 W18 而接近于 M2 钢，具有良好的热塑性，易锻、易轧，热处理温度范围宽，脱碳倾向比 M2 钢小得多（略高于 W18 钢），磨加工性也很好，刀具耐用度也有一定程度的提高。

二、高性能高速钢

高性能高速钢是指在通用型高速钢成分中增加一些含碳量、含钒量及添加钴、铝等合金元素的新钢种。如高碳高速钢 9W6Mo5Cr4V2，高钒高速钢 W6Mo5Cr4V3，钴高速钢 W6Mo5Cr4V2Co5、W18Cr4VCo5，超硬高速钢 W2Mo9Cr4VCo8、W6Mo5Cr4V2Al 等。这类钢按其耐热性可称为高级稳定性高速钢。加热到 630～650℃时仍可保持 60HRC 的硬度，因此具有更好的切削性能，这类高速钢刀具的耐用度为通用型高速钢刀具的 1.5～3 倍。它们适合于加工奥氏体不锈钢、高温合金、钛合金、超高强度钢等难加工材料。在用中等速度加工软材料时，优越性就不很显著。

1. 高碳系高速钢

牌号为 9W18Cr4V，因含碳量高（0.9%），故硬度、耐磨性及热硬性都比较好。用其制造的刀具在切削不锈钢、耐热合金等难加工材料时，寿命显著提高，但其弯曲强度为 3000MPa，冲击韧性较低，热处理工艺要求严格。

2. 高钒系高速钢

牌号有 W12Cr4V4Mo 及 W6Mo5Cr4V3（美国牌号 M3），含钒量达 3%～4%，使耐磨性大大提高，但随之带来的是可磨性变差。高钒系高速钢的使用及发展还需要依赖于磨削工艺及砂轮技术的发展。

W6Mo5Cr4V2Al(501) 是一种含铝的超硬高速钢，铝不是碳化物的形成元素，但它能提高 W、Mo 等元素在钢中的溶解度，并可阻止晶粒长大，因此，铝高速钢可提高高温硬度、热塑性和韧性，在 600℃时的高温硬度也达到 54HRC，但由于不含钴，因而仍保留有较高的强度和韧性。501 钢的弯曲强度为 2.9～3.9GPa，冲击韧性为 0.23～0.3MJ/m^2，具有优良的切削性能，其力学性能与切削性能可与美国 M42 超硬高速钢相当，在切削温度的作用下，刀具表面可形成氧化铝薄膜，减轻了切削的黏结，且价格低廉。这种钢是我国独创的超硬高速钢，立足于我国资源，与钴钢比较，成本较低，故已逐渐推广使用。但与 W18 钢比较，这种钢的磨加工性较差，热处理温度也较难控制。

3. 钴高速钢

W2Mo9Cr4VCo8(M42) 是一种应用最广的含钴超硬高速钢，在钢中加入钴，可提高高速钢的高温硬度和抗氧化能力，具有良好的综合性能。硬度可达 67～70HRC，但也可采取特殊热处理方法，得到 67～68HRC 硬度，使其切削性能（特别是间断切削）得到改善，提高冲击韧性。600℃时的高温硬度为 55HRC，比 W18 钢高 6.5HRC，因而能允许较高的切削速度；钴在钢中能促进钢在回火时从马氏体中析出钨、钼的碳化物，提高回火硬度，钴的热导率较高，对提高刀具的切削性能有利，钴可降低摩擦因数；另由于含钒量不高，故磨加工性很好。含钒量不高（1%），含钴量高（8%），钴能促使碳化物在淬火加热时更多地溶解在基体内，利用高的基体硬度来提高耐磨性。这种高速钢硬度、热硬性、耐磨性及可磨性都很好。用这种钢做的刀具在加工耐热合金、不锈钢时，耐用度较 W18 和 M2 钢有明显提高。加工材料的硬度越高，效果也越显著。这种钢由于含钴量较多，从而提高了高速钢的高温硬度和抗氧化能力，能适用于较高的切削速度。钴在钢中能促进钢在回火时从马氏体中析出钨、钼的碳化物，提高回火硬度。钴的热导率较高，对提高刀具的切削性能有利，并可降低摩擦因数，改善刀具的磨削加工性。钴高速钢可制成各种刀具，用于切削难加工材料效果很好，又因其磨削性能好，可制成复杂刀具，国际上用得很普遍。但中国钴资源缺乏，钴高速钢价格昂贵，一般为普通高速钢的 5～8 倍。强度及热塑性略高于 W6Mo5Cr4V2，硬度与韧性相配合，容易轧制、锻造，热处理工艺范围宽，脱碳敏感性小，成本更低。

4. 铝高速钢

牌号为 W6Mo5Cr4V2Al、W6Mo5Cr4V5SiNbAl 等，主要加入铝（Al）和硅（Si）、铌（Nb）元素，用来提高热硬性、耐磨性。适合中国资源情况，价格较低。热处理硬度可达 68HRC，热硬性也不错。但是这种钢易氧化及脱碳，可塑性、可磨性稍差，仍需改进。国际市场上高性能高速钢使用量已经超过普通高速钢 25%～30%。

W6Mo5Cr4V2 目前正在取代钨系高速钢，具有碳化物细小、分布均匀、耐磨性高、成本低等一系列优点。热处理硬度也可达 68HRC，弯曲强度达 4700MPa，韧性及热塑性比 W18Cr4V 提高 50%。常用于制造各种工具，例如钻头、丝锥、铣刀、铰刀、拉刀、齿轮刀具等，可以满足加工一般工程材料的要求，但它的脱碳敏感性稍强。

三、粉末冶金高速钢

粉末冶金高速钢（简称粉冶钢）是用高压氩气或纯氮气雾化熔融的高速钢钢水，直接得到细小的高速钢粉末，然后将这种粉末在高温高压下压制成致密的钢坯，最后将钢坯锻轧成钢材或刀具形状的一种高速钢。它在 20 世纪 60 年代由瑞典首先研制成功，70 年代国产的粉末冶金高速钢就开始应用，由于其使用性能好，故应用日益增长。

用粉末冶金法制造的高速钢具有下列优点。

① 可有效地解决一般熔炼高速钢在铸锭时要产生的粗大碳化物共晶偏析，得到细小均匀的结晶组织。晶粒尺寸小于 2～5μm，而一般熔炼钢则为 8～20μm，这就使这种钢具有良好的力学性能。由于粉冶钢的碳化物分布比较均匀，完全避免了碳化物的偏析，从而提高了钢的强度，其硬度能达到 69.5～70HRC，σ_b 达 2.73～3.43GPa，在轻度变形条件下，粉冶钢的强度和韧性分别是熔炼钢的 2 倍和 2.5～3 倍；在大变形状态下（如锻件或轧制毛坯在直径方向的压下量达 20～30mm），粉冶钢与熔炼钢相比，强度和韧性分别提高 30%～40% 和 80%～90%。

② 由于钢中的碳化物细小均匀，使磨削加工性得到显著改善。含钒量多者，改善程度就更显著。这一独特的优点，使得粉末冶金高速钢能用于制造新型的、增加合金元素的、加入大量碳化物的超硬高速钢，而不降低其刃磨工艺性，这是熔炼高速钢无法比拟的。

③ 由于粉冶钢物理力学性能的高度各向同性，可减小热处理时的变形（一般为熔炼钢的 1/3～1/2）与应力，因此，可以制造精密刀具。

④ 由于碳化物颗粒均匀分布的表面积较大，且不易从切削刃上剥落，故粉冶钢的耐磨性可提高 20%～30%。

⑤ 粉末冶金高速钢提高了材料的利用率。

第三节　硬　质　合　金

硬质合金是由难熔金属碳化物（如 WC、TiC、TaC、NbC）和金属黏结剂（Co、Ni）通过粉末冶金工艺制成的一种合金材料。硬质合金具有硬度高、耐磨、强度和韧性较好、耐热、耐腐蚀等一系列优良性能，特别是它的高硬度和耐磨性，即使在 500℃的温度下，也基本保持不变，在 1000℃时仍有很高的硬度。

一、难熔金属碳化物

在硬质合金中，碳化物所占比例越大，则硬度越高；反之，碳化物所占比例越小，而黏结剂所占比例大，则硬度低，但弯曲强度提高；碳化物的粒度越细，则越有利于提高硬质合金的硬度和耐磨性，但降低了弯曲强度；反之，硬质合金的弯曲强度提高，而硬度降低。此外，碳化物粒度的均匀性也影响硬质合金的性能，粒度均匀的碳化物会形成均匀的黏结层，可防止产生裂纹。如在硬质合金中添加 TaC，能使碳化物均匀和细化。难熔金属碳化物的主要性能如表 2-1 所示。

表 2-1　难熔金属碳化物的主要性能

碳化物	熔点/℃	硬度（HV）	弹性模量/GPa	热导率/[W/(m·℃)]	密度/(g/cm³)	对钢的黏附温度
WC	2900	1780	720	29.3	15.6	较低
TiC	3200～3250	3000～3200	321	24.3	4.93	较高
TaC	3730～4030	1599	291	22.2	14.3	—
TiN	2930～2950	1800～2100	616	16.8～29.3	5.44	—

二、硬质合金的种类、牌号及性能

目前大部分硬质合金是以 WC 为基体，分为钨钴类（YG 类）、钨钛钴类（YT 类）、添加钽（Ta）铌（Nb）类（YG-YW 类）和碳化钛基类（TN）四类。表 2-2 列出了国内常用各类硬质合金牌号、成分和性能。

表 2-2　国内常用各类硬质合金牌号、成分与性能

GB/T 18376.1—2008 GB/T 18376.2—2014 GB/T 18376.3—2015		化学成分×100				力学性能				对应 GB/T 2075—2007		使用性能					
类型	牌号	w(WC)	w(TiC)	w[TaC(NbC)]	w(Co)	其他	密度/(g/cm³)	热导率/[W·(m·K)]	硬度(HRA)	弯曲强度/GPa	代号	牌号	颜色	耐磨性	韧性	切削速度	进给量	加工材料类别
钨钴类	YG3	97	—	—	3	—	14.9～15.3	87	91	1.2	K类	K01	红	↑	↓	↑	↓	短切屑的黑色金属；非铁金属；非金属材料
	YG6X	93.5	—	0.5	6	—	14.6～15	75.55	91	1.4		K10						
	YG6	94	—	—	6	—	14.6～15.0	75.55	89.5	1.42		K20						
	YG8	92	—	—	8	—	14.5～14.9	75.36	89	1.5		K30						
	YG8C	92	—	—	8	—	14.5～14.9	75.36	88	1.75								
钨钛钴类	YT30	66	30	—	4	—	9.3～9.7	20.93	92.5	0.9	P类	P01	蓝	↑	↓	↑	↓	长切屑的黑色金属
	YT15	79	15	—	6	—	11～11.7	33.49	91	1.15		P10						
	YT14	78	14	—	8	—	11.2～12	33.49	90.5	1.2		P20						
	YT5	85	5	—	10	—	12.5～13.2	62.8	89	1.4		P30						

续表

类型	牌号	w (WC)	w (TiC)	w [TaC (NbC)]	w (Co)	其他	密度 /(g/cm³)	热导率 /[W·(m·K)]	硬度 (HRA)	弯曲强度 /GPa	代号	牌号	颜色	耐磨性	韧性	切削速度	进给量	加工材料类别
		化学成分×100					力学性能				对应 GB/T 2075—2007			使用性能				
添加钽(Ta)铌(Nb)类	YG6A	91	—	3	6	—	14.6~15.0	—	91.5	1.4	K类	K10	红			—		长、短切屑的黑色金属
	YG8N	91	—	1	8	—	14.5~14.9		89.5	1.5		K20						
	YW1	84	6	4	6	—	12.8~13.3		91.5	1.2	M类	M10	黄					
	YW2	82	6	4	8	—	12.6~13.0		90.5	1.35		M20						
碳化钛基类	YN05	—	79			Ni7 Mo 14	5.56		93.3	0.9	P类	P01	蓝			—		长切屑的黑色金属
	YN10	15	62	1		Ni12 Mo 10	6.3		92	1.1		P01						

注：Y—钨，G—钴，T—钛，X—细晶粒合金，C—粗晶粒合金，A—含 TaC（NbC）的 YG 类合金，W—通用合金。

硬质合金牌号表示方法如下。

(1) 按硬质合金的成分表示

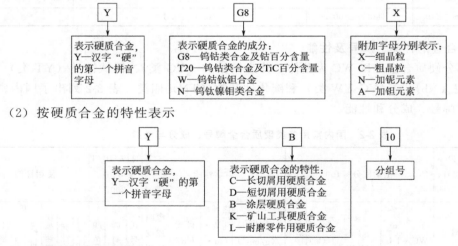

(2) 按硬质合金的特性表示

三、硬质合金的选用

正确选用适当牌号的硬质合金对发挥其效能具有重要的意义。各类硬质合金的应用范围如表 2-3 所示。

四、新型硬质合金

1. TiC（N）基和 Ti（C，N）基硬质合金

TiC（N）基硬质合金有接近陶瓷的硬度和耐热性，加工时与钢的摩擦因数小，且弯曲强度与断裂韧性比陶瓷高。因此，TiC（N）基硬质合金可作为高速切削加工刀具材料，用于精车时，切削速度比普通硬质合金提高 20%～50%。近年来，TiC（N）基硬质合金的强度得到不断提高，由 700～800MPa 提高到 1800～2000MPa。同时，它不仅用于精加工，而

且也扩大到半精加工、粗加工的断续切削。在钢的高速切削，特别是对表面粗糙度要求较低的粗加工和半精加工中，TiC（N）基硬质合金最好。

表 2-3 各类硬质合金的应用范围

牌号	力学性能		应用范围
YG3X	硬度、耐磨性、切削速度 ↑	↓ 弯曲强度、韧性、进给量	铸铁、有色金属及其合金的粗加工、半精加工,不能承受冲击载荷
YG3			铸铁、有色金属及其合金的精加工、半精加工,不能承受冲击载荷
YG6X			普通铸铁、冷硬铸铁、高温合金的精加工、半精加工
YG6			铸铁、有色金属及其合金的半精加工和精加工
YG8			铸铁、有色金属及其合金、非金属材料的粗加工,也可用于断续切削
YG6A			冷硬铸铁、有色金属及其合金的半精加工,也可用于高锰钢、淬硬钢的半精加工和精加工
YT30	硬度、耐磨性、切削速度 ↑	↓ 弯曲强度、韧性、进给量	碳素钢、合金钢的精加工
YT15			碳素钢、合金钢在连续切削时的粗加工、半精加工,也可用于断续切削时精加工
YT14			碳素钢、合金钢在连续切削时的粗加工、半精加工,亦可用于断续切削时精加工
YT5			碳素钢、合金钢的粗加工,可用于断续切削
YW1	硬度、耐磨性、切削速度 ↑	↓ 弯曲强度、韧性、进给量	高温合金、高锰钢、不锈钢等难加工材料及普通钢料、铸铁、有色金属及其合金的半精加工和精加工
YW2			高温合金、不锈钢、高锰钢等难加工材料及普通钢料、铸铁、有色金属及其合金的粗加工和半精加工

TiC（N）基硬质合金按其成分和性能不同可分为：

① 成分为 TiC-Ni-Mo 的 TiC 基合金；

② 添加其他碳化物（如 WC、TaC）和金属的强韧 TiC 基硬质合金；

③ 添加 TiN 的 TiCN 基硬质合金；

④ 以 TiN 为主要成分的 TiN 基合金等。

在 TiC 基合金的成分中加入氮化物，可进一步改善合金的性能，这就是 Ti（C，N）基硬质合金。除具有 TiC 基合金的优点以外，Ti（C，N）基合金的强度、韧性、抗塑性变形能力及导热性均高于 TiC 基合金，因此它是一种有发展前景的刀具材料。其应用范围略同于 TiC 基合金。我国生产的强韧 TiC 基合金有 YN10、YN15、YN501、YN510 等。

TiC-Ni-Mo 合金中添加氮化物可显著提高硬质合金的性能，并扩大其应用范围。由于 TiN 的热稳定性比 TiC 高，热导率大，与金属的亲和力小，润湿性能好，因此 TiC（N）合金的高温硬度和强度高，抗氧化能力高，导热性和抗热冲击能力得到了加强，还可以减少刀具与被加工材料之间的摩擦，减小黏结磨损，提高刀具的抗月牙洼磨损能力。

2. 细晶粒、超细晶粒硬质合金

普通硬质合金中 WC 粒度为几微米，细晶粒合金平均粒度为 $1.5\mu m$ 左右。超细晶粒合金粒度为 $0.2\sim1\mu m$，其中大多数为 $0.5\mu m$ 以下。

细晶粒合金中，由于硬质相和黏结相高度分散，增加了黏结面积，提高了黏结强度，因此，其硬度与强度都比同样成分的合金高，硬度提高 1.5～2HRA，弯曲强度提高 0.6～0.8GPa，而且高温硬度也提高了一些，减少中低速切削时产生的崩刃现象。

在超细晶粒合金生产过程中，除必须使用细的 WC 粉末外，还添加了微量抑制剂，以控制晶粒的长大，并采用先进烧结工艺，成本高。超细晶粒硬质合金多用 YG 类合金，它的硬度和耐磨性得到较大提高，弯曲强度和冲击韧性也得到提高，适合于做小尺寸铣刀、钻头等刀具，多用于高硬度难加工材料的加工，如冷硬铸铁、淬硬钢、不锈钢、高温合金的加工。

3. 涂层硬质合金

在硬质合金表面通过物理、化学等离子体气相沉积等方法涂覆单层或多层碳化物、氮化物、氧化物等难熔硬质合金化合物，可大幅度提高硬质合金工具的性能和使用寿命。

涂层的硬度高（TiC-2800HV$_{30}$、TiN-2100HV$_{30}$）、耐磨性好，能减少刀具前刀面上的月牙洼磨损和后刀面磨损，提高刀具耐用度。涂层刀片比非涂层刀片的切削速度提高 25%～30%，在相同切削速度下，刀片寿命可延长 1～3 倍。可减少黏刀现象，不易生成积屑瘤。刀片与工件之间的摩擦系数小，可降低切削力 10%～15%。同一涂层刀片可同时用于精车和半精车，能代替两种不同牌号的非涂层刀片。我国目前正在积极发展涂层硬质合金刀具，其中 CN15、CN25、CN35、CN16、CN26 等涂层硬质合金刀片在生产中得到广泛应用。

硬质合金涂层刀片不能采用焊接结构，不能重磨，只能用于机械夹固可转位刀具。

4. 高速钢基硬质合金

以 TiC 或 WC 为硬质相（占 30%～40%），以高速钢为黏结相（占 70%～60%），用粉末冶金工艺制成，其性能介于硬质合金与高速钢之间，能锻造、切削加工、热处理和焊接，常温硬度为 70～75HRC，耐磨性比高速钢提高 6～7 倍。可用于制造钻头、铣刀、拉刀、滚刀等复杂刀具，加工不锈钢、耐热钢和有色金属。高速钢基硬质合金导热性差，容易过热，高温性能比硬质合金差，切削过程中要求充分冷却，不适于高速切削。

第四节　涂层刀具

常用的涂层材料有 TiC、TiN、Al$_2$O$_3$ 等，TiC 的硬度比 TiN 高，抗磨损性能好。对于要产生剧烈磨损的刀具，TiC 涂层较好。TiN 与金属的亲和力小，润湿性能好，在空气中抗氧化性能比 TiC 好，在容易产生黏结的条件下，TiC 涂层较好。在高速切削产生大热量的场合，采用 Al$_2$O$_3$ 涂层较好，因为 Al$_2$O$_3$ 在高温下有良好的热稳定性能。涂层可采用单涂层，也可采用双涂层或多涂层，如 TiC-TiN、TiC-Al$_2$O$_3$、TiC-Al$_2$O$_3$-TiN 等。

一、涂层高速钢

高速钢刀具的表面涂层是采用物理气相沉积（PVD）方法，在刀具表面涂覆 TiN 等硬膜，以提高刀具性能的新工艺。涂层的高速钢是一种复合材料，基体是强度、韧性较好的高速钢，而表面层是高硬度、高耐磨性的材料。TiN 有较高的热稳定性，它与钢的摩擦系数较低，而且与高速钢涂层结合牢固。表面硬度可达 2200HV，呈金黄色。

涂层高速钢刀具切削力、切削温度约下降 25%，切削速度、进给量约提高一倍，刀具寿命显著提高。即使刀具重磨后，其性能仍优于普通高速钢。目前已在钻头、丝锥、成形铣刀、切齿刀具上广泛应用。

除 TiN 涂层外，新开发的 TiC、TiAlN 涂层在切削不锈钢、铸铁时性能更好。

二、涂层硬质合金

涂层硬质合金采用化学气相沉积（CVD）工艺，在硬质合金表面涂覆一层或多层（5～13μm）难溶金属碳化物。涂层合金有较好的综合性能，基体强度、韧性较好，表面耐磨、耐高温。但涂层硬质合金刃口锋利程度与抗崩刃性不及普通硬质合金。因此，多用于普通钢材的精加工或半精加工。涂层材料主要有 TiC、TiN、Al_2O_3 及其复合材料。TiC 涂层具有很高的硬度与耐磨性，抗氧化性好，切削时能产生氧化钛薄膜，降低摩擦系数，减少刀具磨损。一般切削速度可提高 40% 左右。TiC 与钢的黏结温度高，表面晶粒较细，切削时很少产生积屑瘤，适合精车。TiC 涂层的缺点是线胀系数与基体差别较大，与基体间形成脆弱的脱碳层，降低了刀具的弯曲强度。因此，在重切削、加工硬材料或带夹杂物的工件时，涂层易崩裂。

TiN 涂层在高温时能形成氧化膜，与铁基材料摩擦系数较小，抗黏结性能好，能有效降低切削温度。TiN 涂层刀片抗月牙洼及后刀面磨损能力比 TiC 涂层刀片强。适合切削钢与易粘刀的材料，加工表面粗糙度较小，刀具寿命较高。此外，TiN 涂层抗热振性能也较好。缺点是与基体结合强度不及 TiC 涂层，而且涂层厚时易剥落。

TiC-TiN 复合涂层：第一层涂 TiC，与基体黏结牢固不易脱落。第二层涂 TiN，减少表面层与工件的摩擦。

TiC-Al_2O_3 复合涂层：第一层涂 TiC，与基体黏结牢固不易脱落。第二层涂 Al_2O_3，使表面层具有良好的化学稳定性与抗氧化性能。这种复合涂层能像陶瓷刀那样高速切削，耐用度比 TiC、TiN 涂层刀片高，同时又能避免陶瓷刀的脆性、易崩刃的缺点。

目前单涂层刀片已很少应用，大多采用 TiG-TiN 复合涂层或 TiC-Al_2O_3-TiN 三复合涂层。

三、金刚石涂层

金刚石涂层具有硬度高、摩擦系数低、导热性高和热膨胀系数低等特点，然而金刚石会与周期表ⅣA 族至ⅦA 族的元素起反应，所以金刚石涂层刀具只适于加工非铁和非金属工件材料。金刚石刀具的磨损方式有氧化、与工件材料起化学反应、微裂和严重断裂等几种情况及其组合。

金刚石涂层具有一种高度小、平面形的组织结构，这使得在刀片的前面呈显微粗糙的表面。这种粗糙的金刚石小平面的作用好比显微断屑器，而在刀片的后面，这种小平面会导致工件加工表面光洁度变差。

金刚石涂层可为非铁金属材料加工刀具提供最佳性能，是加工石墨、金属基复合材料（MMC）、高硅铝合金及许多其他高磨蚀材料的理想涂层（注意：纯金刚石涂层刀具不能用于加工钢件，因为加工钢件时会产生大量切削热，并导致发生化学反应，使涂层与刀具之间的黏附层遭到破坏）。适用于硬铣、攻螺纹和钻削加工的涂层各不相同，分别有其特定的使用场合。此外，还可以采用多层涂层，此类涂层在表层与刀具基体之间还嵌入其他涂层，可以进一步提高刀具的使用寿命。

四、立方氮化硼（CBN）涂层

立方氮化硼（CBN）是氮化硼的高温高压相，它是第二种最硬的材料（达 3200～4000HV），其结构类似于金刚石，但 CBN 对于热铁、热钢和氧化环境具有化学惰性，在氧化时，形成一薄层氧化硼，此氧化物层给涂层提供了化学稳定性，因此它在加工硬的铁材

（50～65HRC）、灰铸铁、高温合金和烧结的粉末金属时具有明显的优越性。

许多科研人员试图用 CVD 和 PVD 技术沉积立方氮化硼薄膜。试验结果表明，在合成 CBN 相、对硬质合金基体的良好黏结和合适的显微硬度等方面已取得一定的进展。目前沉积在硬质合金基体上的立方氮化硼膜厚最大仅为 $0.2\sim0.5\mu m$，若想达到商品化，则必须采用可靠的技术来沉积高纯的、经济的 CBN 薄膜，其膜厚应为 $3\sim5\mu m$，并在实际金属切削加工中证实其效果。

第五节 陶 瓷

一、陶瓷刀具材料的特点

陶瓷刀具是以氧化铝（Al_2O_3）或以氮化硅（Si_3N_4）为基体再添加少量金属，在高温下烧结而成的一种刀具材料。其主要特点如下。

① 有高硬度与耐磨性，常温硬度达 91～95HRA，超过硬质合金，因此，可用于切削 60HRC 以上的硬材料。

② 有高的耐热性，1200℃ 下硬度为 80HRA，强度、韧性降低较少。

③ 有高的化学稳定性。在高温下仍有较好的抗氧化、抗黏结性能，因此刀具的热磨损较少。

④ 有较低的摩擦系数，切屑不易粘刀，不易产生积屑瘤。

⑤ 强度与韧性低。强度只有硬质合金的 1/2。因此陶瓷刀具切削时需要选择合适的几何参数与切削用量，避免承受冲击载荷，以防崩刃与破损。

⑥ 热导率低，仅为硬质合金的 1/5～1/2，热膨胀系数比硬质合金高 10%～30%，这就使陶瓷刀抗热冲击性能较差。故陶瓷刀切削时，不宜有较大的温度波动，一般不加切削液。

陶瓷刀具一般适用于在高速下精细加工硬材料，如在 $v_c=200m/min$ 条件下车淬火钢。但近年来发展的新型陶瓷刀也能半精或粗加工多种难加工材料，有的还可用于铣、刨等断续切削。

二、陶瓷刀具材料的种类与特点

1. 氧化铝-碳化物系陶瓷

这类陶瓷是将一定量的碳化物（一般多用 TiC）添加到 Al_2O_3 中，并采用热压加工制成，又称混合陶瓷或组合陶瓷。

混合陶瓷适合在中等切削速度下切削高强度钢、淬火钢以及断续切削、冷硬铸铁、淬硬钢等。在切削 60～62HRC 的淬火工具钢时，可选用的切削用量为：$a_p=0.5mm$，$f=0.08mm/r$，$v_c=150\sim170m/min$。

氧化铝-碳化物系陶瓷中添加 Ni、Co、W 等作为黏结金属，可提高氧化铝与碳化物的结合强度。可用于加工高强度的调质钢、镍基或钴基合金及非金属材料。由于抗热振性能提高，也可用于断续切削条件下的铣削或刨削。

2. 氮化硅基陶瓷

氮化硅基陶瓷是将硅粉经氮化、球磨后添加助烧剂置于模腔内热压烧结而成。主要性能特点如下。

① 硬度高，达 1800～1900HV，耐磨性好。

② 耐热性、抗氧化性好，达 1200～1300℃。

③ 氮化硅、碳和金属元素化学反应速度较小，摩擦系数也较低。实践证明用于切削钢、铜、铝均不粘屑，不易产生积屑瘤，从而提高了加工表面质量。

④ 氮化硅基陶瓷能进行高速切削，车削灰铸铁、球墨铸铁、可锻铸铁等材料效果更为明显。它具有较高的热导率和低的热膨胀系数，因而耐热冲击性能比氧化铝-碳化物系好2～3倍。切削速度可提高到 $500 \sim 600 \mathrm{m/min}$。

氮化硅陶瓷能用于浇注切削液条件下的粗加工，适宜于加工铸铁、半精加工、精加工淬硬钢、冷硬铸铁、可锻铸铁、镍基合金等；可用于精车铝合金，达到以车代磨。还可用于车削 $51 \sim 54\mathrm{HRC}$ 镍基合金、高锰钢等难加工材料。但磨削加工性比普通陶瓷刀具差，不适于加工钢材。

三、陶瓷刀具适于加工的材质

目前，陶瓷刀具主要是用于硬质合金刀具不能加工的普通钢和铸铁高速切削加工以及难加工材料的加工，是当代提高生产效率最有潜质的一种刀具。陶瓷刀具已成功应用于加工各种铸铁（包括灰口铸铁、球墨铸铁、冷硬铸铁、高强铸铁和硬镍铸铁等）、钢件（包括轴承钢、超高强钢、高锰钢、淬硬钢、合金钢和耐热钢等）、热喷涂喷焊材料、镍基高温合金（包括纯镍、镍喷涂与镍焊材料和含镍高密度材料等）、有色金属（铜和铜合金、铝和铝合金等）、非金属（耐磨石墨、硬橡胶、塑料、特殊尼龙夹布胶水等）。

第六节　超硬刀具材料

超硬刀具材料包括金刚石与立方氮化硼两种。

一、金刚石

金刚石是碳的同素异形体，是目前刀具材料中最硬的物质，显微硬度达 $10000\mathrm{HV}$，因而耐磨性为硬质合金的 $80 \sim 120$ 倍，它与金属的摩擦系数很小，一般为 $0.1 \sim 0.3 \mu \mathrm{m}$，它具有锋利的切削刃、较小的热膨胀系数和很高的热导率，能切下极薄切屑，切削热容易传出，减少由热加工引起的工件变形，因而特别适用于精加工，但其强度低，脆性大，对振动很敏感，切削用量不宜太大，并且金刚石与铁有很强的化学亲和性，不适宜加工黑色金属。主要用于高速精密车削和镗削有色金属及其合金以及非金属材料等；加工铜、铝合金时，切削速度可达 $800 \sim 3800 \mathrm{m/min}$，目前金刚石主要用于制造砂轮和砂轮修整工具。

金刚石刀具有三类。

1. 天然单晶金刚石刀具

天然单晶金刚石的刃口极为锋利，用它加工后，可获得 $0.001\mathrm{mm}$ 尺寸精度和 $Ra0.02 \sim 0.03 \mu \mathrm{m}$ 表面粗糙度值，但其价格昂贵，脆性较大，对冲击敏感，而且由于各向异性，只在一定的方向硬而耐磨。主要用于有色金属及非金属的精密加工和钟表、仪器制造业的某些特殊加工，如计算机磁盘加工。

2. 人造聚晶金刚石

人造聚晶金刚石是通过合金催化剂的作用，在高温高压下由石墨转化而成。我国 1993 年成功获得第一颗人造金刚石。聚晶金刚石是将人造金刚石微晶在高温高压下烧结而成，具有可制成所需形状尺寸，镶嵌在刀杆上使用，材质稳定，比天然金刚石更适合做切削刀具，抗冲击强度提高，可选用较大切削用量的特点。聚晶金刚石结晶界面无固定方向，可自由刃磨，但不如天然金刚石那样锋利。

3. 复合金刚石刀片

它是在硬质合金基体上烧结一层聚晶金刚石。复合金刚石刀片强度比天然金刚石高，能承受较大的冲击力，适用于断续切削，允许切削断面较大，并且没有方向性，材质稳定，可多次重磨使用。

金刚石刀具的主要优点如下。

① 极高的硬度与耐磨性，可加工 $65\sim70$HRC 的材料。

② 很好的导热性，较低的热膨胀系数。因此，切削加工时不会产生很大的热变形，有利于精密加工。

③ 粗糙度较小，刃口非常锋利。因此，可用于薄层切削以及超精密加工。

聚晶金刚石主要用于刃磨硬质合金刀具、切割大理石等石材制品。

金刚石刀具主要用于有色金属，如铝硅合金的精加工、超精加工，高硬度的非金属材料，如压缩木材、陶瓷、刚玉、玻璃等的精加工，以及难加工的复合材料的加工。金刚石耐热温度只有 $700\sim800$℃，其工作温度不能过高，又易与碳亲和，故不宜加工含碳的黑色金属。

二、立方氮化硼

立方氮化硼（Cubic Boron Nitride，CBN）是 20 世纪 50 年代首先由美国通用电气（GE）公司利用人工方法在高温高压条件下合成的，其硬度仅次于金刚石而远远高于其他材料，因此它与金刚石统称为超硬材料。

CBN 具有较高的硬度、化学惰性及高温下的热稳定性，因此作为磨料，CBN 砂轮广泛用于磨削加工中。由于 CBN 具有优于其他刀具材料的特性，因此人们一开始就试图将其应用于切削加工，但单晶 CBN 的颗粒较小，很难制成刀具，且 CBN 烧结性很差，难以制成较大的 CBN 烧结体，直到 20 世纪 70 年代，苏联、中国、美国、英国等国家才相继研制成功作为切削刀具的 CBN 烧结体——聚晶立方氮化硼（Polycrystalline Cubic Boron Nitride，PCBN）。从此，PCBN 以优越的切削性能应用于切削加工的各个领域，尤其在高硬度材料、难加工材料的切削加工中更是独树一帜。经过多年的开发应用，现在出现了用于加工不同材料的 PCBN 刀具材质。

1. 聚晶立方氮化硼 PCBN 刀具的主要特点

① 很高的硬度和耐磨性。CBN 单晶的显微硬度为 $8000\sim9000$HV，是目前已知的第二高硬度的物质，PCBN 复合片的硬度一般为 $3000\sim5000$HV。因此用于加工高硬度材料时，具有比硬质合金及陶瓷更高的耐磨性，能减少大型零件加工中的尺寸偏差或尺寸分散性，尤其适用于自动化程度高的设备中，可以减少换刀、调刀辅助时间，使其效能得到充分发挥。

② 很高的热稳定性和高温硬度。PCBN 的耐热性可达 $1400\sim1500$℃，在 800℃时的硬度为 Al_2O_3/TiC 陶瓷的常温硬度，因此，当切削温度较高时，会使被加工材料软化，与刀具间硬度差增大，有利于切削加工进行，而对刀具寿命影响不大。

③ 较高的化学稳定性。PCBN 具有很高的抗氧化能力，在 1000℃时不会产生氧化现象，与铁系材料在 $1200\sim1300$℃时也不发生化学反应，但在 1000℃左右时会与水产生水解作用，造成大量 PCBN 被磨耗，因此用 PCBN 刀具湿切削时，需注意选择切削液种类。一般情况下，湿切削对 PCBN 刀具寿命无明显提高，所以使用 PCBN 刀具时往往采用干切方式。

④ 良好的导热性。PCBN 材料的热导率低于金刚石但大大高于硬质合金，并且随着切削温度的提高，PCBN 刀具的热导率不断增大，因此可使刀尖处的热量很快传出，有利于提

高加工精度。

⑤ 较低的摩擦系数。PCBN 与不同材料的摩擦系数一般为 0.1～0.3，大大低于硬质合金的摩擦系数（0.4～0.6），而且随摩擦速度及正压力的增大而略有减小。因此低的摩擦系数及优良的抗黏结能力，使 PCBN 刀具切削时不易形成滞留层或积屑瘤，有利于提高加工表面质量。

2. 聚晶立方氮化硼 PCBN 刀具的应用

由于 PCBN 刀具有较高的硬度和耐磨性，在高温下不与铁族金属起反应的化学惰性，因此主要用于高硬度材料及难加工材料的切削加工，如淬硬钢、高合金耐磨铸铁、高温合金、高速钢、表面喷焊材料、烧结金属材料等难加工材料的切削加工。

① 加工淬硬钢可起到以车代磨的效果。由于切削深度比磨削深度大十几倍，因此加工效率高，表面不易产生烧伤。如以车代磨加工变速滑动齿轮（20CrMnTi，硬度为 58～62HRC），切削比原磨削加工效率提高 4 倍以上。

② 加工高合金（含钨或铬 18%）耐磨铸铁，切削速度较硬质合金刀具提高 10 倍以上，切削效率提高 4 倍以上。

③ 加工高钴铬钼耐蚀耐热合金，PCBN 刀具切削速度为 160m/min，是硬质合金刀具的8 倍。

④ 加工热喷涂（喷焊）材料，表面喷焊件无法用磨削加工，而用硬质合金刀具切削效率极低，改用 PCBN 刀具后，可提高加工效率，节省加工费用 50% 以上。

PCBN 刀具还可用于有色金属的精密切削及烧结金属的切削加工等。目前，虽然 PCBN 刀具材料的价格相对硬质合金及陶瓷刀具的偏高，但均摊到每个工件上的刀具成本却低于其他材料刀具，采用先进切削加工工艺时，若将磨削机床等设备投资摊入生产成本，则 PCBN 刀具的使用会带来更大经济效益。对于一般中小企业来说，精加工工序的磨削加工始终是制造过程的瓶颈，若购置性能好的车床，采用 PCBN 刀具，应用以车代磨等先进切削加工工艺，即可节省设备投资、提高生产率，又可大大增加加工过程的柔性。另外，目前由于人员费用的增大及环境保护方面的要求，大力推广使用 PCBN 刀具，充分发挥其潜在效能，提高切削加工技术水平也是具有重要意义。

第七节　刀具材料的选用原则

刀具材料有许多，选用时应主要应考虑下列问题。

1. 切削刀具材料与加工对象的力学性能匹配

切削刀具与加工对象的力学性能匹配问题主要是指刀具与工件材料的强度、韧性和硬度等力学性能参数要相匹配。具有不同力学性能的刀具材料，其适合加工的工件材料有所不同。

如果工件材料硬度高，则应选用硬度更高、耐磨性和耐热性好的刀具材料。如淬火钢、冷硬铸铁，除选用超细晶粒硬质合金外，还可采用陶瓷和 PCBN 刀具材料，不仅刀具耐用度高，而且加工效率（切削速度）提高 2～4 倍。当切削塑性高、硬度较低的工件材料时，应选用弯曲强度高的刀具材料，以保证刀具有较大的前角情况下，使刃口有一定的强度。在断续切削时，应选用弯曲强度高的刀具材料，以防崩刃和打刀。

2. 切削刀具材料与加工对象的物理性能匹配

具有不同物理性能的刀具材料，如高导热和低熔点的高速钢刀具、高熔点和低热胀的陶瓷刀具、高导热和低热胀的金刚石刀具等，其适合加工的工件材料有所不同。切削导热性低的工件材料时，应选用热导率高的刀具材料，以使切削热得以迅速传出，从而降低切削温度。

3. 切削刀具材料与加工对象的化学性能匹配

切削刀具材料与加工对象的化学性能匹配问题主要是指刀具材料与工件材料化学亲和性、化学反应、扩散和溶解等化学性能参数要相匹配。不同的刀具材料所适合加工的工件材料有所不同。选用刀具材料时，应避免刀具材料与工件材料的化学元素产生亲和性和化学反应，造成黏结与扩散磨损。如加工纯镍时，就不能用硬质合金刀具，只能用高速钢和 PCBN 刀具。

一般而言，加工普通工件材料时，选用普通高速钢与硬质合金。加工难加工材料时，可选用高性能和新型刀具材料。只有在加工高硬材料或精密加工中常规刀具材料难以胜任时，才考虑用超硬材料立方氮化硼（CBN）和金刚石（PCD）。低速切削时，切削过程不平稳，容易产生崩刃现象，宜选用强度和韧性好的刀具材料；高速切削时，切削温度对刀具材料的磨损影响最大，应选择耐磨性好的刀具材料。

思考题与习题

2-1　刀具切削部分材料应具备哪些性能？

2-2　普通高速钢有哪几种牌号？它们主要有哪些物理力学性能？适合作什么刀具？

2-3　高性能高速钢有哪几种类型？它与普通高速钢相比有什么特点？

2-4　TiN 涂层高速钢刀具的主要优点是什么？

2-5　常用的钨钴类、钨钛钴类、添加钽（铌）类、碳化钛基类硬质合金有哪些牌号？它们各有哪些用途？为什么？

2-6　涂层硬质合金有什么优点？有几种涂层材料？它们各有什么特点？

2-7　陶瓷刀具材料有何特点？各类陶瓷刀具材料分别适用于哪些场合？

2-8　金刚石与立方氮化硼各有何特点？它们适用于哪些场合？

第三章　金属切削过程的基本理论

金属切削过程是去除毛坯余量，获得所需零件形状、尺寸精度和表面质量的基本过程。但切屑的形成往往伴随着一些基本物理现象产生（如切屑变形、切削力、切削热、切削温度、摩擦及刀具磨损等），这些现象反过来又极大地影响着切削过程，并关系到切削效率、产品质量和加工成本。了解并掌握这些变化规律，对研究解决切削加工中出现的问题非常重要。

第一节　金属切削层的变形

一、金属切削过程及变形区

工件的切削层是从待切削区逐步进入切削区，即从不受力逐步进入受力状态。随着切削区的深入，应力急剧增大，进入切削区的金属瞬间经过弹性变形、塑性变形、局部微裂、微裂扩展、断裂分离等几个过程。

大量试验证明：金属切削过程初期与正挤压试验很类似，挤压与切削的比较如图 3-1 所示。图 3-1(a) 所示为普通正挤压试验示意图，表明试件受压时，内部产生剪切应力、应变，当剪切应力达到材料的屈服极限时，内部金属晶粒在这个剪切应力的作用下，沿其方向产生滑移，进入塑性变形阶段。最终，纵向尺寸降低，横向尺寸增加，其变形沿轴向对称均匀分布。图 3-1(a) 中滑移面 DA、CB 表明在图示剖面中可向上、下两个方向滑移，同时表明 DA、CB 两个滑移面与作用力 F 的夹角约为 $45°$。

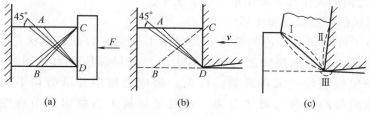

图 3-1　挤压与切削的比较

金属切削过程同样是工件的切削层在受到刀具前面的挤压后而产生的以滑移为主的变形过程。所不同的只是切削层局部受挤压并与母体成为一体，如图 3-1(b) 所示。DB 以下有工件母体的限制，金属只能沿 DA 单向滑移。为使问题简化，只讨论在直角自由切削条件下的切削过程，这样被切削金属层只发生平面变形而无侧向移动。

实际切削情况还要复杂一些，如图 3-1(c) 所示。这是因为切削层在受到前刀面挤压而产生剪切后的切屑，还要沿前刀面流出，其底层将受到前刀面挤压与摩擦继续变形，再者，刀具刃口并非绝对锋利，而是存在着钝圆半径 r_β，在整个切削层的厚度中，将有很小一部分被 r_β 挤压下去，经变形后，最终形成已加工表面。

根据切削区内金属受力与变形特点不同，把切削区划分为三个不同性质的变形区，如图

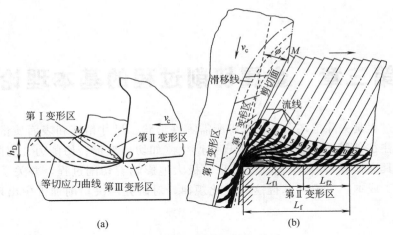

图 3-2　金属切削过程的变形区

3-2 所示。

1. 第Ⅰ变形区的塑性变形

进入切削区的被切削金属层在刀具前面的挤压力作用下，首先产生弹性变形，很快剪切应力达到材料的屈服极限，即到达图 3-2(a) 中的等切应力曲线 OA，金属内部产生滑移，外部表现为塑性变形。随着刀具前面的逐渐趋近，塑性变形逐渐增大，并伴随有变形强化，使材料的韧性降低，强度和脆性增加，直至 OM 曲线滑移终止。曲线 OAMO 所包围的区域即为剪切滑移区，又称为第Ⅰ变形区。它是金属切削过程中主要的变形区，消耗大部分功率，并产生大量的切削热。

曲线 OA 代表开始滑移的曲面，称为始滑移面，曲线 OM 为终滑移面。实际上始滑移面和终滑移面间的宽度很窄，一般为 0.02～0.2mm，切削速度越高，其宽度越窄。为使问题简化，可以用一个平面 OM 代替剪切滑移区，称为剪切平面 OM。如图 3-2（b）所示，OM 与切削速度之间的夹角称为剪切角，以 ϕ 表示。

2. 第Ⅱ变形区的挤压摩擦和变形

被切削层与工件母体是相连的整体，经过第Ⅰ变形区后只是形状发生变化，但仍然为整体。一般碳素钢当切削层底部将接近刀尖时，其局部压应力达到材料的强度极限，首先在刀尖处产生微裂纹，又称发裂。继而，因应力集中并沿剪切平面迅速扩展至切削层外表，形成断裂的同时与母体分离。这也是切屑上表面出现节奏性高低不平的原因之一。

第Ⅱ变形区是指切削层通过剪切平面 OM 后形成的切屑，在沿刀具前面流出过程中，受到前面的挤压而使切屑层底部继续产生滑移变形的区域。由于该变形区的变形是由剧烈的摩擦引起的，故又称为摩擦区 L_f，如图 3-2(b) 所示。根据摩擦性质不同，又可以把摩擦区分为黏结区 L_{f1} 和滑动区 L_{f2}。

在黏结区 L_{f1} 内，切屑与前刀面之间的压力很大，可达 2～3GPa，加上几百摄氏度的高温，使材料的塑性增加，并使切屑底层的金属与前刀面发生黏结现象，类似于胶着状。黏结时，它们之间就不再是一般的外摩擦，黏结面的金属流动趋于停滞，越接近黏结面，金属流动速度越低，可以称为滞留层。切屑的流动靠底层金属内部发生的剪切滑移（二次滑移）来实现，这种现象称为内摩擦。滞留层金属发生强烈的塑性变形，其变形量可高达第Ⅰ变形区的几十倍。这从观察切屑底层金属晶粒的纤维化以及纤维化方向几乎与前刀面平行上已经得到证实。尽管滞留层的厚度为切屑公称厚度的 1/20，但它消耗的能量却约占总能耗的 1/5。但随着切屑离开刀尖的距离增加，内摩擦现象逐渐减弱。

在滑动区 L_{f2} 内，当内摩擦现象减小到零时，即整个切屑横截面的流动速度趋于一致时，可以认为切屑进入滑动区 L_{f2}，直到切屑离开刀前面。在整个滑动区 L_{f2} 内，切屑与前刀面之间的压力是逐渐减小的，温度也在逐渐降低。

摩擦引起刀和屑界面的温度骤然升高，是第Ⅱ变形区的特点。它不仅关系到刀具的磨损，也影响第Ⅰ变形区的大小。如何减轻该区的摩擦和变形，是研究金属切削过程的重要课题。

3. 第Ⅲ变形区

第Ⅲ变形区是指工件过渡表面和已加工表面受切削刃钝圆部分和后面的挤压、摩擦产生微量塑性变形的区域，表面出现加工硬化。

二、变形程度的表示方法

金属切削过程中的许多物理现象，都与切削过程中的变形程度大小直接有关，衡量切削变形程度大小的方法有多种。

1. 绝对滑移 ΔS

指从始滑移面开始到任意特定时刻金属滑移的总量，它不能确切表示变形程度的大小，如图 3-3 所示。

2. 相对滑移 ε

相对滑移 ε 可以用下式表示。

$$\varepsilon = \frac{\Delta S}{\Delta Y} = \frac{BC + CB'}{MC} = \cot\phi + \tan(\phi - \gamma_\mathrm{o}) \tag{3-1}$$

3. 变形系数 ξ

如图 3-4 所示，切削层经过滑移变形成为切屑，其长度 l_c 比切削层长度 l 缩短，厚度 h_ch 比切削层厚度 h_D 增厚，而宽度 b_D 基本相等（在该图上垂直于纸面，反映不出来）。设金属材料在变形前后体积不变，则 $h_\mathrm{D} b_\mathrm{D} l = h_\mathrm{ch} b_\mathrm{D} l_\mathrm{c}$。

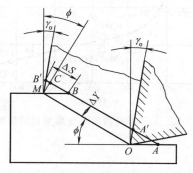

图 3-3　绝对滑移

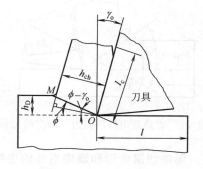

图 3-4　变形系数

于是变形系数 ξ 为

$$\xi = \frac{l}{l_\mathrm{c}} = \frac{h_\mathrm{ch}}{h_\mathrm{D}} > 1 \tag{3-2}$$

加工普通塑性金属时，ξ 总是大于 1（加工钛合金除外），例如切削中碳钢时，ξ 为 2～

3。一般工件材料相同而切削条件不同时，ξ 值越大，说明塑性变形越大；当切削条件相同而工件材料不同时，ξ 值越大，说明材料塑性越大。

4. 剪切角 ϕ

剪切角是出自金属切削层产生剪切滑移的一个特定参数。从图 3-4 可以看出，剪切角 ϕ 越大，h_{ch}/h_D 比值越小。从而导致切屑变形和切削力越小，这一点已被大量试验研究所证明。由此可见，剪切角 ϕ 也是反映切屑变形程度的参量，其数值可由切屑根部的金相磨片测得，也有不少学者试图建立切削模型求得剪切角 ϕ 的计算公式。根据塑性力学的滑移场理论所得的公式如下：

$$\phi = 45° - \beta + \gamma_o \tag{3-3}$$
$$\tan\beta = \mu$$

式中　β——刀和切屑界面的摩擦角，（°）；

　　　μ——刀和切屑界面的摩擦系数。

当刀和切屑界面出现黏结和滞留层时，μ 值（内摩擦）比一般外摩擦时大得多。

式(3-3) 与用材料力学的最大切应力理论所得结果一致，如图 3-5 所示。

由式(3-3) 可以看出，前角 γ_o 越大，剪切角 ϕ 越大，切屑变形越小，越有利于改善切削过程；而刀和切屑界面摩擦越剧烈（黏结区越大），摩擦系数 μ 越大，则摩擦角 β 越大，而剪切角 ϕ 越小，切屑变形越大。这充分说明了第二变形区的摩擦情况对第一变形区及变形乃至切削过程的重要影响。因此提高刀具的刃磨质量，施加切削液来减小前刀面上的摩擦对切削是有利的。由于式(3-3) 是在一定的假定条件下得出的，因此该式只能用来定性解释切削过程的一些基本规律，不能进行定量的计算。

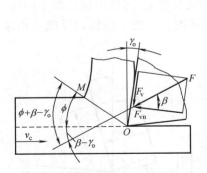

图 3-5　直角自由切削时力与角度的关系

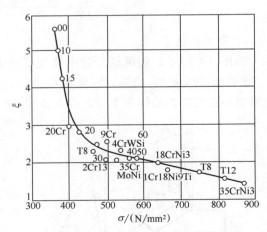

图 3-6　工件材料强度对变形系数的影响

三、影响切屑变形和摩擦系数的主要因素

切削变形的大小，主要取决于第一变形区及第二变形区挤压及摩擦情况。凡是影响这两个变形区变形和摩擦的因素都会影响切屑的变形。其主要影响因素及规律如下。

1. 工件材料

试验表明，工件材料强度和硬度越高，变形系数 ξ 越小；而塑性大的金属材料变形大，塑性小的金属材料变形小，如图 3-6 所示。不同材料在各种切削厚度时的摩擦系数见表 3-1。

表 3-1　不同材料在各种切削厚度时的摩擦系数

工件材料	弯曲强度 σ_b /GPa(kgf/mm^2)	硬度(HB)	切削厚度 a_c/mm			
			0.1	0.14	0.18	0.22
铜	0.213 (21.3)	55	0.78	0.76	0.75	0.74
10 钢	0.362 (36.2)	102	0.74	0.73	0.72	0.72
10Cr 钢	0.48 (48)	125	0.73	0.72	0.72	0.71
1Cr18Ni9Ti	0.634 (63.4)	170	0.71	0.70	0.68	0.67

2. 刀具前角

前角 γ_o 越大，变形系数 ε 越小。这是因为增大前角使剪切角 ϕ 增大，从而使切屑变形减小，如图 3-7 所示。摩擦系数 μ 却随着前角 γ_o 增大而增大，如图 3-8 所示。这是因为前角 γ_o 增大后使正应力减小，材料的剪切屈服强度与正应力之比增加。

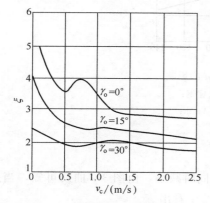

图 3-7　前角对变形系数的影响

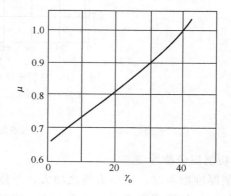

图 3-8　前角对摩擦系数的影响

工件材料：30Cr

切削用量：$a_c=0.14$mm，$a_w=5$mm，$v=80$m/min

3. 切削速度

由图 3-7 和图 3-9 的试验曲线可知，中低速切削 30 钢时，首先切屑变形系数 ξ 随着切削速度 v_c 的增加而减小，它对应于积屑瘤长大的切削速度范围，由于实际前角的增大而使 ξ

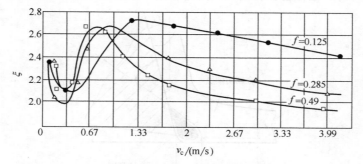

图 3-9　切削速度及进给量对变形系数的影响

工件材料：30 钢

背吃刀量：吃刀深度 $a_p=4$mm

减小。而后随着v_c的提高，ξ又逐渐增高、增大，它对应于积屑瘤减小和消失的速度范围，最后在高速范围，ξ又随着v_c的继续增高而减小。这是因切削温度随v_c的增大而升高，使切屑底层金属被软化，剪切强度值下降，降低了刀和切屑界面的摩擦系数，此外，当切削速度很高时，切削层有可能未充分滑移变形就成为切屑流出，也是变形系数减小的原因之一。切削速度对摩擦系数μ的影响如图 3-10 所示，v_c在 30m/min 以下时，随着v_c的增加，μ值也增大。其原因是，在v_c低速的情况下，前刀面与切削底层不易黏结，随着v_c增加，黏结增大，从而使μ值增大。当v_c超过 30m/min 后，随着v_c的提高，材料的塑性提高，流动应力减小，μ值下降。

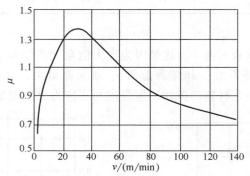

图 3-10　切削速度对摩擦系数 μ 的影响

工件材料：30Cr；刀具材料：高速钢；

切削用量：$a_c=0.149$mm，$a_w=5$mm；

刀具前角：$r_o=30°$

4. 切削层公称厚度

切削厚度增加时，正应力随之增大，摩擦系数μ也同时减小，由图 3-9 曲线可知，当进给量增加时，切屑变形系数ξ减小，这一规律也可从表 3-1 看出。

第二节　积屑瘤与切屑的类型

一、积屑瘤的形成以及对切削过程的影响

1. 什么是积屑瘤

切削塑性金属时，往往会在切削刃口附近黏结一块剖面呈三角状或鼻状的金属块，它包

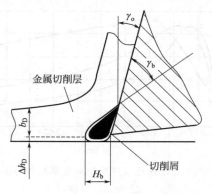

图 3-11　积屑瘤前角增加量 γ_b 和高度 H_b

围着切削刃且覆盖部分前面，这种堆积物称为积屑瘤，如图 3-11 所示。一方面，由于积屑瘤是材料剧烈变形强化后的产物，其硬度高达金属母体的 2～3 倍。因此使它能够担负实际切削工作，故而可减轻刀具磨损。同时积屑瘤使实际前角增大（可达 35°），使刀和屑接触面积减小，从而使切屑变形和切削力减小。另一方面，积屑瘤顶部和被切削金属界限不清，并不断发生积屑瘤长大和破裂脱离的过程。脱落的碎片会损伤刀具表面，造成刀具磨损和已加工表面粗糙度增大。由于积屑瘤的不稳定，常引起切削过程的不稳定（切削力变动）。同时积屑瘤还会形成"切削刃"的不规则和不光滑，使已加工表面非常粗糙、尺寸精度降低。因此精加工时必须设法抑制积屑瘤的形成。

　　试验研究表明，当切削温度达到被切削材料的再结晶温度时，由于金属软化，积屑瘤就消失变为滞流层。加工碳素钢，切削温度在 300℃ 时，积屑瘤最高，500℃ 以上趋于消失。由于切削温度与切削速度密切相关，因而切削速度与积屑瘤的形成和高度也有关，如图 3-12 所示。在低速区 I 内，由于切削温度较低，一般不产生积屑瘤；在 II～III 区内，积屑瘤随切削速度的提高而增大，达到最大值后，随 v_c 增大而减小。切削速度超过一定值后（IV 区），积屑瘤不再生成，或者说不明显，因为积屑瘤与滞流层并无严格界限。由此可见，具体加工中，采用低速或高速切削是抑制积屑瘤的基本措施。

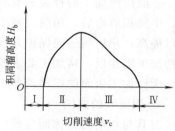

图 3-12　切削速度对积屑瘤的影响

　　其他有利于减轻刀和屑界面摩擦、减小黏结接触面积的因素，都有利于抑制积屑瘤。例如增大刀具前角，减小进给量，提高刃磨质量，降低刀具表面粗糙度，选用与工件材料亲和力小、摩擦系数小的刀具材料，施加切削液以及采用热处理降低工件的塑性、韧性等。陶瓷刀具与钢的摩擦系数小，切削时不易生成积屑瘤。高速钢刀具与钢的摩擦系数比硬质合金大，又不能高速切削，故采用低速，并施加润滑效果好的切削液也是避免积屑瘤的有效措施。

　　在形成积屑瘤的条件下，开始切削后，只经过很短的切削行程积屑瘤便出现，继而长大，最后长成。例如在切削行程为 25mm 处，便出现积屑瘤，刚出现的积屑瘤比较小；当行程达 50mm 时，积屑瘤已经长得比较大；至行程为 250mm 时，积屑瘤长到最大尺寸。

　　2. 积屑瘤对切削过程的影响

　　(1) 保护刀具　积屑瘤包围着切削刃，同时覆盖着一部分前刀面。积屑瘤一旦形成，它便代替切削刃和前刀面进行切削。切削刃和前、后刀面都得到积屑瘤的保护，减少了刀具的磨损。

　　(2) 增大前角　刀具前角 γ_o 指前刀面与基面之间的夹角。如图 3-11 所示，由于积屑瘤的黏附，刀具前角增大了一个 γ_b 角度，如把积屑瘤看成是刀具一部分，无疑实际刀具前角增大为 $\gamma_o + \gamma_b$。积屑瘤具有 30° 左右的前角。因而减少了切屑的变形，降低了切削力。

　　(3) 增大切削厚度　由图 3-11 可以看出，当积屑瘤存在时，实际的金属切削层厚度比无积屑瘤时增加了 Δh_D，显然，这对工件切削尺寸的控制是不利的。值得注意的是，这个厚度 Δh_D 的增加并不是固定的，因为积屑瘤在不停变化，它是一个产生、长大、最后脱落的周期性变化过程，这样可能在加工中产生振动。

　　(4) 增大已加工表面粗糙度　积屑瘤形成是一个变化过程。积屑瘤的底部一般比较稳定，而它的顶部极不稳定，经常会破裂，然后再形成。破裂的一部分随切屑排除，另一部分留在加工表面上，形成硬点和毛刺，使加工表面变得非常粗糙。可以看出，如果想提高表面加工质量，必须控制积屑瘤的发生。

某些没有残留面积的切削加工，如拉削、成形切削和自由切削，由切削刃直接切出来的加工表面粗糙度 Ra 可达 $0.63 \sim 2.5\mu m$。但是，如果有积屑瘤形成，那么已加工表面的粗糙度便大大增大，Ra 常达 $5 \sim 10\mu m$。

(5) 切削刀具的耐用度降低 从积屑瘤在刀具上的黏附来看，积屑瘤应该对刀具有保护作用，它代替刀具切削，减少了刀具磨损。积屑瘤的黏附是不稳定的，它会周期性地从刀具上脱落，当它脱落时，可能使刀具表面金属剥落，从而使刀具磨损加大。对于硬质合金刀具，这一点表现尤为明显。

一般按照加工的种类和要求判断积屑瘤的利弊。例如粗加工对已加工表面质量的要求不高，生成积屑瘤后，切削力减小，从而降低能量消耗；或者可加大切削用量，使劳动生产率得以提高；积屑瘤还能保护刀具，减少磨损。据此可以认为，积屑瘤对粗加工是有利的。对于精加工则相反，精加工要求较高的尺寸精度和较小的表面粗糙度，但积屑瘤降低尺寸精度和增大已加工表面的粗糙度，所以积屑瘤对精加工是不利的。

3. 积屑瘤的成因

刀具与切屑因摩擦而导致的冷焊是积屑瘤的成因。切削时切屑和前刀面之间存在着很大的压力，当切屑从前刀面滑出时，便发生强烈的滑动摩擦，切削温度升高，加速了刀具与切屑之间相互的元素扩散，在刀具与切屑之间形成一层很薄的（厚度约为 $0.6\mu m$）新合金层，称为冷焊层。它是一种既不同于刀具材料，又有别于切屑金属的新合金。但是，这层新合金是由刀具和切屑的元素组成的，所以，它对刀具和切屑都有很大的亲和力。因此切屑底层、冷焊层、前刀面表层三者形成了共晶。

虽然刀具与切屑的冷焊是积屑瘤的成因，但仍需同时存在适当的切削温度，积屑瘤才得以形成。适当的温度能保持切屑底层的冷作硬化和强化，甚至还能增加切屑底层的硬度和强度，对于钢来说，300℃时强度最大，积屑瘤也最高。超过500℃，积屑瘤便不再形成，因为超过500℃时，切屑底层要重新结晶，切屑底层便不可能在前刀面上停留。切削速度是通过切削温度对积屑瘤的消长产生影响的。

4. 各种因素对积屑瘤的影响

(1) 工件材料的影响 塑性高的材料，由于切削时塑性较大，积屑瘤容易形成，而脆性材料一般没有塑性变形，并且切屑不在前刀面流过，因此，无积屑瘤产生。

(2) 切削速度 切削速度主要通过切削温度影响积屑瘤。低速（$v_c < 5\text{m/min}$）时，切削温度较低，切屑流动速度较慢，摩擦力未超过切屑分子的结合力，不会产生积屑瘤。高速（$v_c > 70\text{m/min}$）时，温度很高，切屑底层金属变软，摩擦系数明显降低，积屑瘤也不会产生。中等速度（$15 \sim 20\text{m/min}$）时，切削温度约为300℃，摩擦系数最大，最容易产生积屑瘤，如图3-12所示。

(3) 刀具前角的影响 采用小前角比大前角时容易产生积屑瘤。前角小，切屑变形剧烈，前面的摩擦力也较大，同时温度也较高，因此，容易产生积屑瘤；反之，前角较大时，切屑对刀具前刀面的正压力减小，切削力和切屑变形也随之减小，不容易产生积屑瘤，当前角增大到$40° \sim 50°$时，一般不会产生积屑瘤。

(4) 刀具表面粗糙度的影响 减小刀具前刀面的表面粗糙度值，可减少积屑瘤的产生。

(5) 切削液的影响 切削液中含有活性物质，能迅速渗入加工表面和刀具之间，减小切屑与刀具前刀面的摩擦，并能降低切削温度，所以不易产生积屑瘤。

5. 积屑瘤的控制措施

积屑瘤的控制措施：①降低切削速度，使温度较低，使之不易发生黏结；②采用高速切削，使切削温度高于积屑瘤消失的相应温度；③采用润滑性能好的切削液，以减少摩擦；④增加刀具前角，以减少刀具与切屑接触区压力；⑤提高工件材料硬度，减少加工硬化和黏结倾向。

6. 鳞刺

鳞刺是在已加工表面上出现的鳞状反刺，如图 3-13 所示。它是以较低的速度切削塑性金属时（如拉削、插齿、滚齿、螺纹切削等）常出现的一种现象。这种现象使已加工表面质量恶化，表面粗糙度增大。鳞刺产生的原因：国内学者研究认为，在较低的切削速度下形成挤裂状或单元状切屑时，切屑与刀具之间的摩擦发生周期性变化，促使切屑在前刀面作周期性停留［图 3-13（b）Ⅰ］，由它代替前刀面推挤切削层，造成切削区的断裂，使切削厚度深入切削层以下（Ⅱ、Ⅲ阶段）。随后，切削单元重新沿前刀面滑动（Ⅳ阶段），这样就在已加工表面上形成了鳞刺。

减少和消除鳞刺的措施：应从减少切屑和前刀面的摩擦入手，使挤裂状或单元状切屑变为带状切屑。增大前角和采用适宜的切削液，也可以取得较好的效果。

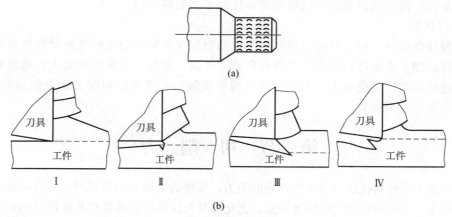

图 3-13　鳞刺现象

二、切屑的形态

根据切屑的形成过程，切屑可以分成四种不同的类型，如图 3-14 所示。

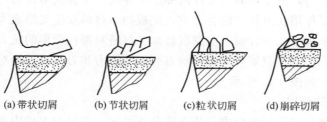

(a) 带状切屑　　(b) 节状切屑　　(c) 粒状切屑　　(d) 崩碎切屑

图 3-14　切屑类型

1. 带状切屑

这是一种最常见的连续切屑。其底面光滑，上表面呈毛茸状。在显微镜下可观察到剪切面的条纹。它的形成条件是切削材料经剪切滑移变形后，剪切面上的切应力未超过金属材料的破裂强度。当切削塑性材料，切削层公称厚度较小、切削速度较高、刀具前角较大时，容易得到这种切屑。这时，切削过程较平稳，切削力波动较小，有利于已加工表面粗糙度值的减小，但必要时应采取断屑措施，以防对工作环境和操作人员安全造成危害。

2. 节状切屑

这类切屑的上表面呈锯齿状，这是由于切削层在滑移变形过程中塑性和韧性不断降低，局部剪切面上的切应力达到了材料的破裂强度，导致在局部滑移面或滑移方向产生破裂所致。它多产生于工件塑性较低、切削厚度较大、切削速度较低和刀具前角较小的情况下。其切削过程不稳定，切削力波动较大。

3. 粒状切屑

这类切屑基本上是分离的梯形单元切屑，是在工件塑性较低，同时进一步减小切削速度和前角，增加切削厚度，当整个剪切面上的切应力超过材料的破裂强度时，便可得到这种切屑。此时的切削力较大，切削过程不平稳。已加工表面的粗糙度值较大。

上述三种类型的切屑，一般是在切削塑性金属材料时产生的。由于材料的力学性能的影响，在形成节状切屑条件下，减小前角和增大切削层公称厚度，并采用很低的切削速度就可以形成粒状切屑；反之，增大前角、提高切削速度、减小切削层公称厚度则可形成带状切屑。也就是说，切屑的形态是可以随切削条件的不同而转化的。

4. 崩碎切屑

切削脆性金属时，由于材料的塑性很小，切削层未经明显的塑性变形即突然崩裂而成为切屑，且使已加工表面凹凸不平，工件材料硬度提高。切削层公称厚度越大，越容易形成崩碎切屑，这时切削粒变化较大。由于刀具与切屑接触的长度短，切削力集中作用在刀刃处，切削热量也集中在刃口处。

第三节 切 削 力

切削力是工件材料抵抗刀具切削产生的阻力，切削力对研究切削机理，计算功率消耗，设计刀具、机床、夹具和合理制定切削用量、优化刀具几何参数等都具有非常重要的意义。在自动化生产中，还可通过切削力来监控切削过程和刀具工作状态，如刀具折断、磨损、破损等。

一、切削力的来源、切削合力及其分解

1. 切削力的来源

刀具在切削工件时，由于切屑与工件内部产生弹性、塑性变形抗力，切屑与工件对刀具产生摩擦阻力形成了作用在刀具上的合力 F，使被加工材料发生变形成为切屑所需的力，称为切削力。切削力来源于三个方面，①克服被加工材料对弹性变形的抗力；②克服被加工材料对塑性变形的抗力；③克服切屑对刀具前刀面的摩擦力和刀具后刀面对过渡表面和已加工表面之间的摩擦力，如图 3-15 所示。

2. 切削合力及其分解

下面以车削为例，讨论切削合力。从上述分析可知，切屑与工件内部产生弹性、塑性变形抗力，切屑与工件对刀具产生摩擦阻力，形成了作用于刀具上的合力 F，如图 3-16 所示，在切削时，合力 F 作用在近切削刃空间某方向，由于大小与方向都不易确定，因此，为便于测量、计算和反映实际工作的需要，要将 F 分解为三个分力。

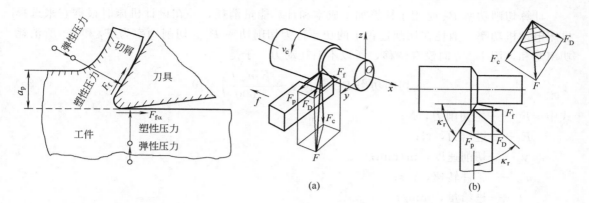

图 3-15　切削力的来源　　　　　图 3-16　切削时切削合力

F_c 为主切削力或切向力 F_z。它切于加工表面并与基面垂直。F_c 是计算刀具强度、设计机床零件、确定机床功率所必需的。

F_f 为进给力、轴向力或走刀力 F_x。它是处于基面内并与工件轴线平行但与走刀方向相反的力。F_f 是设计走刀机构、计算车刀进给功率所必需的。

F_p 为切深抗力或背向力、径向力、吃刀力 F_y。它是处于基面内并与工作轴线垂直的力。F_y 用来确定与工件加工精度有关的工件挠度，计算机床零件和刀具强度。它也是使工件在切削过程中产生振动的力。由图 3-16 可以看出

$$F = \sqrt{F_D^2 + F_c^2} = \sqrt{F_c^2 + F_p^2 + F_f^2} \tag{3-4}$$
$$F_p = F_D \cos\kappa_r \quad F_f = F_D \sin\kappa_r$$

式（3-4）表明：当 $\kappa_r = 0°$ 时，$F_p \approx F_D$，$F_f \approx 0$；当 $\kappa_r = 90°$ 时，$F_f \approx F_D$，$F_p \approx 0$。各分力的大小对切削过程会产生明显不同的作用。

根据试验，当 $\kappa_r = 45°$，$\lambda_s = 0$ 和 $\gamma_o = 15°$ 时，F_c、F_p 和 F_f 之间有以下近似关系：

$F_c : F_f : F_p = 1 : (0.3 \sim 0.4) : (0.4 \sim 0.5)$

代入式（3-4）得：

$$F = (1.12 \sim 1.18)F_c$$

随着刀具材料、刀具几何参数、切削用量、工件材料和刀具磨损等情况的不同，F_c、F_f 和 F_p 之间的比例可在较大范围内变化。

二、切削分力的作用

如图 3-17 所示，切削力 F_c 是作用在工件上，并通过卡盘传递到机床主轴箱，它是设计机床主轴、齿轮和计算主运动功率的主要依据；由于 F_c 作用使刀杆弯曲、刀片受压，故用它决定刀杆、刀片尺寸；F_c 是设计夹具和选择切削用量的重要依据。

在纵车外圆时，如果加工工艺系统刚性不足，F_p 是影响加工工件精度和引起切削振动的主要原因。F_p 不消耗切削功率。

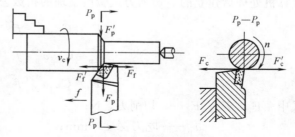

图 3-17　切削分力的作用

F_f 作用在机床进给机构上，是计算进给机构薄弱环节零件的强度和检验进给机构强度的主要依据。F_f 将消耗总功率的 $1\% \sim 5\%$。

计算切削功率 P_c 是用于核算加工成本和计算能量消耗，并在设计机床时根据它来选择机床电动机功率。消耗在切削过程中的功率称为切削功率 P_c。切削功率为 F_f 和 F_c 所消耗功率之和，因 F_p 方向没有位移，所以不消耗动力。于是

$$切削功率 P_c = \left(F_c v_c + \frac{F_f n_w f}{1000}\right) \times 10^{-3} \tag{3-5a}$$

式中　F_c——主切削力，N；

F_f——进给力，N；

v_c——切削速度，m/min；

n_w——工件转速，r/s；

f——进给量，mm/r。

式(3-5a) 等号右侧的第二项是消耗进给运动中的功率，它相对于 F_z 所消耗的功率来说，一般很小，可以略去不计（小于 2%），于是

$$P_c = F_c v_c \times 10^{-3} \tag{3-5b}$$

若单位取：F_c 为 kgf，v_c 为 m/min，F_f 为 kgf，n_w 为 r/min，f 为 mm/r 时，P_c 按下式计算

$$P_c = \frac{F_c v_c + (F_f n_w f)}{75 \times 60 \times 1.36} \times 10^{-3} \tag{3-5c}$$

如不计 F_f 所消耗的功率，则

$$P_c = \frac{F_c v_c}{75 \times 60 \times 1.36} \times 10^{-3} \tag{3-5d}$$

按上式求得切削功率后，如要计算机床电机的功率（以便选择机床电机时），还应将切削功率除以机床的传动效率，即

$$机床电机功率 P_E \geqslant \frac{P_c}{\eta_c} \tag{3-6}$$

式中　η_c——机床的传动效率，一般取 0.75～0.85，大值适用于新机床，小值适用于旧机床。

切削力的大小，可采用测力仪进行测量，也可通过经验公式或理论分析公式进行计算。

三、计算切削力的指数公式

计算切削力的指数公式是切削力试验公式，是将测力后得到的试验数据通过数学整理或计算机处理后建立的。切削力试验后整理的指数公式如下：

$$F_c = C_{F_c} a_p^{x_{F_c}} f^{y_{F_c}} v_c^{n_{F_c}} K_{F_c}$$

$$F_p = C_{F_p} a_p^{x_{F_p}} f^{y_{F_p}} v_c^{n_{F_p}} K_{F_p} \tag{3-7}$$

$$F_f = C_{F_f} a_p^{x_{F_f}} f^{y_{F_f}} v_c^{n_{F_f}} K_{F_f}$$

式中　F_c，F_p，F_f——切削力，N；

a_p——吃刀深度，mm；

f——进给量，mm/r；

v_c——切削速度，m/min。

各系数 C_F 值由试验时加工条件确定的，各指数 x_F、y_F 值表明各参数对切削力影响程

度，修正值 K_F 是不同加工条件下对各切削分力的修正数值。

另外，也可用单位切削力来计算单位切削功率。

式(3-7) 中的系数、指数和修正数值在有关"切削原理"参考书和手册中均可查得。

（1）单位切削力 k_c　单位切削力 k_c 是指单位切削面积上的切削力，由下式求得

$$k_c=\frac{F_c}{A_D}=\frac{C_{F_c}a_p^{x_{F_c}}f^{y_{F_c}}}{a_p f}=\frac{C_{F_c}}{f^{1-y_{F_c}}} \tag{3-8}$$

式中　A_D——切削面积，mm^2；

$\quad\quad a_p$——背吃刀量，mm；

$\quad\quad f$——进给量，mm/r。

如单位切削力为已知，则可由式(3-8) 计算出切削力 F_c。

（2）单位切削功率 p_c　单位时间内切除单位体积的金属所消耗的功率称为单位切削功率 p_c。

$$p_c=\frac{P_c}{Q_Z}=k_c a_p v_c\times10^{-3}/1000\ a_p f v_c \tag{3-9}$$

表 3-2 是在用硬质合金刀具，$\kappa_r=45°$，$\lambda_s=0°$ 和 $\gamma_o=10°$，$r_\varepsilon=2mm$ 等条件下试验求得的切削力 F_c、F_p、F_f 公式中指数和系数。

四、影响切削力的因素

凡影响切削过程变形和摩擦的因素均影响切削力，主要包括切削用量、工件材料和刀具几何参数等三个方面。

1. 切削用量

（1）吃刀深度 a_p 与进给量 f　从切削力公式(3-7) 和图 3-18 可知，吃刀深度 a_p 和进给量 f 增加，使切削力 F_c 增加，但影响程度是不同的。其原因是：若 f 不变，a_p 增加一倍，由于切削宽度 b_D 和切削层横截面积 A_D 随之增大一倍，使切削变形和摩擦成倍增加，故切削力 F_c 也增加一倍；若 a_p 不变，f 增大一倍，使切削厚度 h_D 和切削层横截面积 A_D 也都增加一倍，但因进给量 f 增加使切削变形减小，摩擦面积不成倍增加，故切削力 F_c 增加 70%～80%。

表 3-2　外圆纵车、端面车 F_c 公式中系数、指数和修正值

加工材料	刀具材料	加工形式	切削力 F_c $F_c=C_{F_c}a_p^{x_{F_c}}f^{y_{F_c}}v^{n_{F_c}}$				背向力 F_p $F_p=C_{F_p}a_p^{x_{F_p}}f^{y_{F_p}}v^{n_{F_p}}$				进给力 F_f $F_f=C_{F_f}a_p^{x_{F_f}}f^{y_{F_f}}v^{n_{F_f}}$			
			C_{F_c}	x_{F_c}	y_{F_c}	n_{F_c}	C_{F_p}	x_{F_p}	y_{F_p}	n_{F_p}	C_{F_f}	x_{F_f}	y_{F_f}	n_{F_f}
结构钢、铸钢 $\sigma_b=$ 650MPa	硬质合金	外圆纵车、横车及镗孔	2795	1.0	0.75	-0.15	1940	0.90	0.6	-0.3	2880	1.0	0.5	-0.4
		外圆纵车($\kappa'_r=0°$)	3570	0.9	0.9	-0.15	2845	0.60	0.3	-0.3	2050	1.05	0.2	-0.4
		切槽及切断	3600	0.72	0.8	0	1390	0.73	0.67	0	—			
	高速钢	外圆纵车、横车及镗孔	1770	1.0	0.75	0	1100	0.9	0.75	0	590	1.2	0.65	0
		切槽及切断	2160	1.0	1.0	0	—				—			
		成形车削	1855	1.0	0.75	0	—				—			
不锈钢 1Cr18Ni9Ti 硬度 141HBS	硬质合金	外圆纵车、横车、镗孔	2000	1.0	0.75	0	—				—			

加工材料	刀具材料	加工形式	切削力 F_c $$F_c = C_{F_c} a_p^{x_{F_c}} f^{y_{F_c}} v^{n_{F_c}}$$				背向力 F_p $$F_p = C_{F_p} a_p^{x_{F_p}} f^{y_{F_p}} v^{n_{F_p}}$$				进给力 F_f $$F_f = C_{F_f} a_p^{x_{F_f}} f^{y_{F_f}} v^{n_{F_f}}$$			
			C_{F_c}	x_{F_c}	y_{F_c}	n_{F_c}	C_{F_p}	x_{F_p}	y_{F_p}	n_{F_p}	C_{F_f}	x_{F_f}	y_{F_f}	n_{F_f}
灰铸铁硬度 190HBS	硬质合金	外圆纵车、横车、镗孔	900	1.0	0.75	0	530	0.9	0.75	0	450	1.0	0.4	0
		外圆纵车($\kappa_r' = 0$)	1205	1.0	0.85	0	600	0.6	0.5	0	235	1.05	0.2	0
	高速钢	外圆纵车、横车、镗孔	1120	1.0	0.75	0	1165	0.9	0.75	0	500	1.2	0.65	0
		切槽、切断	1550	1.0	1.0	0	—	—	—	—	—	—	—	—
可锻铸铁硬度 150HBS	硬质合金	外圆纵车、横车、镗孔	795	1.0	0.75	0	420	0.9	0.75	0	375	1.0	0.4	0
	高速钢	外圆纵车、横车、镗孔	980	1.0	0.75	0	865	0.9	0.75	0	390	1.2	0.65	0
		切槽、切断	1375	1.0	1.0	0	—	—	—	—	—	—	—	—

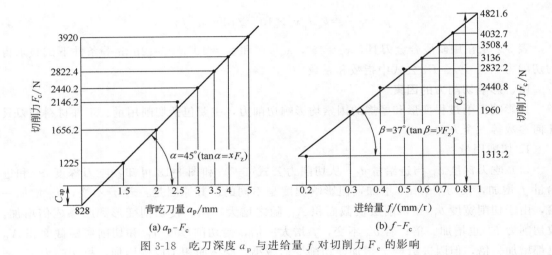

图 3-18 吃刀深度 a_p 与进给量 f 对切削力 F_c 的影响

a_p 和 f 对 F_c 的影响规律，对于指导生产具有重要作用。例如，在相同的切削层横截面积，并且切削效率相同时，将增大进给量与增大吃刀深度相比较，前者既减小了切削力，又节省了切削功率的消耗；若消耗相等机床功率，则允许选用更大的进给量切削，这样可达到切除更多的金属层和提高生产效率的目的。

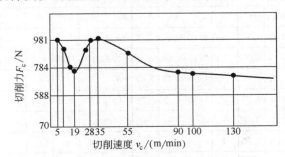

图 3-19 切削速度 v_c 对切削力 F_c 的影响

工件材料：45 钢，刀具材料 YT15、$\gamma_o = 15°$、$\kappa_r = 45°$ $\kappa_r = 150$、$\lambda_s = 0°$、$\alpha_o = 8°$、$a_p = 2mm$、$f = 0.2mm/r$

（2）切削速度 v_c　加工塑性金属时，切削速度对切削力的影响主要是由于积屑瘤影响实际工作前角和摩擦系数的变化造成的。

以车削 45 钢为例，由图 3-19 可知：当切削速度 v_c 在 $5 \sim 20 m/min$ 区域内增加时，积屑瘤高度逐渐增加，切削力 F_c 减小；切削速度继续在 $20 \sim 35 m/min$ 范围内增加，积屑瘤逐渐消失，切削力 F_c 增加；在切削速度 $v_c > 35 m/min$ 时，由于切削温度上升，摩擦系数 μ 减小，故切削力 F_c 下降。一般切削速度超过 90m/min，切削力 F_c 处于变化甚小的较稳定状态。

加工脆性金属时变形和摩擦均较小，故切削速度 v_c 对切削力影响不大。

上述分析表明，如果刀具材料和机床性能允许，采用高速切削，既能提高生产效率，又可使切削力减小。

2. 工件材料

工件材料是通过材料的剪切屈服强度 τ_s、塑性变形程度与刀具之间的摩擦等条件影响切削力。

工件材料的硬度和强度越高，切削力越大；材料的硬化能力大，较小的变形就可使材料硬度大为提高，使切削力增大。

工件材料的塑性和韧性越高，切削变形越大，切屑与刀具之间摩擦增大，故切削力越大。例如，不锈钢 1Cr18Ni9Ti 的延伸率是 45 钢的 4 倍，所以切削时变形大，切屑不易折断，加工硬化严重，产生的切削力 F_c 较加工 45 钢增大 25%。

切削铸铁等脆性材料时的变形小、摩擦小、加工硬化小，切屑为崩碎状，与前刀面接触面积小，故产生的切削力小。例如灰铸铁 HT200 与 45 钢的硬度较接近，但在切削灰铸铁时，切削力 F_c 减小 40%，这是因为铸铁的拉伸强度比钢小得多，塑性变形较小，而且切削灰铸铁等材料时，一般皆为崩碎切屑，切屑与前刀面的摩擦也较小。

除工件材料的物理和机械性能影响切削力外，工件毛坯的制造方法，由于影响金属表面的组织状况，因而对切削力也有影响。例如，加工热轧钢时的切削力比冷拉钢的大。另外，同一材料热处理状态不同时，如正火、调质、淬火状态下的硬度不同，切削力就有很大的差别。

3. 刀具几何参数

（1）前角 γ_o　前角 γ_o 增大，切削变形减小，故切削力减小。尤其是加工材料的韧性、延伸率越高，增大前角 γ_o 使切削力下降更为显著。

图 3-20(a) 所示为前角 γ_o 对切削力 F_c、F_f 和 F_p 的影响曲线。

（2）刃倾角 λ_s　图 3-20(b) 所示为刃倾角 λ_s 对切削力 F_c、F_f 和 F_p 的影响曲线。试验表明，刃倾角 λ_s 的变化对切削力 F_c 影响不大。刃倾角 λ_s 对切削力 F_p 影响较大，因为

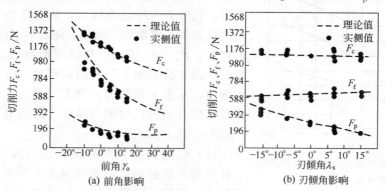

(a) 前角影响　　　　　　(b) 刃倾角影响

图 3-20　前角 γ_o 与刃倾角 λ_s 对切削力的影响

加工条件：工件材料 50 钢

刀具材料：YT15（P10），进给量 $f = 0.25$mm/r，

背吃刀量 $a_p = 2.0$mm，切削速度 $v_c = 100$m/min

刃倾角 λ_s 由正值向负值变化时，致使顶向工件轴线的背向力 F_p 增大，通过切削试验可知，λ_s 增加 $1°$，使 F_p 增加 $2\%\sim3\%$。所以，生产中常因 λ_s 增加，而使轴类工件产生弯曲变形并引起振动。

（3）主偏角 κ_r 由图 3-21 可知，主偏角 κ_r 在 $30°\sim60°$ 范围内增大，由于切削厚度 h_D 增大，切削变形减小，故切削力 F_c 减小。若主偏角 κ_r 从 $60°$ 增加至 $90°$，如图 3-21（b）所示圆弧刀尖在切削刃上切削宽度增大，使切屑流出时挤压加剧，切削力 F_c 逐渐增大。通常在主偏角 κ_r 为 $60°\sim75°$ 时，切削力 F_c 较小。由式（3-4）可知，主偏角 κ_r 变化，改变了切削分力 F_p、F_f 的分配比例，即 κ_r 增大，使 F_p 减小，F_f 增大。

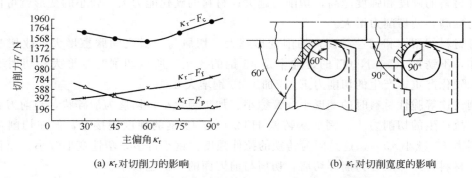

(a) κ_r 对切削力的影响　　　　　　(b) κ_r 对切削宽度的影响

图 3-21　主偏角对切削力 F_c、F_f 和 F_p 的影响

工件材料 45 钢，刀具材料 YT15，$\gamma_o = 15°$、$\kappa_r = 45°$、$\kappa_r' = 15°$

$\lambda_s = 0°$，$a_o = 8°$，$a_p = 2\text{mm}$，$f = 0.3\text{mm/r}$，$\gamma_\varepsilon = 0.2\text{mm}$，$v_c = 100\text{mm/min}$

由于主偏角 κ_r 在 $60°\sim75°$ 能使切削力 F_c 和 F_p 减小，因此，生产中主偏角 κ_r 为 $75°$ 的车刀被广泛使用。

（4）刀尖圆角半径 r_ε 刀尖圆角半径 r_ε 增大，切削变形增大，使切削力增大。此外，圆弧切削刃上各点主偏角 κ_r 的平均值越小，背切削力 F_p 越大。试验表明，当 r_ε 由 0.25mm 增大到 1mm 时，F_p 增加 20%；r_ε 由 0.5mm 增大到 5mm 时，F_p 增加 1 倍。

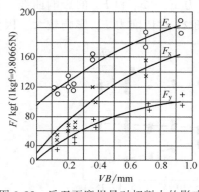

图 3-22　后刀面磨损量对切削力的影响

工件材料：40 钢

刀具几何参数：$\gamma_o = 10°$；

$\alpha_o = \alpha_o' = 8°$；$\chi_r = 60°$；$\chi_r' = 10°$；$\lambda_s = 0°$

切削用量：$a_p = 4\text{mm}$；$f = 0.106\text{mm/r}$；

$v = 196\text{m/min}$

4. 其他因素

（1）刀具磨损 刀具的后刀面磨损将形成后角等于零、宽度为 VB 的小棱面，从而作用于后刀面的正压力及摩擦力将增大，因此，随着后刀面磨损宽度 VB 的增加，F_z、F_y 及 F_x 都将逐渐增大，如图 3-22 所示。车刀在前刀面上因磨损而形成月牙洼时，由于增大前角，减小了切削力，当车刀同时沿前、后刀面磨损且切削开始时，切削力减小，其后逐渐增大，而且 F_p 和 F_f 比 F_c 增大得快些。

（2）切削液 切削时浇注切削液，由于使刀具、工件与切屑接触面之间摩擦减小，因此，能显著减小切削力。例如，选用效果良好的切削液，比干切削时的切削力小 $10\%\sim20\%$。切削液的效果与切削厚度及切削速度有关，一般切削厚度越小，切削速度越低，效果越显著。实践表明，所有切削液的润滑性能越高，切削力降低越显著，例如，当切削速度$v<40 m/min$，加工钢时，用矿物油作切削液可以使主切削力F_p减小$12\%\sim15\%$；采用植物油可以减小$20\%\sim25\%$，切削液中合理地加入使表面张力降低的添加剂，可以使切削液渗入塑性变形区中的金属微裂纹内部，从而降低强化系数，减小切削力，使切削过程变得容易。

（3）刀具材料 各种刀具材料对切削力的影响是由于刀具材料与工件材料之间亲和力和摩擦系数等因素决定的。如果刀具材料与工件材料之间摩擦系数小，则切削力小。例如，选用 YT30 切削钢较选用 YT15 的切削力小。用陶瓷刀具切削比用硬质合金刀具产生的切削力降低 10%左右。图 3-23 所示为几种代表性的刀具材料对切削力的影响。其他如切屑卷曲和排屑不畅都能引起切削力增大，甚至损坏刀具。例如，切断刀在切断工件时，开始切削力较小，随着刀具接近工件轴线，由于工作后角α_o显著减小，甚至变为负值，因而摩擦力增大，加上排屑困难等原因，致使切削力逐渐增大。

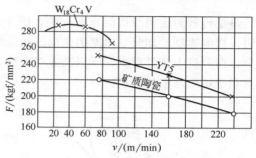

图 3-23 刀具材料对切削力的影响

工件材料：40Ni

在计算切削力时，考虑到各个参数对切削力不同的影响，需对切削力数值进行相应的修正，其修正系数值是通过切削试验确定的。

第四节 切削热和切削温度

切削热是切削过程的重要物理现象之一，切削温度的高低会直接影响刀面上的摩擦系数、工件材料的切削性能；影响积屑瘤大小、已加工表面质量、刀具磨损和耐用度、生产率等。因此，研究切削热和切削温度具有重要的实用意义。

一、切削热的产生和传出

切削中所消耗的能量几乎全部转换为热量。三个变形区就是三个发热区（见图 3-24），即切削热来自工件材料的弹、塑性变形功和前、后刀面的摩擦功，即

$$Q=Q_{弹}+Q_{塑}+Q_{前摩}+Q_{后摩} \tag{3-10}$$

式中 $Q_{弹}$——弹性变形所消耗的功转成的热，J，所占比例很小，可略去不计；

$Q_{塑}$——塑性变形所消耗的功转变成的热，J；

$Q_{前摩}$——刀具前刀面与切削摩擦所产生的热，J；

$Q_{后摩}$——刀具后刀面与工件加工表面摩擦所产生切削热，J，其来源如图 3-24 所示。

切削时所产生的热由切屑、工件、刀具及周围介质传出，各部分传出的比例随工件材料、切削速度、刀具材料及加工形式而定，因此切削热的产生及传出的平衡关系式可表示如下

$$Q=Q_{弹}+Q_{塑}+Q_{前摩}+Q_{后摩}=Q_{屑}+Q_{工}+Q_{刀}+Q_{介} \tag{3-11}$$

式中 $Q_{屑}$——由切屑传出的热，J；

$Q_{工}$——由工件传出的热，J；

$Q_{刀}$——由刀具传出的热，J；

$Q_介$——由周围介质传出的热，J。

表 3-3 为车削和钻削时切削热由各部分传出的比例。

表 3-3　工件、刀具切削中切削热的分布

类型	$Q_屑$	$Q_刀$	$Q_工$	$Q_介$
车削	50%～80%	40%～10%	9%～30%	1%
钻削	28%	14.5%	52.5%	5%

　　热量传散的比例与切削速度有关，图 3-25 所示为不同切削速度时热量分布比例。图中表明，切削速度增加时，由摩擦生成的热量增多，但切屑带走的热量也增加，在工件中热量减少，在刀具中热量更少，所以高速切削时，切屑中温度很高，在工件和刀具中温度较低，这有利于切削加工的顺利进行。

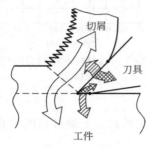

图 3-24　切削热的来源

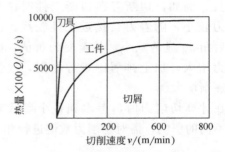

图 3-25　不同切削速度时的热量分布

二、计算切削温度的试验公式

　　切削温度一般是指切屑与前刀面接触区域的平均温度。通过自然热电偶法所建立的切削温度的试验公式如下

$$\theta = C_\theta v^{Z_\theta} f^{Y_\theta} a_p^{X_\theta} \tag{3-12}$$

式中　　　θ——试验测出的刀屑接触区的平均温度，℃；

　　　　　C_θ——切削温度系数；

　　　　　v——切削速度，m/min；

　　　　　f——进给量，mm/r；

　　　　　a_p——切削深度，mm；

Z_θ、Y_θ、X_θ——相应的指数。

　　试验得出，用高速钢或硬质合金刀具车削中碳钢时 C_θ、Z_θ、Y_θ、X_θ 值见表 3-4。

表 3-4　切削温度的 C_θ、Z_θ、Y_θ、X_θ 值

刀具材料	C_θ	Z_θ		Y_θ	X_θ
高速钢	140～170	0.35～0.45		0.2～0.3	0.08～0.10
硬质合金	320	f/(mm/r)		0.15	0.05
		0.1	0.41		
		0.2	0.31		
		0.3	0.26		

三、切削温度的主要影响因素

分析各因素对切削温度的影响，主要应从这些因素对单位时间内产生的热量和传出的热量的影响入手，如果产生的热量大于传出的热量，则这些因素将使切削温度升高，若有些因素使传出的热量增大，则这些因素将使温度降低。

在切削时影响产生热量和传出热量的因素有切削用量、刀具几何参数、工件材料、刀具磨损和切削液等。

1. 切削用量的影响

切削用量 v、f 和 a_p 对切削温度 θ 的影响，可从测温试验得到图 3-26 中的三条直线图形，通过一元线性回归数据处理，求出切削用量对切削温度影响的试验公式。

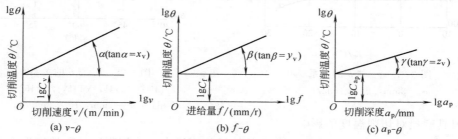

图 3-26　切削用量对切削温度的影响

高速钢刀具

$$\theta=(140\sim170)a_p^{0.08\sim0.1}f^{0.2\sim0.3}v^{0.35\sim0.45} \quad (℃) \tag{3-13}$$

同理通过测温试验，可求出用硬质合金刀具切削时切削温度试验公式。

$$\theta=320a_p^{0.05}f^{0.15}v^{0.26\sim0.41} \quad (℃) \tag{3-14}$$

公式表明：随着 v、f 和 a_p 增加，切削温度升高，这是由于切削变形和摩擦功增大所致。v_c、f 和 a_p 对切削温度的影响程度不同：切削速度 v_c 的影响最大，当 v_c 增加一倍时，使切削温度约增加 32%，进给量 f 的影响其次；当 f 增加一倍时，使切削温度约增加 18%；切削深度 a_p 的影响最小，当 a_p 增加一倍时，使切削温度增加约 7%。上述影响规律的原因是：v_c 增加使摩擦生热增多；f 增加因切削变形增加较少，故热量增加不多，此外 f 增加后使刀与屑接触面积增大，改善了散热条件；a_p 增加使切削宽度 a_w 成比例增加，显著改善了热量的传散面积。

v_c、f 和 a_p 对切削温度的影响规律在切削加工中具有重要的实际意义，例如，分别增加 v_c、f 和 a_p，均能使切削效率按比例提高，但为了减小刀具磨损，保持高的刀具耐用度，减小对工件加工精度的影响，则应尽量先增大切削深度 a_p；其次增大进给量 f，最后再提高切削速度 v_c。

2. 刀具几何参数的影响

（1）前角 γ_o　试验结果（见图 3-27）表明：随着 γ_o 增大，变形、摩擦减小，产生的热量少，温度下降；但 γ_o 增至 18°~20° 后，因楔角 β_o 减小，散热条件差，对温度的影响减小。

（2）主偏角 κ_r　随着 κ_r 减小，使切削层几何厚度 a_c 减小，切削层几何宽度 a_w 增大，刀刃散热条件得到改善，温度下降，如图 3-28 所示。

3. 工件材料的影响

工件材料主要通过本身的强度、硬度、热导率对切削温度产生影响。如低碳钢，强度、硬度低，变形小，产生的热量少，而热导率大，热量散出快，所以温度很低。40Cr 硬度接近中碳钢，强度略高，但热导率小，温度高；脆性材料变形小、摩擦小，温度比钢低 40%。

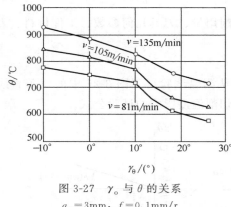

图 3-27　γ_o 与 θ 的关系
$a_p=3\text{mm}$，$f=0.1\text{mm/r}$

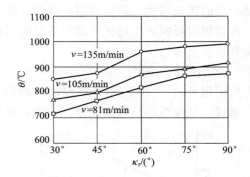

图 3-28　κ_r 与 θ 的关系
45 钢；刀具：YT15，$\gamma_o=15°$
用量：$a_p=2\text{mm}$，$f=0.2\text{mm/}\gamma_\theta$

4. 刀具磨损对切削温度的影响

刀具磨损后，切削刃变钝，刃区前方的挤压作用增大，使切削区的塑性变形增大。同时

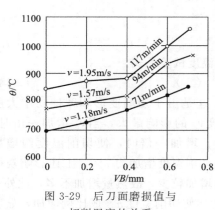

图 3-29　后刀面磨损值与
切削温度的关系

磨损后的刀具后角基本为零，使工件与刀具间的摩擦加大，两者均使产生的切削热增多，所以，刀具的磨损是影响切削温度的重要因素。从图 3-29 中可以看出，当后刀面磨损值达 0.4mm 时，切削温度上升 5%～10%；当后刀面磨损值达 0.7mm 时，切削温度上升 20%～25%。

5. 切削液的影响

浇注切削液是降低切削温度的重要措施，切削液能传导热量，又能起到减小摩擦的作用。合理选用切削液的成分和浇注方式，对切削液的降温效果起重要作用。

四、切削温度的分布

上述分析的是刀屑接触区的平均温度。为探讨刀具的磨损部位、工件材料性能的变化情况和已加工表面层材质变化等，应进一步研究工件、切屑和刀具上各点的温度分布，即温度场。

用试验方法测出的切削钢料主剖面内切屑、工件、刀具的温度场和车削不同工件材料时，主剖面内前、后刀面的温度场分别如图 3-30 和图 3-31 所示。

通过分析、研究可得出以下结论。

① 剪切面上各点温度几乎相等，可见剪切面上的应力和应变基本是相等的，因此可以推想剪切面上各点的应力和应变规律基本上是变化不大的。

② 前、后刀面的最高层温度都不在刀刃上，而是在离刀刃有一定距离处，这是摩擦热沿刀面不断增加的缘故。在前刀面上后边一段的接触长度上，由内摩擦转化为外摩擦，摩擦逐渐减少，热量又在不断传出，所以温度开始逐渐下降。

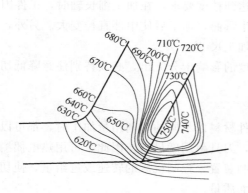

图 3-30 直角自由切削中的温度场
工件：低碳钢；刀具 $\gamma_o = 30°$，$\alpha_o = 7°$；
用量：$a_c = 0.6$mm，$\nu_c = 22.8$mm/min
干切削（预热 611℃）

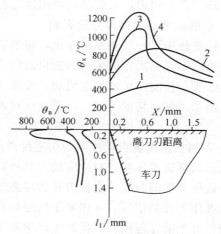

图 3-31 切削不同材料时的温度场
1—45 钢-YT15；2—GGr15-YT14；
3—钛合金 BT2-YG8；4—BT2-YT15

③ 切屑靠近前刀面的一层（即底层）上温度梯度很大，离前刀面 0.1～0.2mm，温度就可能下降一半，说明前刀面上的摩擦热是集中在切削的底层，即摩擦热对切屑底层金属的剪切强度、前刀面的摩擦系数将有很大的影响，而对切削上层金属强度将不会有显著地改变。

④ 在剪切区中，垂直剪切面方向上的温度梯度很大，这是因为切屑速度增大时，热量来不及传出所致。

⑤ 后刀面的接触长度较小，温度的升降是在极短时间内完成的，加工表面受到的是一次热冲击。

⑥ 工件材料塑性越大，前刀面上的接触长度越大，切削温度的分布也就越均匀，工件材料的脆性越大，最高温度所在点离刀刃越近。

⑦ 工件材料的热导率越低，刀具前、后刀面的温度越高，这是一些高温合金和钛合金切削加工性差的主要原因之一。

五、切削温度对工件、刀具和切削过程的影响

1. 切削温度对工件材料机械性能的影响

切削时温度虽然很高，但对工件材料硬度、强度的影响并不是很大，对剪切区应力的影响也不明显。其原因是：切削速度较高时，变形速度很高，其对增加材料强度的影响足以抵消切削温度降低对强度的影响；另外，切削温度是在切削变形过程中产生的，因此，对剪切面上的应力和应变状态来不及产生很大的影响，只对切屑底层的剪切强度产生影响。

实验表明：工件材料预热至 500～800℃后进行切削，切削力下降很多。但高速切削时，温度达到 800～900℃，切削力却下降不多。这是因为切削温度对剪切区工件材料强度影响不大所致。目前加热切削是切削难加工材料的一种好办法，被普遍应用，如等离子焰加热切削效果较好。

2. 切削温度对刀具材料的影响

硬质合金的性质之一是高温时，强度比较高，韧性比较好。因此，适当提高切削温度，以防止硬质合金崩刃，对提高其耐用度是有利的。

3. 切削温度对工件尺寸的影响

工件受热膨胀，尺寸发生变化，切削后不能达到精度要求，在加工细长轴时，工件因受热而变长，但因夹固在机床上不能自由伸长而发生弯曲，加工后使中部直径变大。另外，刀杆受热膨胀，使实际切削深度增加，改变工件的加工尺寸。

在精加工和超精加工时，切削温度对加工精度的影响十分突出，必须特别注意降低切削温度。

4. 利用切削温度自动控制切削速度或进给量

大量切削试验证明：对给定的刀具材料、工件材料以不同的切削用量加工时，都可以得到一个最佳的切削温度，它使刀具磨损强度最低，刀具耐用度最高。因此，可用热电偶测出切削温度作为控制信号，并用电子线路和自动控制装置来控制机床的转速或进给量，使切削温度经常处于最佳范围，以提高生产率和工件表面质量。

第五节　刀具磨损、破损和刀具耐用度

金属切削时，刀具一方面切下切屑，另一方面刀具本身也要发生损坏。刀具损坏到一定程度，就需换刀或更换新刀刃，才能进行新的切削。刀具损坏的主要形式有磨损和破损两类。刀具的损坏主要取决于刀具和工件材料的物理和机械性能及切削条件。各种刀具材料的磨损和破损各具特点，下面将揭示刀具磨损和破损的基本特点、发生原因及发展规律，以方便刀具和切削条件的合理选择，保证加工精度，提高生产率。

一、刀具磨损的形态

刀具的磨损是一种连续、逐渐的破坏形式，它使工件的加工精度降低，表面粗糙度增加，切削力增大，温度增高，直至不能继续正常切削。

刀具的磨损形式（见图 3-32）有以下几种。

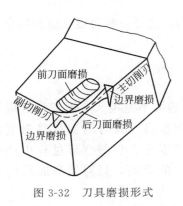

图 3-32　刀具磨损形式

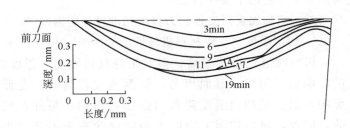

图 3-33　前刀面磨损痕迹随时间的变化

工件：硫易切钢 $[w(S)=0.25\%，w(C)=0.08\%]$；YT 硬质合金刀具 $(\gamma_o=0°，r_e=0.8mm)$；$a_p=2.54mm$，$f=0.117mm/r$，$v=305m/min$

1. 前刀面磨损

切削塑性材料时，切削速度较大，当切削厚度 $a_p>0.5mm$ 时，磨损主要发生在前刀面，称为前刀面磨损。

切削时，切屑与前刀面以新鲜表面接触和摩擦，接触面积很大，80%以上是实际接触，空气和切削液渗入困难，接触表面温度和压力也很高，靠近刃口的附近磨出一小段月牙洼。在月牙洼处压力较大，月牙洼的中心处切削温度最高（硬质合金刀具可达 800～1000℃），磨损加剧，使月牙洼逐渐变深、变宽，主刀刃到月牙洼边缘逐渐变窄，刀刃强度降低，易引起刀刃损坏。图 3-33 所示为前刀面磨损痕迹随时间的变化规律。

刀具磨损的测量位置如图 3-34 所示。前刀面磨损的程度用月牙洼的宽度 KB 和深度 KT 表示，如图 3-34(a) 所示。

2. 后刀面磨损

在切削厚度较薄（$h_D < 0.1mm$）的塑性材料或切削脆性材料时，刀具磨损主要发生在主后、副后刀面上，称为后刀面磨损。

切削时，工件的新鲜加工表面与刀具后刀面接触，相互摩擦，引起后刀面磨损。后刀面虽然有后角，但由于切削刃不是理想的锋利，而是有一定的钝圆，后刀面与工件实际上是小面积接触，磨损就发生在这个小的接触面上。

后刀面磨损使刀刃下方形成一小段后角等于零的磨损带，增大了刀刃圆弧半径，使原来平整的刀刃参差不齐，改变了刀具的位置，直接影响加工精度。

后刀面磨损量是不均匀的，刀尖圆弧半径部分较为薄弱，强度低，散热条件差，氧化严重，磨损厉害；主切削刃上靠近待加工表面部分，由于加工硬化或毛坯表面缺陷，磨损也较大，后刀面被磨成比较严重的深沟；后刀面磨损带的中间部分磨损比较均匀。后刀面磨损量用平均磨损带宽度值 VB 表示，如图 3-34(b) 所示。

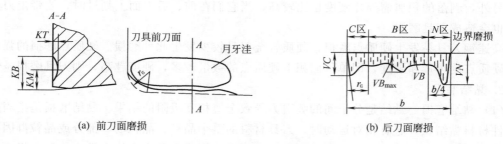

(a) 前刀面磨损　　　　　　　　　　(b) 后刀面磨损

图 3-34　刀具磨损的测量位置

3. 边界磨损

切削钢料时，常在主切削刃靠近工件外表皮处以及副切削刃靠近刀剪出的后刀面上，磨出较深的沟纹。此两处分别在主、副切削刃与工件待加工或已加工表面接触的地方，如图 3-35 所示。

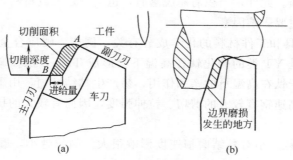

(a)　　　　　　　　　　　(b)

图 3-35　边界磨损的发生位置

发生边界磨损的主要原因有以下几种。

① 切削时，在刀刃附近的前、后刀面上，压应力和剪应力很大，但在工件外表面处的切削刃上应力突然下降，形成很高的应力梯度，引起很大的剪应力。同时前刀面上切削温度最高，而与工件外表面接触点由于受空气或切削液冷却，造成很高的温度梯度，也引起很大的剪应力。因而在主后刀面发生边界磨损。

② 由于加工硬化作用，靠近刀尖部分的副切削刃处的切削厚度减小至零，引起这部分刀刃打滑，使副后刀面上发生边界磨损。

③ 加工铸、锻件等外皮粗糙的工件时，也易发生边界磨损。

二、刀具磨损的原因

由于工件、刀具和切削条件变化很大，刀具的磨损形式各不相同，其磨损原因也很复杂。刀具磨损与一般机械零件的磨损不同，它不仅有机械磨损，如硬质点磨损；也有热化学磨损，如黏结磨损、扩散磨损、化学（腐蚀）磨损等。

1. 硬质点磨损

切削时，工件材料中的杂质、积屑瘤碎片等造成的磨损即为硬质点磨损（又称为磨料磨损）。硬质点磨损是典型的机械磨损。各种切削速度下都存在硬质点磨损，但低速切削时，切削温度较低，硬质点磨损是形成刀具磨损的主要原因。

切削过程中，通常刀具材料比工件材料硬度更高，但从微观上看，工件材料及切屑中往往包含许多硬质点，如氧化物（SiO_2、Al_2O_3）、碳化物（Fe_3C、SiC）等，这些硬质点的硬度很高，它们像切削刃一样，在刀面上划出划痕，使刀具磨损。

另外，剥落的积屑瘤碎片硬度也比较高，当它们在前、后刀面上划过时，要带走刀具材料，也会造成刀具磨损。

高速钢刀具易发生硬质点磨损，硬质合金刀具较少发生此种磨损。硬质点磨损的强度取决于硬质点的数量和硬度，即单位面积上硬质点的数量越多，硬度越高，则刀具磨损越快。

2. 黏结磨损

（1）黏结磨损　黏结是分子间的吸引力导致金属相互吸附的结果。黏结磨损是指当刀具与工件材料黏结在一起有相对运动时，刀具材料的整个晶粒、晶粒的一部分或晶粒群因受剪或受拉而被工件材料一点一点逐渐带走的过程。高速钢或硬质合金均会发生这种磨损，且多发生在切削速度较低时。

切削（塑性材料）时，在一定的温度和压力下，切屑与前刀面、后刀面及工件之间，以新鲜表面接触，两摩擦面间的黏结点发生相对运动，当两表面之间的距离达到原子级时，便会发生黏结现象。当黏结点破裂时，刀具表面上局部强度较低的微粒受到剪切或拉力，被工件带走，而使刀具磨损。此外，当积屑瘤脱落时，也会带走刀具材料，形成黏结磨损。

（2）黏结磨损的主要影响因素

① 黏结磨损与刀具和工件材料的化学成分有关，例如，硬质合金 YT 类比 YG 类更适于加工钢料，其原因是 YT 类的碳化钛在高温下会形成 TiO_2，从而减轻黏结；YT 类不易于加工钛合金，就在于钛在高温下的亲和作用，易产生黏结磨损，用不含钛元素的 YG 类刀具则黏结磨损较小。高速钢有较大的剪切、拉伸强度，因而有较大的抗黏结磨损能力，比硬质合金的黏结磨损小。

② 硬质合金的晶粒大小对黏结磨损速度影响很大。晶粒越小，磨损越慢，反之，则磨损越快。

③ 刀具材料与工件材料相互黏结时的温度对黏结磨损的剧烈程度影响很大。低温时的黏结强度比高温时小得多，随着温度的升高，黏结强度增加很快。

影响黏结磨损的因素除上述化学成分、晶粒大小、温度外，其他如刀具、工件材料的硬度比，刀具表面形状与组织，切削条件和工艺系统刚度等，都会影响黏结磨损的速度。

3. 扩散磨损

由于切削时的高温，刀具表面始终与被切工件的新鲜表面接触，因而具有巨大的化学活性，两摩擦表面的化学元素可能相互扩散到对方，被扩散的金属表层不断流走，降低了刀具性能，加速了刀具磨损过程。

各类刀具材料的扩散磨损速度是不同的。一般来说，高速钢刀具在常用的切削速度范围内加工，因切削温度较低，扩散磨损很轻；随着速度加大和温度升高，扩散磨损会加剧。但在扩散磨损还没有起主导作用之前，刀具就可能因塑性变形而损坏。切削有色金属时，一般没有扩散磨损。硬质合金刀具切削钢件时，在接触表面上切削温度常达 $800\sim1000℃$，同时切屑的流动速度高，使扩散成为刀具磨损的主要原因之一。WC-Co 类硬质合金刀具切削钢件时，在形成月牙洼磨损过程中，由于月牙洼处温度比刀刃高 $400℃$，故扩散速度高、磨损快、扩散现象非常明显。

材料的扩散速度随着温度的升高而增加，即对一定的刀具材料，随着切削温度的升高，扩散速度开始增加较慢，以后越来越快。

不同元素的扩散速度也不相同。例如，Ti 比 C、Co、W 等元素扩散速度低得多，故 YT 硬质合金的抗扩散能力比 YG 类高。

扩散磨损也与切屑底层在刀具表面上的流动速度有关，即切屑在前刀面上流动速度越慢，扩散磨损也较慢。

4. 化学磨损

化学磨损是在一定温度下，刀具材料与周围介质（如空气中的氧、切削液中的极压添加剂硫、氯等），发生化学作用，在刀具表面形成一层硬度较低的化合物，而被切屑带走，加速刀具磨损；或由于刀具材料被介质腐蚀，造成刀具磨损。

例如，高速钢刀具车削钼合金（$a_p=1mm$，$f=0.1mm/r$，$v=10\sim50m/min$）时，切削液或气体的化学活性越好，刀具磨损越快。又如采用硬质合金 YT14 加工（$v=120\sim180m/min$）18-8 型不锈钢（含 8％Cr，9％Ni），采用硫化、氯化切削油时，由于硫和氯的腐蚀作用，刀具耐用度反而比干切削时要低。

除上述几种磨损原因外，刀具的磨损还有热电磨损、相变磨损等。

热电磨损是指在切削高温作用下，刀具和工件材料形成热电偶，产生热电势，使刀具与工件之间、刀具与切屑之间有热电流通过，可能加快扩散速度，从而加速刀具磨损。试验表明，在刀具和工件的电路中加以绝缘，可明显提高刀具耐用度，但热电磨损的机理尚待研究。

相变磨损是指切削时，当刀具的最高温度超过材料的相变温度时，刀具表面金相组织发生变化，使刀具硬度急剧下降，迅速被磨损，甚至失去切削能力。

综上所述，对一定的刀具材料和工件材料，对磨损起主导作用的是切削温度。低温时，刀具以机械磨损（硬质点磨损）为主，热化学磨损所占比例较小，磨损较为缓慢；高温时，影响刀具磨损的主要原因是热化学磨损（黏结、扩散、氧化等），温度越高，磨损越快。

三、刀具磨损过程及磨钝标准

1. 刀具的磨损过程

随着切削时间的延长，刀具磨损增加。图 3-36 所示为刀具正常磨损过程的典型磨损曲线，该图清楚地表达了正常磨损过程的三个阶段。

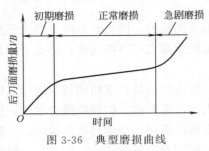

图 3-36　典型磨损曲线

（1）初期磨损阶段　新刃磨的刀具后刀面存在粗糙不平之处及显微裂纹、氧化或脱碳层等缺陷，表层组织较不耐磨，且因切削刃较锋利，后刀面与加工表面接触面积较小，压应力较大，所以这一阶段磨损较快。一般初期磨损量为 0.05～0.1mm，其大小与刀具刃磨质量直接相关。仔细刃磨或研磨过的刀具初期磨损量较小。

（2）正常磨损阶段　经初期磨损后，刀具的粗糙不耐磨表面已经磨平，形成一个稳定区域，刀具的磨损变得缓慢而均匀，进入正常磨损阶段。这一阶段中刀具后刀面磨损量随着切削时间的延长近似成比例地增加。

（3）急剧磨损阶段　当磨损带宽度增加到一定限度后，加工表面粗糙度增加，后刀面与工件的接触状况恶化，摩擦加剧，切削力与切削温度迅速升高，磨损速度增加很快，甚至伴有刺耳的噪声、振动及崩刃出现，以致刀具损坏，从而失去切削能力。生产中为了合理使用刀具，保证加工质量，应当避免达到这个磨损阶段，在这个阶段到来之前就应及时换刀或更换刀刃。

2. 刀具的磨钝标准

刀具磨损到一定限度就不能再继续使用，即对刀具规定一个允许磨损量的最大限度，这一磨损限度称为磨钝标准。

在评定刀具材料切削性能和试验研究时，都以刀具表面磨损量作为衡量刀具的磨钝标准。国际标准 ISO 统一规定，以 1/2 背吃刀量（切削深度）处后刀面上测定的磨损带宽度 VB 作为刀具磨钝标准，如图 3-37 所示，这是因为一般刀具都发生后刀面磨损，且易于测量。

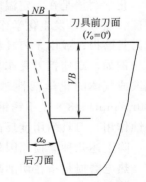

图 3-37　车刀的径向磨损量

自动化生产中用的精加工刀具，常以沿工件径向的刀具磨损尺寸作为衡量刀具的磨钝标准，称为刀具径向磨损量 NB，如图 3-37 所示。

加工条件不同，磨钝标准也有变化。例如，精加工的磨钝标准较小，粗加工则取较大值。工艺系统刚度较低时，应考虑在磨钝标准内是否会产生振动。此外，工件的可加工性、刀具制造及刃磨难易程度等都是确定磨钝标准时应考虑的因素。

ISO 推荐的车刀耐用度试验的磨钝标准可以是下列任何一种。

（1）高速钢或陶瓷刀具

① 如图 3-34 所示，如果后刀面在 B 区内是有规则的磨损，则 $VB=0.3$mm。

② 如果后刀面在 B 区内是无规则磨损、划伤、剥落或有严重沟痕，则 $VB_{max}=0.6$mm。

（2）硬质合金刀具

① $VB=0.3$mm。

② 后刀面无规则磨损，则 $VB_{max}=0.6mm$。

③ 前刀面磨损量 $KT=0.06+0.3f$，式中，f 为进给量。

实际生产中，不能经常卸下刀具测量磨损量，而是根据切削中发生的现象判断刀具是否已经磨钝。例如，粗加工时，观察加工表面是否出现亮带，切屑颜色和形状变化以及是否出现振动和不正常声音等；精加工时，可观察加工表面粗糙度变化以及测量加工零件的形状与尺寸精度等。发现异常现象要及时换刀。

四、合理耐用度的选用原则

1. 刀具耐用度的概念

（1）刀具耐用度　它是指一把新刃磨的刀具从开始切削至达到磨损限度所经过的切削时间。用 T 表示，单位是 min。

一把新刀具从使用到报废为止的总切削时间称为刀具寿命。用 H 表示。

对于可重磨刀具，刀具的耐用度是指刀具两次刃磨之间所经历的实际切削时间，刀具寿命是刀具耐用度 T 与刃磨次数 n 的乘积，即

$$H=Tn\text{（min）} \tag{3-15}$$

而对于不可重磨刀具，刀具寿命等于刀具耐用度。

刀具耐用度是刀具磨损的另一种表示方法。在实际生产中，用耐用度来控制磨损量 VB 的大小比用其他方法更为方便，因此耐用度被广泛使用。

（2）刀具耐用度的经验公式　刀具耐用度与切削用量有关。图 3-38 所示为固定其他切削条件时，不同切削速度下的磨损曲线，经处理后可得刀具耐用度方程式

$$vT^m=C_0 \tag{3-16}$$

式中　v——切削速度，m/min；

$\quad\quad T$——刀具耐用度，min；

$\quad\quad m$——指数，表示切削速度与刀具耐用度之间的影响程度，即双对数坐标中的直线斜率；

C_0——系数，与刀具、切削材料、切削条件有关。

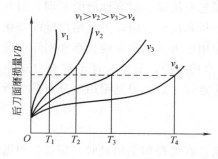

图 3-38　刀具磨损曲线

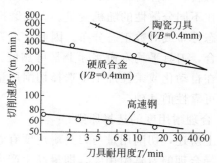

图 3-39　各种刀具材料的耐用度曲线

（加工镍-铬-钼合金钢）

可见，提高切削速度，刀具寿命就降低。各种刀具材料的耐用度曲线如图 3-39 所示。

另外，切削时，增加进给量和背吃刀量，刀具耐用度也要减小。固定其他切削条件，可以得到下列关系

$$fT_1^m=C_1 \tag{3-17}$$

$$a_p T_2^m = C_2 \tag{3-18}$$

综合上式，可以得到刀具耐用度与切削用量的一般关系

$$T = \frac{C_T}{v^{\frac{1}{m}} f^{\frac{1}{m_1}} a_p^{\frac{1}{m_2}}} \tag{3-19}$$

令 $x = 1/m$，$y = 1/m_1$，$z = 1/m_2$，则

$$T = \frac{C_T}{v^x f^y a_p^z} \tag{3-20}$$

式中　C_T——刀具耐用度系数，与刀具、工件材料和切削条件有关；

x，y，z——指数，分别表示各切削用量对刀具耐用度的影响程度。

用 YT5 硬质合金车刀切削 $\sigma_b = 0.637\text{GPa}$ 的碳钢时，切削用量与刀具耐用度的关系为（$f > 0.7\text{mm/r}$）

$$T = \frac{C_T}{v^5 f^{2.25} a_p^{0.75}} \tag{3-21}$$

或

$$v = \frac{C_v}{T^{0.2} f^{0.45} a_p^{0.15}} \tag{3-22}$$

式中　C_v——切削速度系数，与切削条件有关，其大小可查阅有关手册。

由式（3-22）可见，对于某一切削加工，当工件、刀具材料和刀具几何形状选定后，切削用量三要素对刀具耐用度的影响的大小，按顺序为 v、f、a_p，其中切削速度是影响刀具耐用度的主要因素。这是因为切削速度对切削温度影响最大，因而对刀具磨损影响最大。因此，从刀具合理耐用度出发，在确定切削用量时，首先应采用尽可能大的背吃刀量，其次应选用大的进给量，最后按式(3-16)求出切削速度或按有关手册查出。

应当注意，上述关系是在一定切削条件下通过试验得出的。如果切削条件改变，各指数和系数也发生相应变化。另外，上述关系是以刀具的平均耐用度为依据建立的。实际上，由于刀具材料、工件材料及加工余量的分散性，以及工艺系统动、静态性能的差别，刀具耐用度是存在不同分散性的随机变量。刀具磨损过程的分析和试验表明，刀具耐用度的变化规律服从正态分布或对数正态分布。因此，以刀具平均耐用度为依据建立的关系和实际情况并不完全符合，刀具平均寿命实际上是可靠度为 50% 的刀具寿命，显然，这不符合自动化加工要求。在自动化或柔性加工中选择切削用量时，要注意这一点。刀具耐用度分布是分析和确定刀具可靠性的基础。

2. 合理耐用度的选择原则

如上所述，切削用量与刀具耐用度有着密切关系。在选择切削用量时，应首先根据优化目标选择合理的刀具耐用度，即最高生产率耐用度和最低成本耐用度。

（1）最高生产率耐用度　它是以单位时间生产最高数量产品或加工每个零件所消耗的生产时间为最少来衡量的。

最高生产率耐用度是根据单件工时最少的目标确定的，单件工序的工时 t_w 为

$$t_w = t_m + t_{ct} \frac{t_m}{T} + t_{ot} \tag{3-23}$$

式中　t_m——工序的切削时间（机动时间），s；

t_{ct}——换刀一次所消耗的时间，s；

T——刀具耐用度；

$\dfrac{t_m}{T}$——换刀次数；

t_{ot}——除换刀时间外的其他辅助工时，s。

因为

$$t_m = \frac{l_w \Delta}{n_w a_p f} = \frac{\pi d_w l_w \Delta}{10^3 v a_p f} \tag{3-24}$$

式中　d_w——车削前的毛坯直径，mm；

$\quad\quad l_w$——工件切削部分长度，mm；

$\quad\quad \Delta$——加工余量，mm；

$\quad\quad n_w$——工件转速，r/min。

将式（3-16）代入式（3-24）可得

$$t_m = \frac{\pi d_w l_w \Delta}{10^3 C_o f a_p} T^m \tag{3-25}$$

设 f 和 a_p 已经选定，故式（3-25）除 T^m 外均为常数，设此常数为 A，则有

$$t_m = A T^m \tag{3-26}$$

将式（3-26）代入式（3-23）可得

$$t_w = A T^m + t_{ct} T^{m-1} + t_{ot} \tag{3-27}$$

要使单件工时最少，可令 $\mathrm{d}t_w / \mathrm{d}T = 0$，即

$$m A T^{m-1} + t_{ct}(m-1) A T^{m-2} = 0$$

故

$$T = \left(\frac{1-m}{m}\right) t_{ct} = T_p \tag{3-28}$$

式中　T_p——最高生产率刀具耐用度。

（2）最低成本耐用度　它是以每件产品（或工序）的加工费用最低为原则来制定的。每个工件的工序成本 C 为

$$C = t_m M + T_{ct} \frac{t_m}{T} M + \frac{t_m}{T} C_t + t_{ot} M \tag{3-29}$$

式中　M——该工序单位时间内所分担的全厂开支，元；

$\quad\quad C_t$——磨刀成本（刀具成本），元。

令 $\mathrm{d}C / \mathrm{d}T = 0$，即得最低成本的刀具耐用度为

$$T = \frac{1-m}{m} \left(t_{ct} + \frac{C_T}{M} \right) = T_C \tag{3-30}$$

比较式（3-28）和式（3-30）可知，最高生产率耐用度比最低成本耐用度要低。一般情况下，多采用最低成本耐用度。只有当生产任务紧迫或生产中出现不平衡的薄弱环节时，才选用最高生产率耐用度。

综上所述，选择刀具耐用度时应考虑以下几点。

① 根据刀具的复杂程度、制造和磨刀成本来选择。复杂和高精度的刀具耐用度应选的比单刃刀具高些。例如，普通车床用的高速钢车刀和硬质合金焊接车刀的耐用度取 60～

90min；齿轮刀具的耐用度取 200～400min；钻头的耐用度为 80～120min；硬质合金端铣刀的耐用度为 90～180min。刀具越复杂，耐用度越应定得高一些，以减少刃磨、调整的时间和费用。

② 对机夹可转位刀具，由于换刀时间短，为充分发挥其切削性能，提高生产率，刀具耐用度可选低些，一般取 15～30min。

③ 对装刀、换刀和调刀比较复杂的多刀机床、组合机床与自动化加工刀具，刀具耐用度应选高些，尤其应保证刀具可靠性。

④ 当车间内某一工序的生产率限制了整个车间的生产率提高时，该工序的刀具耐用度要选得低些；当某工序单位时间内所分担到的全厂开支 M 较大时，刀具耐用度也应选的低些。

⑤ 大件精加工时，为保证至少完成一次走刀，避免切削时中途换刀，刀具耐用度应按零件精度和表面粗糙度来确定。

五、刀具的破损

刀具的破损是刀具失效的另一种形式。刀具在一定的切削条件下使用时，如果经受不住强大的切削力或热应力，就可能发生突然损坏，使刀具提前失去切削能力，这种情况称为刀具破损。

破损是相对于磨损而言的，但从某种意义上讲，破损也可认为是一种非正常磨损。刀具破损与刀具磨损都是在切削力和切削热的作用下发生的。磨损是一个比较缓慢的、逐渐发展的刀具表面损伤过程，而破损是一个突发过程，刹那间可使刀具失效。无法预知，因此，容易在生产过程中造成巨大的危害和经济损失，这也正是研究刀具破损的特殊意义所在。

刀具的破损有早期和后期两种。早期破损是切削刚开始或短时间切削后即发生的破损（一般是刀具切削时冲击次数小于或等于 1000 次），此时前、后刀面尚未产生明显的磨损（一般 $VB \leqslant 0.1mm$）。用脆性大的材料切削高硬度的工件或断续切削时，最易发生此种破损。后期破损是加工一定时间后，刀具因疲劳而发生的损坏。

刀具的破损可分为脆性破损和塑性破损两种。

1. 刀具的脆性破损

（1）刀具脆性破损的形式　硬质合金刀具和陶瓷刀具切削时，在机械和热冲击作用下，经常发生以下几种脆性破损形式。

① 崩刃。在切削刃上产生小的缺口。一般缺口尺寸与进给量相当或稍大些，刀刃还能够继续切削。陶瓷刀具切削时，最常发生这种崩刃，而且是早期破损。硬质合金刀具断续切削时，也常出现崩刃现象。图 3-40 所示为硬质合金端铣刀的脆性破损形态。

② 碎断。在切削刃上发生小块碎裂或大块断裂，不能再继续使用。图 3-40（a）所示为刀尖与主切削刃处发生小块碎裂破损，一般还可以重磨修复再使用，硬质合金和陶瓷刀具断续切削时，市场易出现这种早期破损。图 3-40（b）所示为刀尖处发生大块断裂，不可能再重磨使用，多数是断续切削较长时间后，没有及时换刀，刀具材料疲劳而造成断裂，少数是刚开始

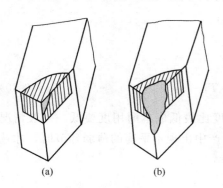

图 3-40　硬质合金端铣刀的
脆性破损形态

切削时即发生这种破损。

③ 剥落。在前后刀面上，几乎平行于切削刃而剥下一层碎片，经常与切削刃一起剥落，有时也在离切削刃一段距离处剥落，根据刀面上受冲击位置不同而变化。这是一种多数发生在断续切削时的早期破损现象。陶瓷刀具切削时最常见到这种破损。硬质合金低速断续切削时也会发生这种现象，尤其是当刀具有切屑黏结在前刀面上再切入时，或因积屑瘤脱落而剥去一层碎片，都会造成这种破损。如剥落层较厚，就难于重磨再使用。

④ 裂纹破损。在较长时间断续切削后，由于疲劳而引起裂纹，造成破损。有因热冲击而引起的垂直或倾斜于切削刃的热裂纹，也有因机械冲击而发生的平行于切削刃或成网状的机械疲劳裂纹。当这些裂纹不断扩展合并，就会引起切削刃的碎裂或断裂。

（2）刀具脆性破损的原因　实际生产中，工件表层的几何形状不规则，物理、力学性能都不是均匀的，例如，毛坯几何形状不规则，加工余量不均匀，表面硬度不均匀，甚至有沟、槽、孔等，这一切就使切削加工或多或少带有断续切削的性质，而铣、刨等加工方法更是属于断续切削。在断续切削条件下，伴随着强烈的机械和热冲击，再加上硬质合金和陶瓷刀具等硬度高、脆性大，组织也可能不均匀，且可能分布有众多缺陷和空隙，因此很容易引起刀具破损，特别是早期破损更为常见。破损的主要原因是冲击、机械疲劳和热疲劳。早期破损是在后刀面尚未产生显著磨损时发生的破损。此时切削循环次数还很少，机械疲劳和热疲劳还不是主要影响因素，因此，引起切削刃早期破损的主要原因是冲击载荷。

刀具破损是典型的随机现象，刀具破损的主要原因有以下几种。

① 机械应力。切削时，在机械载荷的作用下，刀片内会引起很大的内应力。在切削用量中，切削速度和切削厚度对刀片内应力都有影响，其中切削厚度的影响比切削速度的影响大。切削厚度小时，冲击载荷小，同时集中作用在切削刃附近，刀具与切屑接触长度短，主要是压应力。随着切削厚度的增大，进给速度加快，冲击载荷增大，刀具与切屑接触长度加大，拉应力区和拉应力随之加大，单位时间的冲击能量增加，所以，容易发生破损。对一定的刀具和工件材料都有一个脆性破损的临界切削厚度值，一般来说，高速钢刀具的切削厚度值最大，硬质合金刀具次之，陶瓷刀具再次，金刚石刀具抗破损能力最差。

断续切削时，刀具受交变载荷作用，降低了刀具材料的疲劳强度，因此，在较长时间的切削之后，容易引起机械疲劳裂纹。

② 热应力。断续切削时，由于切削和空切的交替变化，刀具表面温度发生周期性变化。空切时，前刀面上受冷使温度降低，由于冷缩而受拉应力；切削时前刀面受热使温度升高，由于热胀而受压应力。拉、压应力交替作用致使刀具产生热裂现象。冷、热温差越大，热导率越低，越容易产生裂纹。随着切削速度和进给量的增加，最高和最低温差也随之加大，热应力增加，越易引起裂纹。

试验表明，刀具发生早期破损时，热应力的影响较小，主要是机械冲击造成破损。因此，为防止或减少刀具破损，应提高刀具材料的强度和抗热振性能，但对一定刀具材料而言，最主要的是选用抗破损能力大的刀具、合理的几何形状和切削条件。

（3）刀具脆性破损耐用度

所谓破损耐用度是指刀具由刃磨后开始切削，一直到尚未达到磨钝标准之前，就发生破损而不能继续切削时刀刃受冲击的次数。

在冲击载荷作用下，当冲击力在刀片内造成的应力足够大时，在达到某一冲击次数 N 时，刀具内部有缺陷的一个最弱处将首先发生破损，此时刀具即因破损而失效。

断续切削时，刀具在达到正常磨钝标准之前已经发生破损，特别是脆性很大的陶瓷刀具很容易发生早期破损，因此，不可能按照刀具磨钝标准来选定切削条件，而必须考虑到破损与切削条件的关系。通常可以通过试验，按破损分布规律决定破损耐用度与切削条件之间的关系。如前所述，刀具破损是一种典型的随机现象，它的影响因素比较复杂，必须用概率论和数理统计的方法来研究其规律。一般来说，该类型失效的概率多服从威布尔、对数正态、伽马和指数分布。

确定刀具的破损耐用度首先应通过试验决定刀具破损所服从的分布规律。例如，硬质合金车刀断续切削钢料时，刀具的破损规律可能服从威布尔（Weibull）分布，将试验结果画在威布尔概率纸上，根据试验数据，由数理统计原理，可以估算威布尔参数，从而评价刀具的破损耐用度的高低。在不同的切削条件下进行试验，可以得到破损耐用度与切削条件的关系。

2. 刀具的塑性破损

切削时，由于高温和高压的作用，有时在前、后刀面和切屑的接触层上，刀具表层材料发生塑性流动而丧失切削能力，这就是塑性破损。

刀具的塑性破损与刀具材料有很大关系。刀具材料性质不同，刀具塑性破坏的切削条件也不相同。例如，碳素工具钢加工普通碳钢（切削厚度为 0.3～0.4mm）时，其破损条件：切削速度为 10～15m/min，此时切削温度为 300℃。同样切削厚度下，高速钢刀具的塑性破损条件：切削速度为 35～60m/min，温度达 700℃。硬质合金刀具的塑性破损条件：切削速度为 350～500m/min，温度达 1100～1200℃或更高。车削耐热钢时，由于应力大，导热性差，在更低的切削用量下，就可能发生塑性破坏。

另外，刀具塑性破损与刀具材料和工件材料的硬度比有关。硬度比越高，越不容易发生塑性破损。硬质合金刀具的高温硬度高，一般不容易发生塑性破损，而高速钢刀具因其耐热性较低，就常出现这种现象。

思考题与习题

3-1　衡量切削变形用什么方法？如何表示？它是由什么因素决定的？

3-2　简述形成积屑瘤后有何利弊。如何消除？

3-3　简述吃刀深度 a_p、进给量 f 对切削力的影响规律。

3-4　简述吃刀深度 a_p、进给量 f 对切削温度的影响规律。

3-5　简述刀具有哪些正常磨损形式和破损形式。

3-6　什么是刀具磨损标准？规定的刀具磨损标准有多大？

3-7　什么是刀具寿命？确定合理刀具寿命有哪两种方法？

3-8　影响切削热产生与传出的因素有哪些？

3-9　测量切削温度的方法有哪几种？其基本原理如何？

3-10　切削速度对切削温度有何影响？为什么？

3-11　为什么刀具磨损后对切削温度影响较大？

3-12　简述切削速度增加时，切削力的变化规律。

3-13　切削深度 a_p 与进给量 f 对切削力的影响有何不同？

3-14　加工细长零件时，为减少其变形，应采取哪些措施？

3-15　简述主偏角 κ_r 对切削力 F_p、F_c 和 F_f 的影响。

第四章　工件材料切削加工性

在切削加工中，有些工件材料容易切削，而有一些工件材料却很难切削。从工件材料方面来分析，是哪些因素影响着切削加工的难易程度，又如何改善和提高切削加工性呢？解决这些问题对提高生产率和加工质量有着重要意义。

第一节　工件材料切削加工性的衡量指标

一、切削加工性的概念

切削加工性指金属材料被刀具切削加工后成为合格工件的难易程度。切削加工性好坏常用加工后工件的表面粗糙度、允许的切削速度以及刀具的磨损程度来衡量。它与金属材料的化学成分、力学性能、导热性及加工硬化程度等诸多因素有关。通常用硬度和韧性作切削加工性好坏的大致判断。一般来讲，金属材料的硬度越高越难切削，硬度虽不高，但韧性大，切削也较困难。通常有色金属（非铁金属）不如黑色金属切削加工性好，铸铁不如钢好。另外，普通机床与自动化机床、单件小批与成批大量生产、单刃切削与多刃切削、工件尺寸与工序不同等，都会使切削加工性的衡量标志不同，因此，切削加工性是一个相对概念。

二、切削加工性的衡量指标

1. 切削加工性的衡量方法

由于切削加工性概念的相对性，它的衡量指标也是多种多样的，但可归纳为以下几个方面。

（1）以加工质量衡量切削加工性　一般零件的精加工，以表面粗糙度衡量切削加工性，易获得很小的表面粗糙度的材料切削加工性好。对一些特殊精密零件，已加工表面的变质层的深度、残余应力的表面硬化程度成为衡量切削加工性的标志。因为变质层的深度、残余应力的表面硬化程度对零件的尺寸和形状的长期稳定性以及磁、电及抗蠕变等性能有很大的影响。

（2）以刀具耐用度衡量切削加工性　以刀具耐用度来衡量切削加工性，是比较通用的，这其中包括以下几方面内容。

① 在保证相同的刀具耐用度的前提下，考察切削这种工件材料所允许的切削速度的高低。

② 在保证相同的切削条件下，考察切削这种工件材料时刀具耐用度数值的大小。

③ 在相同的切削条件下，考察保证切削这种工件材料达到刀具磨钝标准时所切除的金属体积的多少。

最常用的衡量切削加工性的指标：在保证相同刀具耐用度的前提下，切削这种工件材料所允许的切削速度，以 v_T 表示。它的含义是：当刀具耐用度为 T（min 或 s）时，切削该种工件材料所允许的切削速度值 v_T 越高，则工件材料的切削加工性越好。一般情况下可取 $T=60\text{min}$；对于一些难切削材料，可取 $T=30\text{min}$ 或 $T=15\text{min}$；对于机夹可转位刀具，T

可以取得更小一些。如果取 $T=60\text{min}$，则 v_T 可写作 v_{60}。

（3）以单位切削力衡量切削加工性　在机床动力不足或机床-夹具-刀具-工件系统刚性不足时，常用这种衡量指标。

（4）以断屑性能衡量切削加工性　在对工件材料断屑性能要求很高的机床，如自动机床、组合机床及自动线上进行切削加工时，或对断屑性能要求很高的工序，如深孔钻削、盲孔镗削工序等，应采用这种衡量指标。

综上所述，同一种工件材料很难在各种衡量指标中同时获得良好的评价。因此，在生产实践中，常采用某一种衡量指标来评价工件材料的切削加工性。

2. 常用切削加工性衡量指标

生产中通常使用相对加工性来衡量工件材料的切削加工性。所谓相对加工性是以强度 $\sigma_b=0.637\text{GPa}$ 的 45 钢的 v_{60} 作为基准，写作 $(v_{60})_j$，其他被切削的工件材料的 v_{60} 与之相比的数值，记作 K_v，即相对加工性。

$$K_v=\frac{v_{60}}{(v_{60})_j}$$

各种工件材料的相对加工性 K_v 乘以在 $T=60\text{min}$ 时的 45 钢的切削速度 $(v_{60})_j$，则可得出切削各种工件材料的可用切削速度 v_{60}。

目前常用的工件材料，按相对加工性可分为 8 级，见表 4-1。由表 4-1 可知：K_v 越大，切削加工性越好；K_v 越小，切削加工性越差。

$K_v>1$ 时，表明该材料比 45 钢易切削，如有色金属、易切钢、较易切钢等。

$K_v<1$ 时，表明该材料比 45 钢难切削，如调质 2Cr13 钢、45Cr 钢、50CrV 钢等。

表 4-1　工件材料切削加工性等级

加工性等级	名称及种类		相对加工性 K_v	代表性工件材料
1	很容易切削材料	一般有色金属	>3.0	5-5-5 铜铅合金,9-4 铝铜合金,铝镁合金
2	容易切削材料	易削钢	2.5～3	退火 15Cr $\sigma_b=0.373\sim441\text{GPa}$ 自动机钢 $\sigma_b=0.392\sim0.490\text{GPa}$
3		较易削钢	1.6～2.5	正火 30 钢 $\sigma_b=0.441\sim0.549\text{GPa}$
4	普通材料	一般钢及铸铁	1.0～1.6	45 钢,灰铸铁,结构钢
5		稍难切削材料	0.65～1.0	2Cr13 调质 $\sigma_b=0.8288\text{GPa}$ 85 钢轧制 $\sigma_b=0.8829\text{GPa}$
6	难切削材料	较难切削材料	0.5～0.65	45Cr 调质 $\sigma_b=1.03\text{GPa}$ 60Mn 调质 $\sigma_b=0.9319\sim0.981\text{GPa}$
7		难切削材料	0.15～0.5	50CrV 调质,1Cr18NiTi 未淬火,α 相钛合金
8		很难切削材料	<0.15	β 相钛合金,镍基高温合金

第二节　工件材料对切削加工性的影响因素

影响工件材料切削加工性的因素很多，下面就工件材料的物理和力学性能（包括硬度、强度、塑性、韧性、热导率等）、化学成分、金相组织以及切削条件对切削加工性的影响加以说明。

一、工件材料的物理和力学性能对切削加工性的影响

1. 工件材料的硬度对切削加工性的影响

（1）工件材料常温硬度对切削加工性的影响　一般情况下，同类材料中硬度高的加工性低。材料常温硬度高时，切屑与前刀面的接触长度减小，因此前刀面上法应力增大，摩擦热量集中在较小的刀具与切屑接触面上，促使切削温度增高和磨损加剧。工件材料硬度过高时，甚至引起刀尖的烧损及崩刃，加工性低。

（2）工件材料高温硬度对切削加工性的影响　工件材料的高温硬度越高，刀具材料与工件材料硬度之比下降，对刀具磨损影响大，是高温合金、耐热钢加工性低的原因之一。一般将高温合金、热强钢等加工性很差的金属材料称为难加工材料。

（3）工件材料中硬质点对切削加工性的影响　工件材料中硬质点越多，形状越尖锐，分布越广，则工件材料的切削加工性越低。这主要是指金属中的高温碳化物（如 TiC）和非金属夹杂物（如 Al_2O_3）等，对刀具表面有机械擦伤作用加速刀具磨损，使刀具耐用度下降。硬质点对刀具的磨损作用有两方面原因：其一，硬质点的硬度都很高，对刀具有擦伤作用；其二，工件材料晶界处微细硬质点能使材料强度和硬度提高，这使切削时对剪切变形的抗力增大，使材料的切削加工性降低。

（4）材料的加工硬化性能对切削加工性的影响　工件材料的加工硬化性能越高，则切削加工性越低。某些高锰钢及奥氏体不锈钢切削后的表面硬度比原始基体高 1.4～2.2 倍。材料的硬化性能高，首先使切削力增大，切削温度增高；其次，刀具被硬化的切屑擦伤，副后刀面产生连续磨损；再次，当刀具切削已硬化表面时，磨损加剧。

2. 工件材料的强度对切削加工性的影响

工件材料的强度包括常温强度和高温强度。

工件材料的强度越高，切削力就越大，切削功率随之增大，切削温度因之增高，刀具磨损增大。所以在一般情况下，切削加工性随工件材料强度的提高而降低。

合金钢与不锈钢为常温强度，和碳素钢相差不大，但高温强度却比较大，所以合金钢及不锈钢的切削加工性低于碳素钢。

3. 工件材料的塑性与韧性对切削加工性的影响

工件材料的塑性以伸长率 δ 表示，伸长率 δ 越大，则塑性越大。强度相同时，伸长率越大，则塑性变形的区域也随之扩大，因而塑性变形所消耗的功也越大。

工件材料的韧性以冲击强度 α_k 值表示。α_k 值大的材料，表示它在破断之前所吸收的能量越多。

对于塑性大的材料，其在塑性变形时，因塑性变形区域增大会使塑性变形功增大；韧性大的材料在塑性变形时，塑性区域可能不增大，但吸收的塑性变形功却增大。因塑性和韧性增大，都会导致同一后果，即塑性变形功增大。

同类材料，强度相同时，塑性大的材料切削力较大，切削温度也较高，而易与刀具发生黏结，因而刀具的磨损大，已加工表面也粗糙，加工性低。有时为了改善高塑性材料的切削加工性，可通过硬化或热处理来降低塑性（如进行冷拔等塑性加工使之硬化）。但塑性太低时，切屑与前刀面的接触长度缩短太多，使切屑负荷（切削力和切削热）都集中在刀刃附近，将促使刀具磨损加剧，加工性降低。

除材料的韧性对切削加工性的影响与塑性相似外，对断屑的影响比较明显，在其他条件相同时，材料的韧性越高，断屑越困难，加工性越差。

4. 工件材料的热导率对切削加工性的影响

一般难加工材料，如不锈钢或高温合金，它们的热导率通常比碳钢小，因此，切削时产生的热量传导到刀具的部分所占比例较切碳素钢时大，所以，允许的切削速度就比加工碳钢时低得多，故热导率低的材料，切削加工性都低。

一般情况下，热导率高的材料，它们的切削加工性都比较高；而热导率高的工件材料，在加工过程中温升较高，这对控制加工尺寸造成一定困难，所以精加工时应加以注意。

各种金属材料热导率由大到小，大致顺序为纯金属、有色金属、碳素结构钢及铸铁、低合金结构钢、工具钢、耐热钢及不锈钢，而非金属的导热性比金属差。

二、工件材料的化学成分对切削加工性的影响

1. 钢的化学成分的影响

材料的物理和机械性能对切削加工性影响很大，但物理和机械性能是由材料的化学成分决定的。下面主要分析钢料中各种元素对切削加工性的影响。

① 碳。含碳量小于 0.15% 的低碳钢，塑性和韧性很高；含碳量大于 0.5% 的高碳钢，强度和硬度又较高。但在这两种情况下切削加工性都要降低。含碳量为 0.35%～0.45% 的中碳钢，切削加工性较好。这是对于一般正火或热轧状况下的碳素钢而言，对于加入了合金元素并经过不同热处理的钢材，其切削加工性还有更为复杂的情况。

② 锰。增加含锰量，则钢的硬度、强度提高，韧性下降。当钢的含碳量小于 0.2% 时，锰含量在 1.5% 以下范围内增加，可改善切削加工性。当增加含碳量或锰含量大于 1.5% 时，则切削加工性变坏。一般含锰量在 0.7%～1.0% 时切削加工性较好。

③ 硅。硅能在铁素体中固溶，故能提高钢的硬度。当含硅量小于 1% 时，钢在提高硬度的同时塑性下降很少，对切削加工性略有不利。此外，钢中含硅后热导率有所下降。当在钢中形成硬质夹杂物 SiO_2 时，使刀具磨损加剧。

④ 铬。铬能在铁素体中固溶，又能形成碳化物。当含铬量小于 0.5%，对切削加工性的影响很小。含铬量进一步增加，则钢的硬度、强度提高，切削加工性有所下降。

⑤ 镍。镍能在铁素体中固溶，使钢的强度和韧性均有所提高，热导率降低，使切削加工性变差。当含镍量大于 8% 后，形成了奥氏体钢，加工硬化严重，切削加工性就更差了。

⑥ 钼。钼能形成碳化物，能提高钢的硬度，降低塑性。含钼量在 0.15%～0.4% 范围内，切削加工性略有改善。大于 0.5% 后，切削加工性降低。

⑦ 钒。钒能形成碳化物，并能使钢的组织细密，提高硬度，降低塑性。当含量增多后使切削加工性变差，含量少时对切削加工性略有好处。

⑧ 铅。铅在钢中不固溶，呈单相微粒均匀分布，破坏了铁素体的连续性，且有润滑作用，故能减轻刀具磨损，使切屑容易折断，从而有效地改善了切削加工性。

⑨ 硫。它能与钢中的锰化合成非金属夹杂物 MnS，呈微粒均匀分布。MnS 的强度低，且有润滑作用。它破坏了铁素体的连续性，从而降低了钢的塑性，故能减小钢的加工变形，提高加工表面质量，改善断屑情况，减小刀具磨损，从而使切削加工性得到显著提高。

⑩ 磷。它存在于铁素体的固溶体内。增加钢中的含磷量，能提高强度、硬度，降低塑性、韧性，使钢变脆。含磷量应控制在 0.15% 以下，可通过"加工脆性"而使钢的切削加工性改善。但当含磷量大于 0.2% 时，由于脆性过大反而使切削加工性变差。

⑪ 氧。钢中含有微量的氧，能与其他合金元素化合成硬质夹杂物如 SiO_2、Al_2O_3、TiO_2 等，对刀具有强烈擦伤作用，使刀具磨损加剧，从而降低了切削加工性。

⑫氮。它在钢中会形成硬而脆的氮化物，使切削加工性变差。

为了改善钢的性能，钢中可加入一些合金元素，如铬（Cr）、镍（Ni）、钒（V）、钼（Mo）、钨（W）、锰（Mn）、硅（Si）和铝（Al）等。其中 Cr、Ni、V、Mo、W、Mn 等元素都能提高钢的强度和硬度，Si 和 Al 等元素容易形成氧化铝和氧化硅等硬质点使刀具磨损加剧。这些元素含量较低时（一般以 0.3% 为限），对钢的切削加工性影响不大。超过一定水准后，对钢的切削加工性是不利的。

钢中加入少量的硫、硒、铅、铋、磷等元素后，能稍稍降低钢的强度，同时又能降低钢的塑性，故对钢的切削加工性有利。例如，硫能引起钢的红脆性，但若适当提高锰的含量，可以避免红脆性。硫与锰形成的 MnS 以及硫与铁形成的 FeS 等，质地很软，可以成为切削时塑性变形区中的应力集中源，能降低切削力，使切屑易于折断，减少积屑瘤的形成，从而使已加工表面粗糙度值减小，减少刀具的磨损。硒、铅、铋等元素也有类似的作用。磷能降低铁素体的塑性，使切屑易于折断。

根据以上的事实，研制出了含硫、硒、铅、铋或钙等的易削钢。其中含硫的易削钢用得较多。

图 4-1 所示为各种化学元素对结构钢切削加工性的影响，图 4-2 所示为钢的各种金属组织的 v_c-T 关系。

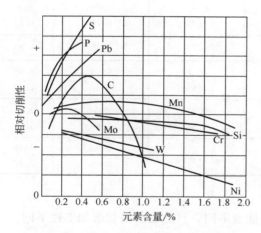

图 4-1　各元素对结构钢切削加工性的影响
＋表示切削加工性改善；－表示切削加工性变坏

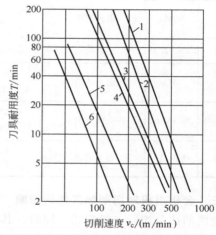

图 4-2　钢的各种金属组织的 v_c-T 关系
1—10% 珠光体；2—30% 珠光体；3—50% 珠光体；
4—100% 珠光体；5—回火马氏体 300HBS；
6—回火马氏体 400HBS

几种常用结构钢车削时的相对加工性见表 4-2。

2. 铸铁的化学成分的影响

铸铁的化学成分对切削加工性的影响，主要取决于这些元素对碳的石墨化作用。铸铁中碳元素以两种形式存在，与铁结合成碳化铁或作为游离石墨。石墨硬度很低，润滑性能很好，所以碳以石墨形式存在时，铸铁的切削加工性就高。而碳化铁的硬度高，加剧刀具的磨损，所以碳化铁含量越高，铸铁的切削加工性越低，应该按结合碳（碳化铁）的含量来衡量铸铁的加工性。铸铁的化学成分中，凡能促进石墨化的元素，如硅、铝、镍、铜、钛等都能提高铸铁的切削加工性；反之，凡是阻碍石墨化的元素，如铬、钒、锰、铂、钴、磷、硫等都会降低切削加工性。

表 4-2 几种常用结构钢的相对加工性

钢种	钢号	热处理方式	拉伸强度 σ_b/GPa	相对加工性 K_v		切削力修正系数
				高速钢车刀 $T=60\text{min}$	硬质合金车刀 $T=90\text{min}$	
碳素钢	8	正火或高温回火	0.313～0.411	0.88	0.88	1.0
	20	正火或轧制	0.411～0.539	1.0	1.0	1.0
	30	正火	0.441～0.539	2.0	2.0	0.75
	45	调质	0.637～0.727	1.25	1.25	0.95
		退火	0.588～0.686	1.25	1.25	0.9
		调质	0.686～0.784	1.0	1.0	1.0
		调质	0.784～0.838	0.83	0.83	1.05
	50	调质	0.838	0.77	0.77	1.1
	80	轧制	0.882	0.70	0.70	1.15
铬钼钢	30CrMo	正火调质	0.686～0.784	1.1	1.20	1.0
			0.882～0.980	0.77	0.73	1.2
锰钢	50Mn	退火调质	0.686～0.784	0.88	0.88	0.9
			0.833～0.931	0.70	0.70	1.15
镍铬钢	30CrNi3	调质	0.882～0.98	0.77	0.77	1.20
铬钢	45Cr	退火调质	0.784	1.0	0.93	1.03
			1.039	0.65	0.60	1.30
铬锰硅钢	30CrMnNi	正火回火调质	0.637～0.727	1.05	1.1	0.95
			0.980～1.078	0.55	0.60	1.30
铬钒钢	50CrV	退火调质	0.882		0.83	1.15
			1.274～1.372	0.83	0.40	1.15

三、金相组织对切削加工性的影响

金属的成分相同，但组织不同时，其力学性能也不同，自然也会使切削加工性不同。

1. 钢的不同组织对切削加工性的影响

钢的金相组织有铁素体、渗碳体、珠光体、索氏体、托氏体、奥氏体、马氏体等，其物理和机械性能如表 4-3 所示。

表 4-3 各种金相组织的物理和机械性能

金相组织	硬度（HBS）	σ_b/GPa	δ/%	k/[W/(m·℃)]
铁素体	60～80	0.25～0.30	30～50	77.00
渗碳体	700～800	0.030～0.035	极小	7.10
珠光体	160～260	0.80～1.30	15～20	50.20
索氏体	250～320	0.70～1.40	10～20	—
托氏体	400～500	1.40～1.70	5～10	—
奥氏体	170～220	0.85～1.05	40～50	—
马氏体	520～760	1.75～3.10	3.8	—

① 铁素体。由于铁素体含碳很少，故其性能接近于纯铁，是一种很软而又很韧的组织。在切削铁素体时，虽然刀具不易被擦伤，但与刀面冷焊现象严重，使刀具产生冷焊磨损。又容易产生积屑瘤，使加工表面质量恶化，故铁素体的切削加工性并不好。通过热处理（如正火）或冷作变形，提高其硬度，降低其韧性，可使切削加工性得到改善。

② 渗碳体。渗碳体的硬度很高，塑性极低，强度也很低。如钢中渗碳体含量较多，则刀具被擦伤和磨损很严重，使已加工性恶化。通过球化退火，使网状、片状的渗碳体变为小而圆的球形组织混在软基体中，使切削变得容易，从而可以改善钢的切削加工性。

③ 珠光体。片状珠光体的硬度较高，刀具磨损较大，但加工表面光洁，粗糙度小。球状珠光体的硬度较低，刀具的磨损较小，刀具使用寿命长。由于珠光体的硬度、强度和塑性都比较适中，当钢中珠光体与铁素体数量相近时，其切削加工性良好。

④ 索氏体和托氏体。索氏体是细珠光物组织，硬度和强度比一般珠光体高，而塑性有所降低。托氏体是极细的珠光体组织，硬度和强度进一步提高，塑性进一步降低。这两种组织中，渗碳体高度弥散，塑性较低，在精加工时可得到良好的已加工表面质量。但其硬度较高，故比较难加工，切削速度必须适当降低。

⑤ 奥氏体。奥氏体的硬度并不高，但塑性和韧性很高，切削时变形、加工硬化以及与刀面之间的冷焊都很严重，因此切削加工性较差。

⑥ 马氏体。马氏体的特点是呈针状分布，它具有很高的硬度和拉伸强度，但塑性和韧性很低。马氏体的切削加工性很差。具有马氏体组织的淬火钢很难用普通刀具材料进行切削加工，通常是采用磨削。

如果条件允许，可用热处理的方法改变金相组织来改善金属的切削加工性。

2. 铸铁的金相组织对切削加工性的影响

铸铁按金相组织来分，可分成白口铸铁、麻口铸铁、珠光体灰铸铁、灰铸铁、铁素体灰铸铁和各种球墨铸铁（包括可锻铸铁）等。

白口铸铁是铁水急剧冷却后得到的组织，它的组织中有少量碳化物，其余为细粒状珠光体。珠光体灰铸铁的组织是珠光体及石墨。灰铸铁的组织为较粗的珠光体、铁素体及石墨。铁素体的灰铸铁的组织为铁素体及石墨。球墨铸铁中碳元素大部分以球状石墨的形态存在，这种铸铁的塑性较大，切削加工性也大有改进。铸铁的组织比较疏松，内含游离石墨，塑性和强度也都较低。铸铁表面往往有一层带型砂的硬皮和氧化层，硬度很高，对粗加工刀具是很不利的。切削灰铸铁时常得到崩碎切屑，切削力和切削热都集中作用在刀刃附近，这些对刀具都是不利的，所以加工铸铁的切削速度都低于钢的切削速度。

铸铁的相对加工性见表 4-4。

表 4-4　铸铁的相对加工性

铸铁种类	铸铁组织	硬度（HBS）	延伸率 δ/%	相对加工性 K_v
白口铸铁	细粒珠光体＋碳化铁等碳化物	600	—	难切削
麻口铸铁	细粒珠光体＋少量碳化铁	263	—	0.4
球光体灰铸铁	珠光体＋石墨	225	—	0.85
灰铸铁	粗粒珠光体＋石墨＋铁素体	190	—	1.0
铁素体灰铸铁	铁素体＋石墨	100	—	3.0
球墨铸铁	石墨为球状 （白口铸铁经长时间退火后变为可锻铸铁，碳化物析出球状石墨）	265	2	0.6
		215	4	0.9
		207	17.5	1.3
		180	20	1.8
		170	22	3.0

微量稀土元素对金属的力学性能及组织有很大的影响，所以稀土元素对切削加工性的影响，应该另行分析。

四、切削条件对切削加工性的影响

切削条件特别是切削速度对材料加工性有一定的影响。例如，在用硬质合金刀具切削铝硅压模铸造合金（铝-硅-铜、铝-硅、铝-硅-铜-铁-镁等）时，在切削速度较低的情况下，当工件材料不同时，对刀具磨损几乎没有重要的不同影响。但在切削速度提高时，高硅含量的促进磨损效应变得重要起来，每增加 1% 含量的硅，v_c-T 关系曲线（在对数坐标上）的陡度增加 4.2°，对于超共晶合金来说，试验证明有一个切削速度提高的限度，该限度取决于伪切屑的出现。伪切屑是由于工件材料的热力超负荷所致，常在刀具后刀面与工件间出现，这将使已加工表面粗糙度严重变坏。

第三节　改善工件材料切削加工性的措施

工件材料切削加工性往往不符合使用部门的要求，为改善工件材料切削加工性以满足加工部门的需要，在保证产品和零件使用性能的前提下，应通过各种途径，采取措施达到改善切削加工性的目的。常用的措施有以下几方面。

一、调整工件材料的化学成分

在钢中加入一些合金元素来改善其力学性能。常用的合金元素有铬、镍、钒、钼、钨、锰、硅和铝。这些合金元素的作用分别为：铬，能提高硬度和强度，但韧性要降低，易于获得较低的表面粗糙度值和较易断屑；镍，能提高韧性及热强性，但热导率将明显下降；钒，能使钢组织细密，在低碳时强度、硬度提高不明显，中碳时能提高钢的强度；钼，能提高强度和韧性，对提高热强性有明显影响，但热导率将降低；钨，对提高热强性及高温硬度有明显作用，但也显著地降低热导率，在弹簧钢及合金工具钢中能提高强度和硬度；锰，能提高强度和硬度，韧性略有降低；硅和铝，容易形成氧化铝及氧化硅等高硬度的夹杂物，会加剧刀具磨损，同时硅能降低热导率。

从提高切削速度和降低切削力的角度看，上述各种元素含量希望少一些；但从降低表面粗糙度值而言，某些元素（如铬）含量希望多些。

碳素钢的强度、硬度随含碳量的增加而提高，而塑性、韧性则降低。低碳钢的塑性、韧性较高，高碳钢的硬度及强度较高，都给切削加工带来一定困难。中碳钢的硬度、强度、塑性、韧性均居于高碳钢与低碳钢之间，故加工性较好。

钢中如加入硫、硒、铅、铋、磷等元素对改善切削加工性是有利的。如硫、铅使材料结晶组织中产生一种有润滑作用的金属夹杂物（如硫化锰）而减轻钢对刀具的擦伤能力，减少了组织结合强度，从而改善切削加工性。铅造成组织结构不连接，有利于断屑，铅能形成润滑膜，减少摩擦系数，一般易切钢常会有这类元素，但是这类元素会略降低钢的强度。

铸铁的切削加工性好坏主要取决于游离石墨的多少。当含碳量一定时，游离石墨多，则碳化铁就少。碳化铁很硬，会加速刀具的机械磨损，而石墨很软，且有润滑作用。所以铸铁的化学元素中，凡能促进石墨化的元素，如硅、铝、镍、铜、钛等都能改善铸铁的加工性；反之，凡是阻碍石墨化的元素，如铬、钒、锰、钼、钴、磷、硫等都会降低其切削加工性。同样成分的材料，当金相组织不同时，它们的力学性能就不同，因而加工性就有差异。

若在钢中适当添加一些化学元素，如 S、Pb 等，可使材料结晶组织中产生硫化物，减少组织结合强度。此外，铅造成组织结构不连接，有利于断屑，铅能形成润滑膜，减小摩擦系数。易切钢中的添加元素几乎都不能与钢基体固溶，而是以金属或非金属夹杂物的状态分布，在基体中，就是这些夹杂物使切削加工性得以改善。在铸铁中加入合金元素铝、铜等能分解出石墨元素，易于切削。

二、改变工件材料的金相组织

同样成分的材料，当金相组织不同时，它们的物理和力学性能就不同，加工性就有差别。图 4-3 所示为几种不同显微组织的钢对刀具耐用度的影响。由图 4-3 可知，当钢的显微组织中含珠光体比例越大时，VT 越小。这是由于珠光体的强度、硬度都比铁素体高的缘故。回火马氏体的硬度又比珠光体高，故回火马氏体的切削加工性比珠光体差。

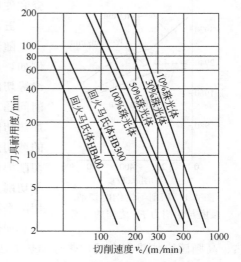

图 4-3　几种不同显微组织的钢对刀具耐用度的影响

对于中碳钢和合金结构钢来说，退火和正火状态时显微组织是铁素体加珠光体；调质状态时，显微组织是铁素体和较细的粒状渗碳体所组成的回火索氏体；淬火及低温回火的淬硬状态时，显微组织是回火马氏体。它们的硬度是依次递增的。

奥氏体钢的硬度、强度、韧性都比低碳钢高，而热导率小，在加工变形过程中，它会析出细小的弥散粒子，其擦伤能力和强度都很高，所以比较难加工。

金相组织对加工性影响的另一方面是它的形状和大小。如珠光体有片状、球状、片状加球状、针状等，其中针状的硬度最高，对刀具磨损最大；球状的硬度最低，对刀具磨损最小。所以对高碳钢进行球化退火，可以改善其切削加工性。

铸铁分为白口铸铁、麻口铸铁、灰铸铁和球墨铸铁等，其切削加工性依次增高。这是因为它们的塑性依次递增而硬度递减的关系。

由此可知，通过热处理改变材料的金相组织是改善材料切削加工性的主要方法。例如，低碳钢通过正火以提高其硬度，降低塑性、韧性，使它与刀具由于黏结而产生的黏结磨损或扩散磨损减少，从而提高 VT，并且减少出现鳞刺和积屑瘤的可能性，因而提高加工表面质量，改善了低碳钢的切削加工性。高碳钢通过退火处理，降低硬度后易于切削；高强度合金钢通过退火、回火或正火处理可改善其切削加工性；白口铸铁可通过在 950～1000℃下长期退火而变成可锻铸铁，使切削过程较易进行。加工 2Cr13 不锈钢时，可通过调质提高其硬度至 28HRC，降低塑性，使加工表面粗糙度获得提高。

三、选择切削加工性好的材料状态

低碳钢塑性太大，加工性不好，但经冷拔之后，塑性便大大降低，可以改善切削加工性。锻造的坯件由于余量不均匀，而且不可避免地有硬皮，因而加工性不好。若改用热轧钢，则加工性可获改善。

四、合理选择刀具材料

根据加工材料的性能和要求，应选择与之匹配的刀具材料。例如，切削含钛元素的不锈钢、高温合金和钛合金易与刀具材料中钛元素产生亲和作用，因此适宜用 YG（K）硬质合金刀具切削，其中选用 YG 类中的细颗粒牌号，能明显提高刀具寿命。由于 YG（K）类的耐冲击性能较高，故也可用于加工工程塑料和石材等非金属材料，Al_2O_3 基陶瓷刀具切削各种钢和铸铁，尤其对切削冷硬铸铁效果良好。Si_3N_4 基陶瓷能高速切削铸铁、淬硬钢、镍基合金等。立方氮化硼铣刀高速铣削 60HRC 模具钢的效率比电火花加工高 10 倍，表面粗糙度达 $Ra1.8\sim2.3\mu m$。金刚石涂层刀具在加工未烧结陶瓷和硬质合金时，效率比硬质合金刀具高数十倍。

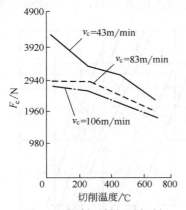

图 4-4　切削不锈钢时切削温度与切削力 F_c 之间的关系

五、采用新的切削加工技术

随着切削加工的发展，一些新的加工方法研制成功，例如，加热切削、低温切削、振动切削、在真空中切削和绝缘切削等，其中有的方法可有效地解决难加工材料的切削问题。例如，对耐热合金、淬硬钢和不锈钢等材料进行加热切削。通过切削区域中工件上温度增高，能降低材料的剪切强度，减小接触面之间的摩擦系数，因此，可减小切削力而易于切削。图 4-4 所示为切削不锈钢时切削温度与切削力 F_c 之间的关系。加热切削能减小冲击振动，使切削平稳，从而提高刀具寿命。

加热是在切削部位处加工工件上进行，可采用电阻加热、高频感应加热和电弧加热等加热方法。

加热切削时可采用硬质合金刀具或陶瓷刀具。加热切削需附加加热装置，故成本较高。

第四节　几种难加工材料的切削加工性

一般将相对切削加工性等级在 5 级以上的材料称为难加工材料。

难加工材料种类繁多，性能各异。为了研究它们的加工方法，必须将材料归纳分类。常用的分类方法主要是根据材料的化学成分、力学性能和用途来分，虽然这种划分对研究加工方法来说不是最好的，但是它和一般材料手册的分类方法基本相同，便于考察。目前我国机械加工工业中，难加工材料大约有高锰钢、高强度钢、不锈钢、纯金属、高温合金和钛合金。

一、高锰钢的切削加工性

钢中锰含量为 $11\%\sim14\%$ 的称为高锰钢。

常用高锰钢的牌号及适用范围：ZGMn13-1（C $1.10\%\sim1.50\%$）用于低冲击件，ZGMn13-2（C$1.00\%\sim1.40\%$）用于普通件，ZGMn13-3（C$0.90\%\sim1.30\%$）用于复杂件，ZGMn13-4（C$0.90\%\sim1.20\%$）用于高冲击件。以上 4 种牌号钢的锰含量均为 $11.0\%\sim14.0\%$。

1. 高锰钢切削加工困难的原因

① 高锰钢极易加工硬化，因而很难加工，塑性变形会引起奥氏体组织转变为细晶粒马氏体组织，使硬度由 $180\sim220$HBW 增加到 $450\sim500$HBW。绝大多数是铸件，极少量用锻压方法加工。高锰钢的铸造性能较好。钢的熔点低（约为 1400℃），钢的液、固相线温度间隔较小（约为 50℃），钢的导热性低，因此钢水流动性好，易于浇注成型。

② 高锰钢的线胀系数约为 $20\times10^{-8}℃^{-1}$，与黄铜相似。在切削温度作用下，工件局部很快膨胀，影响加工精度。高锰钢的线胀系数为纯铁的 1.5 倍、碳素钢的 2 倍，故铸造时体积收缩和线收缩率均较大，容易出现应力和裂纹。

③ 韧性大。韧性约为 45 钢的 8 倍，伸长率大，使切削力大，且不易断屑。当温度超过 600℃ 时，伸长率会很快增长，使切削更加困难。

2. 加工高锰钢时可以采取的措施

① 刀具方面。采用强度与韧性较好的硬质合金 YG 类或 YW 类；采用较大的前角 γ_o 和 $-20°\sim30°$ 的刃倾角，以增强切削刃和改善散热条件，并使切削刃保持锋利。

② 切削用量方面。采用低的切削速度（$v_c=20\sim40\text{m/min}$），以免切削温度过高；采用大的进给量（$f=0.2\sim0.8\text{mm/r}$），使切削厚度较厚，避免引起大的加工硬化；采用较大的背吃刀量（$a_p=1\sim3\text{mm}$），以免切削刃在硬化层中工作。

二、不锈钢的切削加工性

不锈钢常按组织状态分为马氏体钢、铁素体钢、奥氏体钢、奥氏体-铁素体（双相）不锈钢及沉淀硬化不锈钢等。另外，可按成分分为铬不锈钢、铬镍不锈钢和铬锰氮不锈钢等。还有用于压力容器的专用不锈钢（GB 24511—2017《承压设备用不锈钢和耐热钢钢板和钢带》）。

1. 不锈钢切削加工困难的原因

① 切削温度高。不锈钢在切削加工时会产生较大韧性变形，与刀具摩擦产生大量的切削热，而不锈钢导热性差，使热量集中在切削区难以散发。

② 加工硬化严重。不锈钢切削时，表面会产生强烈的塑性变形，使表面强度和硬度均有很大提高，从而导致严重加工硬化，其中奥氏体不锈钢＋铁素体不锈钢硬化最为突出，原因是奥氏体不锈钢不稳定，部分奥氏体在切削力作用下会转变为马氏体。

③ 切削力大。不锈钢切削时，较大的塑性变形使刀具加工时切削力增大；另外，不锈钢切削的加工硬化严重、热强度高等特点也是切削力增大的原因。

④ 不锈钢的塑性大、韧性大，使得切削加工时不易断屑，不仅影响加工，还会造成切屑挤伤已加工表面。

⑤ 切屑易黏结，刀具易磨损。不锈钢在高温高压下与其他金属的亲和性强，从而使刀具与切屑间易产生黏结、扩散，致使刀具产生黏结磨损，并导致加工表面质量恶化。

⑥ 线胀系数大。不锈钢线胀系数约为碳素钢的 1.5 倍，切削过程中容易产生热变形，尺寸精度难以控制。

2. 加工不锈钢可以采取的措施

① 对马氏体不锈钢进行调质处理，对奥氏体不锈钢进行 $850\sim950℃$ 退火处理。

② 刀具方面。选用 YG 类硬质合金刀具材料，以减少黏结；采用大前角（$25°\sim30°$），以减少加工硬化；采用较小主偏角，以增强刀具传热能力；不锈钢切屑强韧，故应对断屑、卷屑、排屑采取相应措施。

③ 切削用量方面。为减少黏结现象，可采用较高或较低的切削速度。

思考题与习题

4-1 工件材料切削加工性为什么是相对的？用什么指标来衡量工件材料切削加工性？怎样评价工件材料切削加工性？

4-2 怎样通过分析影响工件材料切削加工性的因素来探讨改善工件材料切削加工性的途径？

4-3 举例说明难加工金属材料的切削加工性，并归纳出其特点是什么？

第五章 切 削 液

金属切削加工中，正确选用切削液对降低切削温度，减少刀具磨损，提高刀具耐用度，改善加工表面质量，保证加工精度，提高生产率，都有非常重要的作用。切削液的种类很多，使用方法也各不相同，特别是近年来新型的切削液不断出现，对于切削液作用机理的研究，更是富有成果。本章将介绍切削液的种类、作用、添加剂的选用等知识。

第一节 切削液的种类和作用

生产中常用的切削液有以冷却为主的水溶性切削液和以润滑为主的油溶性切削液。

一、水溶性切削液

水溶性金属切削液最大特点是散热快、成本低。但容易受细菌影响，排放后处理费用高。随着抗菌剂等研究的深入和排放后处理工艺的完善，水溶性加工液在越来越多的场合取代了非水溶性加工液。目前市场上的水溶性加工液除了需具备良好的冷却性，还具备下列特点：在高速剪切操作条件下能与水形成稳定的混合物；能承受杂质油的影响；乳化性能稳定，抗细菌、霉菌，不产生有害气体；符合毒性和环保要求。

水溶性切削液主要分为合成切削液、乳化液和水溶液。

1. 合成切削液

合成切削液是国内外推广使用的高性能切削液，它是由水、各种表面活性剂和化学添加剂组成，它具有良好的冷却、润滑、清洗和防锈性能，热稳定性好，使用周期长等特点。国外的使用率达到 60%，国内工厂使用也日益增多。

例如，高速磨削切削液适用于磨削速度 80m/s，用它能提高磨削用量和延长砂轮寿命；H1L-2 不锈钢合成切削液适用于对不锈钢和钛合金等难加工材料的钻孔、铣削和攻螺纹，它能减少切削力和延长刀具寿命，并可获得较小的加工表面粗糙度。

2. 乳化液

乳化液是水和乳化油经搅拌后形成的乳白色液体。乳化油是一种油膏，它由矿物油和表面活性乳化剂（石油磺酸钠、磺化蓖麻油等）配制而成，表面活性剂的分子上带极性一端与水亲和，不带极性一端与油亲和，使水油均匀混合，并添加乳化稳定剂（乙醇、乙二醇等），不使乳化液中油、水分离。

乳化液的用途很广，其中有自行配制成含较少乳化油的低浓度乳化液，它起冷却作用，用于粗加工和普通磨削加工中；高浓度乳化液以润滑作用为主，用于精加工和复杂刀具加工中。表 5-1 中列出了加工碳钢时，不同浓度乳化液的用途。

表 5-1 乳化液选用

加工要求	粗车、普通磨削	切削	粗铣	铰孔	拉削	齿轮加工
乳化液的浓度	3%～5%	10%～20%	5%	10%～15%	10%～20%	15%～20%

乳化液可以分成防锈乳化液、清洗乳化液、极压乳化液和透明乳化液 4 类。极压乳化液润滑性能比其他乳化液好得多，在有些场合可代替切削油。提高乳化油中乳化剂的含量、乳化液浓度，形成细小的油滴，就成为透明乳化液。透明乳化液特点是便于观察，清洗性好，不易堵塞砂轮，可用于精磨工序。

3. 水溶液

水溶液是以软水为主并加入防锈剂、防霉剂等制成的溶液。为了提高磨削时的清洗能力，可加入清洗剂；为具有一定的润滑性，还可加入油性添加剂，如聚乙二醇、油酸等。此种水溶液既有良好的冷却性，又有一定的润滑性，并且溶液透明，操作时便于观察，不易堵塞砂轮，在某些情况下可代替乳化液，用于磨削和其他切削加工。

离子切削液是一种新型切削液，其母液是由阴离子表面活性剂、非离子性表面活性剂和无机盐配制而成。这种切削液有良好的冷却作用，使刀尖和刀具在切削中不产生高热，提高刀具耐用度达一倍以上。

二、油溶性切削液

油溶性切削液主要有切削油和极压切削油两种。其特性是：在机械加工中质量稳定；具有良好的润滑性和切削性；使用寿命长，并能再生利用；除偶尔需要对切削液过滤外，平时不需对切削液进行混合及维护；不受细菌侵蚀影响，几乎不会引起皮肤病；使用中如混入其他润滑剂，除会降低添加剂浓度外，无其他不良影响。其缺点是冷却性差，而且高温下易挥发，产生油雾，污染环境，必须安装排油污设备。

1. 切削油

切削油中有矿物油、动植物油和复合油（矿物油与动植物油的混合油），其中常用的是矿物油。

矿物油包括机械油、轻柴油和煤油等。它的特点是：热稳定性好，资源丰富，价格便宜，但润滑性较差。主要用于切削速度较低的精加工、有色金属加工和易切钢加工。机械油的润滑作用较好，故普通精车、螺纹精加工中使用甚广。煤油的渗透作用和冲洗作用较突出，故精加工铝合金、精刨铸铁和用高速钢铰刀铰孔中，均能减小加工表面粗糙度，延长刀具寿命。

2. 极压切削油

极压切削油是在矿物油中添加氯、硫、磷等极压添加剂配制而成。它在高温下不破坏润滑膜，并具有良好的润滑效果，故被广泛使用。氯化切削油主要含氯化石蜡、氯化脂肪酸等，由它们形成的化合物，如 $FeCl_2$，其熔点为 600℃，摩擦系数小，润滑性能好，适用于切削合金钢、高锰钢及其他难加工材料。氯化切削油在加工钢材时，耐高温 350℃。

硫化切削油是在矿物油中加入含硫添加剂（硫化鲸鱼油、硫化棉籽油等），含硫量为 10%～15%，在切削时，高温作用下形成硫化铁（FeS）化学膜，其熔点在 1100℃以上，因此，硫化切削油能耐 750℃高温。

在硫化切削油中，JQ-1 精密切削润滑剂用于对 20 钢、45 钢、40Cr 钢和 20CrMnTi 等材料的钻、铰、铣和齿轮加工，均可获得很小加工表面粗糙度，并延长刀具寿命。

三、固体润滑剂

目前所用的固体润滑剂主要以二硫化钼（MoS_2）为主。二硫化钼形成的润滑膜具有极低的摩擦系数（0.05～0.09）、高的熔点（1185℃），因此，高温不易改变它的润滑性能，具有很高的抗压性能和牢固的附着能力，较高的化学稳定性和温度稳定性。生产应用中有油剂、水剂和润滑脂三种，应用时，将二硫化钼与硬脂酸及石蜡做成蜡笔，涂在刀具表面。也可混合在水中或油中，涂抹在刀具表面，以涂抹法为主。

采用 MoS_2 能防止黏结和抑制积屑瘤形成，减小切削力，能显著地延长刀具寿命和减小加工表面粗糙度。在生产中使用表明，它用于车、钻、铰孔、深孔、攻螺纹、拉、铣等加工中均能获得良好的效果。

四、切削液的作用

切削液的主要作用为润滑作用和冷却作用，加入特殊添加剂后，还可以起到清洗和防锈的作用，以保护机床、刀具、工件等不被周围介质腐蚀。

此外，切削液因无色、无气味，其化学稳定性好，不影响人体健康。

1. 润滑作用

切削液在刀具与切屑、工件的接触面上形成吸附薄膜，起到润滑作用，减小金属与金属之间的直接接触面积，降低摩擦力和摩擦系数，增大剪切角，缩短刀具与切屑接触长度，因而减小切屑变形，抑制积屑瘤生长，减小加工表面粗糙度。同时，还可减小切削功率，降低切削温度，提高刀具耐用度。切削液的润滑效果见表 5-2。

表 5-2　切削液的润滑效果

切削液名称	剪切角 ϕ	变形系数 ξ	摩擦系数 μ
干切削	$15°15'$	2.9	0.90
乳化液	$22°50'$	2.7	0.83
硫化脂肪油＋矿物油（非活性）	$24°20'$	2.6	0.72
菜籽油	$25°12'$	2.3	0.68
氯化硫化矿物油	$25°30'$	2.2	0.66

注：刀具：高速钢，$\gamma_o = 15°$ 自由切削。工件：10 钢。切削用量：$a_p = 0.25mm$，$v = 15m/min$。

2. 冷却作用

切削液的冷却作用是将产生的切削热迅速从切削区带走，以降低切削的最高温度，延长刀具耐用度，减小工件热变形，提高加工精度。

切削液的冷却性能取决于它的热导率、比热容、汽化热、流量、流速等。切削液的冷却作用主要靠热传导。水的热导率为油的 3～5 倍，比热容约大一倍，故冷却性能比油好得多。切削液本身的温度对刀具耐用度也有影响，油温太高，冷却作用小；油温太低，则黏度大、流动性差，冷却效果也不好。喷雾冷却是利用汽化时大量吸热降低切削温度，水的汽化热是油的 6～12 倍。乳化液的冷却性能介于油和水之间，接近水。切削用量不同，冷却液的冷却效果有明显差别，如图 5-1 所示。

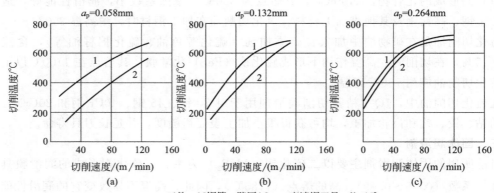

工件：15钢管，壁厚4.8mm；高速钢刀具，$\gamma_o = 15°$

图 5-1　切削液的冷却效果

1—干切削；2—乳化液

3. 清洗作用

在金属切削加工过程中，经常产生一些细小的切屑、金属粉末及砂轮砂粒灰末等，在切削加工铸铁和磨削加工时尤其严重。为了防止这些细小切屑及粉末互相黏结或黏结在工件、刀具、模具上，影响工件的表面粗糙度、精度、刀具的使用寿命，要求金属加工液具有良好的清洗作用。加工液的清洗作用表现在两个方面：一是减少细小切屑及粉末的黏结以利清洗；二是利用金属加工液的清洗作用将这些切屑和灰末冲走。一般而言，合成加工液比乳化液和切削油清洗作用好，乳化液浓度越低，清洗作用越好。

4. 防锈作用

为使工艺系统不受周围介质（如手汗、氧、潮气等）的腐蚀，金属加工液必须具有防锈且无腐蚀性，对各种材料（如工件材料、刀具材料、各种金属、管材和机床表面镀层和油漆等）不产生腐蚀。金属加工液防锈作用的好坏，取决于加工液本身的组成成分（如加入防锈添加剂等），如在水溶液加工液、乳化液中添加亚硝酸钠，可提高对钢铁的防锈作用；添加苯甲酸钠、磷酸盐，可提高对钢铁及不少有色金属的防锈作用；添加苯骈三氮唑，可提高铜及其合金的防锈作用。加工液的 pH 值一般都要求为 $7.5 \sim 8.5$，偏碱性，碱性大对钢铁防锈有利，但对铜、铝等有色金属的防锈不利。

金属加工液的润滑、冷却、清洗、防锈 4 个作用并不是孤立的，它们有统一的一面，又有对立的一面，总而言之，油基金属加工液的润滑、防锈作用较好，但冷却、清洗作用较差；水溶液金属切削液的冷却、清洗作用较好，润滑、防锈作用较差，但加入适宜添加剂后，其润滑、冷却、清洗、防锈等作用均可得到改善。

第二节　切削液的润滑机理

在边界润滑条件下，切削液渗入切削区的途径见图 5-2。切屑与前刀面之间存在着微小的间隙，将形成毛细管现象，在间隙与大气压之间有气压差，切屑与前刀面之间的相对运动将形成泵吸作用；在切削区的工件表面剪切面上，存在着许多微小裂纹。由于切削热的作用，汽化的切削热分子直接从这些裂纹渗透并吸附在表面内和剪切面上，能够降低表面能，防止裂纹的再熔焊，以及减少工作的塑性变形抗力。

通过上述途径渗透的切削液，在刀具与切屑、工件的接触面上形成吸附薄膜，起到润滑作用，减少金属与金属直接接触的面积，降低摩擦力和摩擦系数，增大剪切角，缩短刀具与切屑接触长度，因而减少切屑变形，抑制积屑瘤的生长，减少加工表面粗糙度；同时，还可减小切削功率，降低切削温度，提高刀具耐用度。

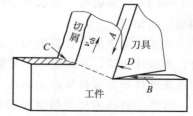

图 5-2　切削液渗入的途径

影响切削液润滑性能的因素如下。

① 切削液的润滑性能与切削液的渗透有关，而液体的渗透性又取决于它的表面张力和黏度，表面张力和黏度大时，渗透性差。

② 切削液的润滑性能与形吸附膜的牢固程度有关，润滑薄膜是由物理吸附和化学反应两种作用形成的。物理吸附主要靠切削液中的油性添加剂，如动植物油及油酸、胺类、醇类及脂类等起作用。但油性添加剂与金属形成的吸附薄膜只能在低温下（200℃以内）起到较好的润滑作用。随着温度的升高，将因薄膜破裂而失去其润滑效果。化学作用主要靠含硫、

氯等元素的极压添加剂与金属表面起化学反应，生成化合物而成化学薄膜。它可以在高温下（根据添加剂不同，可达 400～800℃）使边界润滑层有较好的润滑性能。

③ 切削液的润滑性能还与切削速度有关，因为切削速度对切削温度影响最大，而且还影响切削液渗透的时间。一般而言，切削速度越高，切削液的润滑效果越低。因此，高速切削时，由于变形较小，剪切角较大，也不易产生积屑瘤，加工表面粗糙度较小，此时，主要应考虑切削液的冷却作用，这对降低切削温度，提高刀具耐用度将有显著效果。

第三节　切削液的添加剂

切削液中加入各种化学物质，对于改善它的作用和性能影响极大，所加的化学物质统称为添加剂。添加剂主要有油性添加剂、极压添加剂、表面活性剂和其他添加剂，添加剂对切削液的分类和选用也有影响。

一、油性添加剂

油性添加剂含有极性分子，能与金属表面形成牢固的吸附薄膜，它使金属加工处于边界润滑的状态。由于物理、化学吸附作用使吸附润滑膜强化，使它在金属加工过程主要起渗透和润滑作用，降低加工液与刀具、工件、模具、切屑的界面张力，使加工液很快渗透到加工区域，减小前刀面与切屑、后刀面与工件接触面的摩擦。这种添加剂主要用于低速精加工，主要有动植物油（如豆油、菜籽油、猪油等）、脂肪酸、胺类、醇类及脂类等。

二、极压添加剂

在高温、高压下的边界润滑称为极压润滑状态。极压添加剂主要是维持、加强切削液润滑膜的强度，常在难加工材料的金属切削液中添加这种添加剂。常用的极压添加剂是含硫、磷、氯、碘等的有机化合物，这些化合物在高温下与金属表面起化学反应，形成化学润滑膜。它比物理吸附更耐高温，可在边界润滑状态下防止金属界面间直接接触，减少摩擦，保持润滑。

常用的含氯极压添加剂有石蜡、氯化脂肪酸及脂酸等。氯的化学活性很强，在 200～300℃时能与金属表面起化学反应，生成氯化物。这些化合物剪切强度和摩擦系数小，但 300～400℃时易破坏，遇水易分解，失去润滑作用，同时对金属有腐蚀作用，必须与防锈添加剂一起使用。

在矿物油中加入含硫的极压添加剂可直接配成极压切削油，这种极压切削油与金属化合，形成硫化铁，在高温下不易破坏，切钢时能在 1000℃左右保持其润滑性能，在高温中切削条件优于含氯极压添加剂。

含磷的极压添加剂与金属起化学反应，生成磷酸铁膜，具有比硫、氯更良好的降低工件、切屑、刀具、模具之间金属表面直接摩擦作用，可以有效地延长刀具的使用寿命，降低工件表面粗糙度值和提高工件精度。加工无磁性钢用含磷的极压切削液与其他类型的切削液相比，刀具的耐用度提高 2～3 倍。

为改善切削液性能，可根据具体要求，加入一种或几种极压添加剂，以形成牢固的化学润滑膜。

三、表面活性剂

乳化剂是一种表面活性剂，它使矿物油和水乳化，形成稳定乳化液的添加剂。表面活性剂是一种有机化合物，其分子由极性基团和非极性基团两部分组成。前者亲水，可溶于水；

后者亲油，可溶于油。因此，加入表面活性剂后，它能定向排列并吸附在油水两极界面上，极性端向水，非极性端向油，把油水连接起来，降低油水的界面张力，以微小的颗粒稳定地分散在水中，形成稳定的水包油（O/W）乳化液；反之，则为油包水（W/O）乳化液，金属切削使用的是水包油乳化液。

表面活性剂在乳化液中除起乳化作用外，还能吸附在金属表面形成润滑膜，起润滑作用。

表面活性剂的种类很多，配置乳化液时，应用最广泛的是阴离子型和非离子型。前者如石油磺酸钠、油酸钠皂等。其乳化性能好，并有一定的润滑和清洗性能，有的还有一定的防锈性能。后者如聚氯乙烯、脂肪、醇、醚等，它不怕硬水，也不受 pH 值限制，而且分子中亲水、亲油基可根据需要加以调节。

单独使用一种表面活性剂难以配成稳定的乳化液，最好使用两种以上，有时还要加入适量的稳定剂，如乙二醇、正丁醇等，以改善和提高乳化液的稳定性。

除上述各种添加剂外，还有防锈添加剂（如亚硝酸钠、石油磺酸钠等）、抗泡沫添加剂（如二甲基硅油）、防霉添加剂（如苯酚）等。根据具体要求，综合加入几种添加剂，可得到效果较好的切削液。

第四节　切削液的选用

在金属切削形成过程中，正确地选用金属加工液，可延长刀具使用寿命 2～5 倍，降低工作表面粗糙度 1～3 级，减少加工功率 10%～30%，降低加工区域的温度 500～1000℃。因此，如何正确选用金属加工液来达到理想的效果，除取决于金属加工液本身的各种性能以外，一般来讲，还应根据工件材质、加工方式、刀具、模具材质等因素综合考虑，对加工区域的冷却、润滑、清洗、防锈 4 个方面作用的要求，应有所侧重，合理选用。

一、金属切削液选用的原则

在某一加工工序中需要使用的切削液可根据以下几方面因素来考虑。

① 改善材料切削加工性能，减少切削力和摩擦力抑制积屑瘤及鳞刺的生长以降低工件加工表面粗糙度值，提高加工尺寸精度，降低切削温度，延长刀具耐压度。

② 改善操作性能，冷却工作，使其容易装卸，冲走切屑，避免过滤器或管道堵塞；减少冒烟、飞溅、起泡、特殊臭味，使工作环境符合卫生安全规定，不引起机床及工件生锈，不损伤机床油漆；不易变质，便于管理，对废液易于处理；不引起皮肤过敏，对人体无害等。

③ 经济效益及费用的考虑，包括购买切削液的费用、补充费用、管理费用及提高效益、节约费用等。

④ 考虑劳动安全卫生法规、消防法规、污水排放法规等。

二、粗加工切削液的选用

粗加工时，由于加工余量和切削量均较大，因此在切削过程中产生大量的切削热，易使刀具迅速磨损，这时应降低切削区域温度，所以应以冷却作用为主，并具有一定清洗、润滑和防锈性能金属切削液，以将大量的切削热及时带走，降低切削区域温度，提高刀具耐用度。

① 用高速工具钢刀具粗车或粗铣碳素钢时，应选用质量分数低的乳化液（如质量分数

为 3%～5%的乳化液），也可以选用合成切削液。

② 用高速工具钢刀具粗车或粗铣合金、铜及其合金工件时，应选用质量分数为 5%～7%的乳化液。

③ 粗车或粗铣铸铁时，由于铸铁中含有石墨，切削时石墨可起到固体润滑剂的作用，能减少摩擦。若使用油类切削液，会把崩碎切屑和砂粒黏结在一起，起到金刚砂研磨剂的作用，使刀具和机床导轨磨损，所以铸铁粗加工时，一般不用切削液。

④ 用硬质合金刀切削加工时，一般不加切削液，因为若切削液流量不足或不均，会造成硬质合金刀片冷热不均，产生裂纹，造成刀具报废。但在加工某些硬度高、强度大、导热性差的特殊工件材料（尤其是重切削）时，由于这时切削区域温度较高，会造成硬质合金刀片与工件材料中某些元素发生粘接和扩散现象，导致刀具迅速磨损，此时，应加注流量充足、均匀并以冷却作用为主的切削液，如质量分数为 2%～5%的乳化液或合成切削液，可显著降低切削区域温度，提高刀具耐用度。若切削液采用喷雾加注法，则切削效果更好。

三、精加工切削液的选用

精加工时，主要矛盾是保证工件的精度和降低工件表面粗糙度，以及提高刀具的耐用度。此时，除考虑刀具材质、工件材质、加工方式之外，还应考虑切削速度的变化，选用合适性能的金属切削液。

① 用高速钢刀具精车或精铣碳钢工件时，切削液应具有良好的渗透能力、良好的润滑性能和一定的冷却性能。在较低的切削速度（小于 10m/min）下，由于在切削过程中的机械磨损，因此要求切削液具有良好的润滑性和一定的流动性，使切削液能很快地渗透到切削区域，减小摩擦和黏结，抑制积屑瘤和鳞刺，从而提高工件的精度，降低表面粗糙度，提高刀具的耐用度。此时应选用质量分数为 10%～15%的乳化液，或质量分数为 10%～20%的极压乳化液。

② 用硬质合金刀具精加工碳素钢工件时，可以不用切削液，也可用质量分数为 10%～25%的乳化液，或质量分数为 10%～20%的极压乳化液。

③ 精加工铜及其合金、铝及其合金工件时，为了得到较低的表面粗糙度和较高的精度，可选用质量分数为 10%～20%的乳化液、煤油或质量分数为 50%的煤油及 L-AN10。

④ 精加工铸铁时，可选用质量分数为 7%～10%的乳化液或煤油，以降低工件表面粗糙度值。

四、半封闭加工切削液的选用

在深孔钻削、拉削、攻螺纹、铰孔等工序中，刀具往往在半封闭状态下工作，此时，排屑困难，刀具与切屑、工件摩擦产生的大量切削热不能及时传出，造成刀刃烧损并严重地影响工件表面粗糙度。尤其是在切削加工某些硬度高、强度大、韧性大、冷硬现象较严重的特殊材料时，上述问题更为突出。此时，除了合理地改变刀具的几何角度参数（如在刀具上开有排屑槽等），保证顺利地分屑、断屑、排屑之外，还应选用具有良好的润滑性和一定的冷却性和清洗性的切削液，对切削区域进行润滑、冷却，并将切屑冲刷出来，以降低切削区域温度和减小切削转矩，提高刀具耐用度，同时降低工件表面粗糙度值和提高加工精度。

五、切削难加工材料切削液的选用

所谓难加工材料是相对易于加工材料而言的，它与材料的成分、热处理工艺等有关。一般来讲，材料中含有铬、镍、钼、锰、钛、钒、铝、铌、钨等元素，均称为难切削材料。这些材料具有硬质点多、机械擦伤作用大、热导率低、切屑易散出等特点。因而在切削过程中处于极压润滑状态。切削难加工材料的切削液要求较高，切削液必须具有较好的润滑性和冷却性。

① 用超硬高速工具钢刀具切削难加工材料时，应选用质量分数为 10%～15% 的极压乳化液或极压切削油。

② 用硬质合金刀具切削难加工材料时，应选用质量分数为 10%～20% 的极压乳化液或硫化切削油。

这里应该指出有些工矿企业用动、植物油作为切削难加工材料的切削液，这就太浪费了。虽然动、植物油能作为切削难加工材料的切削液，并能达到切削效果，但是动、植物油的价格较高，许多又是食用油，且极易氧化变质，这样会增加生产成本。然而用极压切削油完全可以代替动、植物油，作为切削难加工材料的切削液，应该尽量少用或不用动、植物油作为切削液。

六、磨削加工切削液的选用

一般磨削加工的工件表面粗糙度值可达 $Ra0.4～0.05\mu m$，超精磨削加工的表面粗糙度值可达 $Ra0.025～0.008\ \mu m$。

车、铣、钻、磨等工序，一般工艺上都要求使用切削液，其中磨削加工切削液的使用量最大，大约占 83%，并且磨削加工对切削液的性能要求也较复杂。因此，如何选用磨削加工的切削液显得非常重要。

选用磨削加工切削液时，要考虑加工实际上的多刃切削；磨削加工的进给量较小，切削力不大；磨削速度较高（30～80m/s）时，磨削区域温度也较高，可高达 800～1000℃，容易引起工作表面局部烧伤；磨削加工热应力会使工件变形，直至使工件表面产生裂纹；磨削加工会产生大量的细碎切屑和砂轮粉末，影响工件表面粗糙度等。因而，要求磨削加工的切削液具有较好的冷却性和润滑性，同时也应具有一定的清洗性和防锈性。

① 一般磨削加工可选用合成切削液或质量分数为 3%～5% 的乳化液。

② 精磨削加工可选用精制合成切削液（H-1 精磨液）或质量分数为 5%～10% 的乳化液。

③ 超精磨削加工可选用质量分数为 98% 的煤油与 2% 的石油磺酸钡混合液或含氯极压切削油，均可取得良好的磨削效果，但是使用前必须将切削液精细地过滤。

④ 磨削加工难加工材料时，切削液的正确选用是解决磨削难加工材料的重要途径。其切削液必须具备以下条件。

a. 冷却性好，这不仅可以带走磨削区域的大量热量，降低磨削区域温度，防止工件烧伤和产生裂纹，并且可以减少磨削区域的化学作用，改善切屑对砂轮的黏结现象。

b. 润滑性好，切削液能在工件与砂轮界面形成一层润滑膜，减小工件与砂轮接触面之间的直接摩擦。

c. 清洗性好，这可将磨削加工时产生的大量磨屑和砂轮粉末及时冲洗掉，以减小砂轮的堵塞。

切削液同时要满足上述三方面的要求是难以办到的。但是，实践证明，特制的合成切削液、极压乳化液、极压切削油等三种切削液，在磨削难加工材料时，是可以取得良好效果的。

⑤ 磨齿、磨螺纹等切削的精磨加工，有时往往是成形磨削，加工时工件与砂轮表面接触面大，造成大量热量，散热性差。这时，宜选用低黏度矿物油（运动黏度低于 $7mm^2/s$）

或极压切削油为切削液。为防止油雾散发出来的难闻气味，改善环境污染，保护操作工人的健康，因此，磨齿、磨螺纹时，在矿物油里加入抗氧化安定性添加剂和少许香精。

思考题与习题

5-1 常用切削液有哪些类型？

5-2 切削液有何作用？常用切削液的添加剂有哪些？

5-3 怎样选用切削液？精加工钢件时选择何种切削液？

5-4 切削液是如何起润滑与冷却作用的？

第六章　已加工表面质量

已加工表面质量对零件的使用性能和可靠性有重大影响，本章将分析已加工表面质量的概念、加工表面的形成过程及影响因素、加工硬化、残余应力及精密加工表面质量等问题。

无论怎样仔细地刃磨刀具，前、后刀面形成的刀刃是不可能绝对锋利的，钝圆半径 r_β 总是存在的。一般高速钢刀具为 $3\sim10\mu m$；硬质合金刀具为 $18\sim32\mu m$。另外，刀具开始切削不久，后刀面就会发生磨损，形成一段棱 VB。在研究已加工表面形成时，应考虑 r_β、VB 的共同影响。

图 6-1 所示为已加工表面的形成过程。当切削层金属以 v 逐渐接近刀刃时，便发生挤压与剪切变形，最终沿剪切面 OM 方向滑移成为切屑。由于 r_β 的关系，a_c 中将有 Δa 无法沿 OM 方向滑移，而是从刀刃钝圆部分 O 点下面挤压过去，继之又受到 VB 的摩擦，使工件表层金属受到剪切应力，随后弹性恢复，设其高度为 Δh，则加工表面在 CD 长度上继续与后刀面摩擦。刀刃钝圆部分 VB、CD 构成了后刀面的总接触长度。通过这一剧烈的变形过程形成的已加工表面，其表面层的金属将具有和基体组织不同的性质，称为加工变质层。

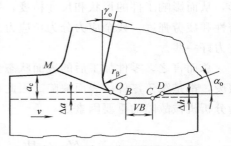

图 6-1　已加工表面的形成过程

已加工表面质量，也可称为表面完整性，它包含两方面的内容。

① 表面几何学方面：主要是指零件最外层表面的几何形状，通常用表面粗糙度表示。

② 表面层材质的变化：零件加工后在一定深度的表面层内出现变质层，在此表面层内晶粒组织发生严重畸变，金属的物理、化学和力学性能均发生变化。零件表面层材质的特性可以用多种形式表达，如塑性变形、硬度变化、微观裂纹、残余应力、晶粒变化、热损伤区以及化学性能、电磁特性的变化等。

因此，表面质量的标志有以下几个。

1. 表面粗糙度

表面粗糙度对工件的耐磨性、密封性、疲劳强度、耐蚀性有很大的影响，经过切削加工的表面总是具有一定的粗糙度。表面粗糙度大的零件，由于实际接触面积小，单位压力大，因此耐磨性差，容易磨损。表面粗糙度大的零件装配后，接触刚度低，运动平稳性差，从而影响机器的工作精度，使机器达不到预期的性能。对于液压油缸及滑阀，表面粗糙度大会影响密封性，甚至影响工件正常工作。

零件受周期载荷作用时，表面粗糙度越大，越易产生应力集中，因而疲劳强度越低。此外，表面粗糙度大的零件，在粗糙表面的凹谷和细裂缝处，腐蚀性的物质容易吸附和积聚，从而使零件容易被腐蚀。

但是，不能说表面粗糙度越小越好，例如，机床导轨的表面粗糙度以 $Ra1.25\sim0.36\mu m$ 较为合理，表面粗糙度太小，反而不利于润滑油的储存，使导轨磨损加快。另外，表面粗糙度过小，还将造成制造成本的增加。因此，研究减小表面粗糙度的同时，还应注意表面粗糙度的合理选用。

2. 表面层的冷化层的厚度及冷硬程度

工件经过切削工后，已加工表面的硬度将高于工件原来的硬度，这一现象称为加工硬化。表面硬化在某些情况下可能提高工件的耐磨性和疲劳强度，但切削加工后所产生的加工硬化常伴随着大量显微裂纹，反而会降低零件的疲劳强度和耐磨性。另外，工件表面的加工硬化还将增大后续工序的切削加工性的难度，因为它会加速刀具磨损和增大切削力，一般希望减小加工硬化。

3. 表面层金相组织的变化情况

① 材料晶格的扭曲、拉长，晶粒的破碎及纤维化。

② 相变。表面层金相组织变化的后果，一般反映在硬化及残留应力上。

4. 残余应力的大小、性质

工件经过切削加工后，已加工表面还常有残余应力，残余应力会使加工好的零件逐渐变形，从而影响工件的形状和尺寸精度，残余应力还容易使表面产生裂纹，从而降低零件的耐磨性和疲劳强度。残余应力分为拉应力与压应力。对于疲劳强度来说，残余压应力比残余拉应力好一些。

总而言之，零件加工后的表面状态会严重影响其使用性能，实践证明，许多零件产品的报废，都是源于零件的表面缺陷。因此，零件表面质量问题日益引起人们的高度重视，并成为分析机械故障的重要因素之一。

第一节　已加工表面粗糙度

一、表面粗糙度产生的原因

切削加工时，其产生的原因可归纳为以下两方面。

① 几何因素所产生的粗糙度。它主要决定于残留面积的高度。

② 由于切削过程不稳定因素所产生的粗糙度。其中包括残留面积、积屑瘤、鳞刺、切削过程中的变形、刀具的边界磨损和刃磨质量、刀刃与工件相对位置变动、振动等。

1. 残留面积

切削时，由于刀具与工件的相对运动及刀具几何形状的关系，有一小部分金属未被切下来而残留在已加工表面上，称为残留面积，其高度直接影响已加工表面的横向粗糙度。理论的残留面积高度 R_{max} 可以根据刀具的主偏角 κ_r、副偏角 κ_r'、刀尖圆弧半径 r_ε 和进给量 f，按几何关系计算出来。

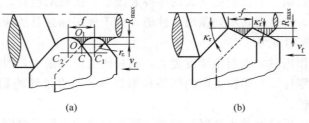

(a)　　　　　　　　　　(b)

图 6-2　车削时的残留面积高度

图 6-2(a) 表示由刀尖圆弧部分形成残留面积的情况。

$$R_{max} = O_1O = O_1C - OC = r_\varepsilon - \sqrt{r_\varepsilon^2 - \frac{f^2}{2}}$$

$$(r_\varepsilon - R_{max})^2 = r_\varepsilon^2 - \frac{f^2}{4}$$

由于 $R_{max} \ll r_\varepsilon$，故 R_{max}^2 可忽略不计，则上式化简后，可得

$$R_{max} = \frac{f^2}{8r_\varepsilon} \tag{6-1}$$

图 6-2(b) 表示 $r_\varepsilon = 0$，由主切削刃的直线部分形成残留面积的情况，此时

$$R_{max} = \frac{f}{\cot\kappa_r + \cot\kappa_r'} \tag{6-2}$$

由式(6-1) 及式(6-2) 可知，理论残留面积高度 R_{max} 随进给量 f 的减小、刀尖圆弧半径 r_ε 的增大或主偏角 κ_r 及副偏角 κ_r' 的减小而降低。

实际得到的表面粗糙度最大值往往比理论计算的残留面积高度要大得多，只有在高速切削塑性材料时，两者才比较接近，这是由于实际的粗糙度还受到积屑瘤、鳞刺、切削形态、振动及切削刃不平整等因素的影响。但理论残留面积是已加工表面微观不平度的基本形态，实际的表面粗糙度都是由其他影响因素在这个基本形态上叠加的结果。因此，理论残留面积高度是构成表面粗糙度的基本因素，有时也将理论残留面积高度称为理论粗糙度。

2. 积屑瘤

见第三章第二节积屑瘤与切屑的类型中的分析。

3. 鳞刺

鳞刺就是已加工表面上出现的鳞片状的毛刺，如图 6-3 所示，在较低及中等的切削速度下，用高速钢、硬质合金或陶瓷刀具切削低碳钢、中碳钢、铬钢、不锈钢、铝合金及铜合金等塑性材料时，无论是车、刨、插、钻、拉、滚齿、插齿及螺纹切削等工序中都可能出现鳞刺。鳞刺的晶粒和基体材料的晶粒相互交错，鳞刺与基体材料之间没有分界线，鳞刺的表面微观特征是鳞片状，有一定高度，它的分布近似于沿整个刀刃宽度，其宽度近似地垂直于切削速度方向。鳞刺的出现使已加工表面的粗糙程度增加，因此，它是塑性金属切削加工中获得良好加工质量的一个障碍。

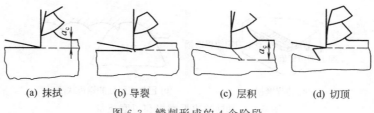

(a) 抹拭　　　　(b) 导裂　　　　(c) 层积　　　　(d) 切顶

图 6-3　鳞刺形成的 4 个阶段

在切削塑性金属时，不论有无积屑瘤，都有可能产生鳞刺。过去对有积屑瘤时如何导致鳞刺，存在着不同看法。一种观点认为积屑瘤底部相对比较稳定，而顶部则很不稳定，该不稳定部分的反复成长与分裂就形成了鳞刺；另一种观点认为鳞刺是经过抹拭、导裂、层积、切顶 4 个阶段而形成（见图 6-3），而且有积屑瘤时和没有积屑瘤时都是经过这 4 个阶段形成鳞刺。这两种观点的主要分歧在于前者认为形成鳞刺的那部分金属是积屑瘤的顶部，后者则

认为那部分金属不是积屑瘤的一部分，而是属于积屑瘤前的层积金属，积屑瘤导致的鳞刺是由这部分层积金属被刀具切顶而成。

防止鳞刺的措施：低速时减少切削厚度 a_c，增大前角 γ_o；采用润滑性好的切削液；人工加热切削区，如电热切削；使用硬质合金刀具高速切削，应减小前角 γ_o，以期提高切削温度；切削钢时达 500℃时就不出现鳞刺了；对低碳钢，低合金钢加工前进行调质处理，以提高硬度，降低塑性。

4. 切削过程中的变形

在挤裂或单元切屑的形成过程中，由于切屑单元带有周期性的断裂，这种断裂要深入切削表面以下，从而在已加工表面上留下挤裂的痕迹而成为波浪形，如图 6-4 所示。而在崩碎切屑的形成过程中，从主切削刃处开始的裂纹在接近主应力方向斜着向下延伸形成过切，因此，造成加工表面的凹凸不平。

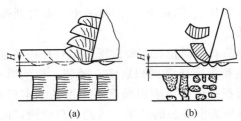
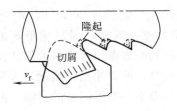

图 6-4　不连续型切屑的已加工表面状况　　　　图 6-5　工件材料的隆起

其次，由于在切削刃两端没有来自侧面的约束力，因此，在切削刃两端已加工表面及待加工表面处，工件材料被挤压而产生隆起，如图 6-5 所示，从而使表面粗糙度进一步增大。

因此，加工钢料时，采用较高的切削速度 v、较小的 a_p、较大的 γ_o 以得到带状切屑，减小铸铁中石墨的颗粒尺寸等，有利于改善已加工表面质量。此外，在主刀刃与待加工表面、副刀刃与已加工表面交界处（图 6-5），因没有来自侧面的约束力，工件材料被挤压隆起，将使已加工表面的实际粗糙度值大于理论粗糙度值。

5. 刀具的边界磨损和刃磨质量

刀具磨损后有时会在副后面上产生沟槽形边界磨损，从而在已加工表面上形成锯齿状的凸出部分（图 6-6）。因此，使加工表面粗糙度增大，刀具在刃磨和使用时刀尖处产生微小崩刃，切削时该微小崩刃反映在加工表面上形成均匀的沟痕。

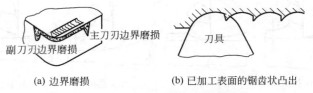

(a) 边界磨损　　　　　　　　(b) 已加工表面的锯齿状凸出

图 6-6　刀具的边界磨损和刃磨质量

6. 刀刃与工件相对位置变动

由于机床主轴轴承回转精度不高及各滑动导轨面的形状误差等使运动机构产生跳动，被加工材料组织的不均匀性及切屑的不连续等造成的切削过程的波动，均会使刀具、工件间的位移发生变化，从而使切削厚度或切削力发生变化。因此，在很多情况下，这些不稳定因素会在加工系统中诱发自激振动，使相对位置变化的振幅更加扩大，以致影响到切削深度、切削力等的变化，从而使表面粗糙度增大，加工时应充分重视。

7. 振动

切削振动不仅明显加剧表面粗糙，严重时会影响机床精度和损坏刀具。振动在已加工表面上形成振纹，并引起切削力波动。形成振动原因较复杂，通常是由加工工艺系统刚性不足和过大的背切削力而造成的。

振动不仅恶化加工表面质量，而且严重时会影响机床精度和损坏刀具。其产生原因有：机床主轴径向圆跳动；工件安装误差造成运动时产生离心力；工件材料不均匀；间断切削和崩碎切屑产生的冲击力和切削过程中切削力的变化，如切削与前刀面摩擦力变化、刀具磨损后产生作用力的变化、由积削瘤引起的切削力变化。通常造成切削振动的主要因素是径向力 F_y 增大和加工工艺系统刚性不足。

二、表面粗糙度的影响因素

由上述分析可知，要减小表面粗糙度值，必须减小残留面积，消除积屑瘤和鳞刺，减小工件材料的塑性变形及切削过程中的振动等，具体可从以下几方面着手。

1. 刀具方面

由式（6-1）及式（6-2）可知，为了减小残留面积，刀具应采用较大的刀尖圆弧半径 r_ε 和较小的副偏角 κ_r'；尤其是使 $\kappa_r' = 0°$ 的修光刃，对减小表面粗糙度甚为有效；但修光刃不能过长，否则会引起振动，反而使表面粗糙度增大，一般只要比进给量稍大一些即可。此外，有修光刃的刀具必须在安装时保证修光刃与已加工表面平行，否则效果不佳。

（1）前角 γ_o　刀具前角 γ_o 一般对表面粗糙度的影响不大，但对于塑性大的材料，使用大前角的刀具，减少积屑瘤和鳞刺，是减小表面粗糙度值的有效措施。例如，拉削 1Cr18Ni9Ti 不锈钢的花键拉刀，前角 10°～15° 增加到 22° 时，表面粗糙度 Ra 可从 10μm 减少到 2.5～1.25μm。此外，增大前角 γ_o，使刀具刃口锋利，便于进行精密加工，切下薄切屑。但前角 γ_o 太大，削弱刀具强度和减小散热面积，易使刀具切削强度降低和加速刀具磨损。因此，为了提高加工表面质量，在刀具强度和耐用度允许条件下，尽量选用大的前角 γ_o。

（2）后角 α_o　增大后角 α_o，可避免刀具后刀面与加工表面之间产生摩擦，并减小对冷硬、鳞刺和残余应力的影响。此外，增大后角 α_o，使刃口圆弧半径 γ_β 减小，刀刃锋利，减小了对加工表面的挤压作用。因此，精加工刀具的后角应适当增大（$\alpha_o = 8°～12°$）。在生产中也有采用 $\alpha_o \leqslant 0°$ 的刀具进行光整加工的，利用后刀面上负后角棱面对切削表面产生的挤压作用，使表面粗糙度值减小。挤压加工必须在精度和刚性较高的机床上，采用较低切削速度、较小切削深度，浇注润滑性能良好切削液等，挤压后使表面粗糙度达 $Ra\,0.125～2.5\mu m$，并提高了表面层的硬度和疲劳强度。

（3）主、副偏角 κ_r、κ_r' 和刀尖圆弧半径 r_ε　主、副偏角 κ_r、κ_r' 和刀尖圆弧半径 r_ε 是控制残留面积高度 R_{max} 的两个主要因素。减少副偏角 κ_r' 和增大刀尖圆弧半径 r_ε，使表面粗糙度值 Ra 减小。从式（6-1）和式（6-2）可知，根据加工表面粗糙度值 Ra，可找出对应的副偏角 κ_r' 和刀尖圆弧半径 r_ε 值。

但过小的副偏角 κ_r' 和太大的刀尖圆弧半径 r_ε 均可能增加切削刃、后刀面与加工表面之间的摩擦，增大径向力 F_p，这在工艺系统刚性不足时易引起振动。减小主偏角 κ_r，使残留面积高度 R_{max} 减小，但由于减小主偏角 κ_r 来改善加工表面质量，则应考虑加工工艺系统的刚性。

（4）刀具表面粗糙度 刀面及切削刃的表面粗糙度对工件表面粗糙度有直接影响。由于刀具表面粗糙度值的减小，有利于减小摩擦，从而可抑制积屑瘤和鳞刺的生成。因此，刀具前刀面与后刀面的粗糙度必须小于工件所要求的表面粗糙度，并且最好不要大于 $Ra1.25\mu m$，否则会显著降低刀具耐用度。

2. 刀具材料方面

不同的刀具材料由于与工件材料的亲和力不同，因而产生积屑瘤的难易程度不同，而且热导率及前刀面摩擦系数的不同，又将使切削碳素钢时，在其他条件相同的情况下，用高速钢刀具加工的工件表面粗糙度最大，如图 6-7 所示；而按硬质合金、陶瓷及碳化钛基硬质合金刀具的顺序，工件表面粗糙度逐渐减小。

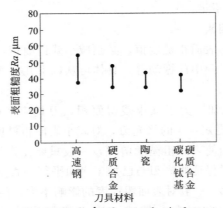

刀具：$\gamma_o=0°$，$\alpha_o=\alpha_o'=6°$，$\lambda_s=0°$，$\kappa_r=75°$，$\kappa_r'=0°$，$r_\varepsilon=0mm$；

工件：25碳素钢；切削条件：$v_c=20m/min$，$a_p=0.5mm$，$f=0.4mm/r$，不加切削液，车外圆

图 6-7 刀具材料对表面粗糙度的影响

3. 切削条件方面

切削塑性材料时，在低、中挡切削速度的情况下，易产生积屑瘤及鳞刺，从而表面粗糙度都较大。提高切削速度可以使积屑瘤和鳞刺减小甚至消失，并可减小工件材料的塑性变形，因而可以减小表面粗糙度，图 6-8 表示切削速度对表面粗糙度的影响。当切削速度超过积屑瘤消失的临界值时（图 6-8 中 $v_c>100m/min$ 时），表面粗糙度急剧减小并稳定在一定值上，基本上不再变化，但由于材料隆起等因素，实际粗糙度仍比理论粗糙度大些。

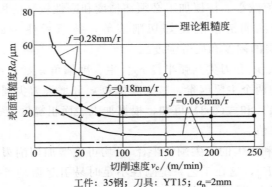

工件：35钢；刀具：YT15；$a_p=2mm$

图 6-8 切削速度及进给量对表面粗糙度的影响

减小进给量，不仅可以减小残留面积，而且可以抑制积屑瘤和鳞刺的产生，故可以减小加工表面粗糙度。

采用高效切削液，可以减小工件材料的变形和摩擦，而且能抑制积屑瘤和鳞刺的产生，是减小表面粗糙度的有效措施，但随着切削速度的提高，其效果将随之减小，另外，按加工表面粗糙度要求，选择与之相适应的机床精度，也是控制表面粗糙度的一个有效措施。

第二节　加 工 硬 化

一、加工硬化产生的原因

切削加工后，工件已加工表面层将产生加工硬化，其原因是在已加工表面的形成过程中，表层金属经受了复杂的塑性变形。首先，由第一变形区的形成过程可知，在切削层趋近切削刃时，不仅切削表面以上的金属经受塑性变形，而且此变形区的范围要扩展到切削表面以下，使将成为已加工表面层的一部分金属也产生塑性变形。其次，由于存在刀刃钝圆半径 r_β，使整个切削厚度中，有一薄层金属没有被刀刃切下，而是从刀刃钝圆部分下面挤压过去，从而产生很大的附加塑性变形。随后由于弹性恢复，刀具的后刀面继续与已加工表面摩擦，使已加工表面再次发生剪切变形。经过以上几次变形，使金属的晶格发生扭曲，晶粒拉长、破碎，阻碍了金属进一步的变形而使金属强化，硬度显著提高。另外，已加工表面除上述受力变形过程外，还受到切削温度的影响。切削温度低于 A_{C1} 点时（相变点）将使金属弱化，即硬度降低。更高的温度将引起相变。因此，已加工表面的硬度就是这种强化、弱化和相变作用的综合结果。当塑性变形起主导作用时，已加工表面就硬化；当切削温度起主导作用时，还需视相变的情况而定，如磨削淬火钢引起退火，则使表面硬度降低产生软化，但在充分冷却的条件下，则出现硬化（再次淬火）。

从以上分析可知，所谓已加工表面的加工硬化就是强化、弱化、相变作用的综合结果。

加工硬化通常以硬化层深度 h_D 及硬化程度 N 表示。h_D 是表示已加工表面至未硬化处的垂直距离，单位为微米。硬化程度 N 是已加工表面的显微硬度增加值对原始显微硬度的百分数。

$$N = (H - H_o)/H_o \times 100\% \qquad (6-3)$$

式中　H——已加工表面的显微硬度，GPa；

　　　H_o——原基体金属的显微硬度，GPa。

也有用加工前、后硬度之比表示的，即

$$N = (H/H_o) \times 100\% \qquad (6-4)$$

一般硬化层深度 h_D 可达几十到几百微米，而硬化程度可达 $120\% \sim 200\%$。研究证实：硬化程度大时，硬化层深度也大。

二、加工硬化的影响因素

由于已加工表面的硬度是强化与弱化作用的综合结果，因此，凡是增大变形与摩擦的因素都将加剧硬化现象；而凡有利于弱化的因素，如较高的温度、较低的熔点等，都会减轻硬化现象。

1. 刀具方面

① 刀具前角 γ_o 越大，切削层金属的塑性变形越小，故硬化层深度越小，当前角由 $-60°$ 增大到 $0°$ 时，金属表面的显微硬度 H 由 730 减至 450，硬化层深度从 $200\mu m$ 减到 $50\mu m$。

② 切削钝圆半径 γ_β 越大，已加工表面在形成过程中受挤压的程度越大，故已加工硬化也越大，随着刀具后刀面磨损量 VB 的增加，后刀面与已加工表面的摩擦随之增大，从而加工硬化层深度也增大。刀具后刀面磨损宽度 VB 由 220 增大至 340 后，如 VB 继续增大，则摩擦热急剧增加，金属表面的显微硬度 H 逐渐下降，直至保持在某一水平上。

2. 工件方面

工件材料的塑性越大，强化指数越大，熔点越高，则硬化越严重。就一般碳素结构钢而言，含碳量越少，则塑性越大，硬化越严重。而对高锰钢 Mn12 来说，由于强化指数很大，切削后已加工表面的硬度可提高 2 倍以上。有色金属由于熔点较低，容易弱化，故加工硬化比结构钢小得多；铜件的已加工表面硬化比钢件小 30%；铝件比钢件小 75% 左右。

3. 切削条件方面

切削速度对加工硬化的影响是多方面的。切削速度增加时，塑性变形区变小，工件材料屈服极限提高，材料的塑性下降，而且切削速度提高，缩短了后刀面与工件的接触时间，使加工硬化减小。此外，切削速度提高，又使切削温度升高，导热时间短，使弱化进行比较充分，这些影响促使加工硬化随切削速度的增加而减小。另一方面，当变形速度超过弱化速度时，弱化来不及充分进行，而当切削温度超过 A_{cs} 时，表面层组织将产生相变，如遇急速冷却，则成为淬火组织。因此，这些影响又将使加工硬化随切削速度的增加而增加。

增加进给量 f，将使切削力及塑性变形区范围增大。因此，硬化程度及硬化层深度都随之增加。当切削深度 a_p 减小时，由于切削的比压增大，金属表面层的冷硬程度增大。

此外，采用有效的冷却润滑措施也可使加工硬化层深度减小，例如，细车镍基钛合金叶片的叶背时，利用高压喷射切削液，可使硬化层深度由 0.15mm 减小到 0.065mm。

第三节　残余应力

一、残余应力产生的原因

残余应力是指在没有外力作用的情况下，在物体内保持平衡而存留的应力。残余应力有残余拉应力（$+\sigma$）及残余压应力（$-\sigma$）之分。为了平衡表层的残余应力，物体内层金属中的残余应力与表层残余应力的符号相反。

切削加工后的已加工表面常有残余应力。关于该残余应力的发生机理，从理论上定量分析目前还存在一些困难，以下仅从概念上来定性分析残余应力的产生原因。

1. 机械应力引起的塑性变形

切削过程中，切削刃前方的晶粒一部分随切屑流出，另一部分留在已加工表面上。在分离处的水平方向，晶粒受压；而在垂直方向，晶粒受拉，故形成残余拉应力。

另外，在已加工表面形成过程中，刀具的后刀面与已加工表面产生很大的挤压与摩擦，使表层金属产生拉伸塑性变形。刀具离开后，在里层金属作用下，表层金属产生残余压应力。

2. 热应力引起的塑性变形

切削时，由于强烈的塑性变形与摩擦，使已加工表面层的温度很高，而里层温度很低，形成不均匀的温度分布。因此，温度高的表层，体积膨胀，将受到里层金属的阻碍，从而使表层金属产生热应力。当热应力超过材料的屈服极限时，将使表层金属产生压缩塑性变形。切削后冷却至室温时，表层金属体积的收缩又受到里层金属的牵制，因而使表层金属产生残余拉应力。

3. 相变引起的体积变比

切削时，若表层温度大于相变温度，则表层组织可能发生相变。由于各种金相组织的体积不同，从而产生残余应力。如高速切削碳钢时，刀具与工件接触区的温度可达 600～800℃；而碳钢在 720℃ 发生相变，形成奥氏体，冷却后变为马氏体。由于马氏体的体积比奥氏体大，因而表层金属膨胀，但受到里层金属的阻碍，从而使表层产生残余压应力，里层产生残余拉应力。当加工淬火钢时，若表层金属产生退火，则马氏体转变为屈氏体或索氏体，因而表层体积缩小，但受到里层金属的牵制，而使表层产生残余拉应力。

已加工表面层内呈现的残余应力是上述诸原因所导致残余应力的综合结果，而最后已加工表面层内残余应力的大小及符号，则由其中起主导作用的因素所决定。因此，在已加工表面层最终可能存留残余拉应力，也可能是残余压应力。应当指出，已加工表面不仅沿切削速度方向会产生残余应力 σ_v，而且沿进给方向也会产生残余应力 σ_f，在已加工表面最外层，往往是 $\sigma_v > \sigma_f$。

切削碳钢时，无论是切削方向还是进给方向，一般在已加工表面层常为残余拉应力，其值可达 0.78～1.08GPa。而残余应力层的深度可达 0.40～0.5mm。

二、残余应力的影响因素

影响残余应力的因素较为复杂，因此，切削加工时残余应力的发生过程研究得很不充分。总的说来，凡能减小塑性变形和降低切削温度的因素都能使已加工表面的残余应力减小。

1. 刀具方面

当前角由正值逐渐变为负值时，表层的残余拉应力逐渐减小，但残余应力层的深度增大。这是由于刀具前角越小，切削刃钝圆半径 r_β 越大，刀具对已加工表面的挤压与摩擦作用越大，从而残余拉应力减小。当切削用量一定时，采用绝对值较大的负前角，可使已加工表面层得到残余压应力。

刀具后面的磨损量 VB 增加时，一方面使后刀面与已加工表面之间的摩擦增加，但另一方面也使已加工表面上的切削温度升高，从而由热应力引起的残余应力的影响逐渐增强，因此，使已加工表面的残余拉应力增大，相应地，残余应力层的深度也随之增加。

2. 切削条件方面

切削速度增加时，切削温度随之增加，因此，热应力引起的残余拉应力起主导作用，从而表面上的残余拉应力，随着切削速度的提高而增大，但残余应力层的深度却减小。这是由于切削力随着切削速度的增加而减小，从而塑性变形区域随之减小。应当指出，当切削温度超过金属的相变温度时，情况就有所不同。此时残余应力的大小及符号，取决于表面层金相组织的变化。

进给量增加时，切削力及塑性变形区域随之增大，并且热应力引起的残余拉应力占优势，从而表面上的残余拉应力及残余应力层深度都随之增加。

3. 工件方面

塑性较大的材料，例如，工业纯铁、奥氏体不锈钢，切削加工后，通常产生残余拉应力，而且塑性越大，残余拉应力越大。

切削灰铸铁等脆性材料时，加工表面将产生残余压应力，其原因是切削时，后面的挤压与摩擦起主导作用，使加工表面层产生拉伸变形，从而产生残余压应力。

思考题与习题

6-1 工件已加工表面质量的含义应包括哪些内容?

6-2 积屑瘤、鳞刺是如何形成的?它们对切削过程各有什么影响?

6-3 综合分析改善工件已加工表面质量的措施。

第七章 切削用量和刀具几何参数的选择

切削用量的高低影响切削加工的生产率、加工成本和加工质量，特别是在批量生产、自动机、自动线和数控机床加工中，都是在选定合理的切削用量条件下进行生产的。目前许多工厂是通过切削用量手册、实践总结或工艺试验来选择切削用量。

一、切削用量的制定原则

所谓合理的切削用量，就是在充分利用刀具的切削性能和机床性能（功率、扭矩等），保证加工质量的前提下，获得高的生产率和低加工成本的 a_p、f、v。

1. 切削用量对生产率的影响

当车削不计辅助工时，以切削工时 t_m 计算生产率 P 时

$$P = 1/t_m \tag{7-1}$$

$$t_m = \frac{l_w \Delta}{n_w a_p f} = \frac{\pi d_w l_w \Delta}{10^3 v a_p f} \tag{7-2}$$

式中　d_w——工件加工前直径，mm；

l_w——工件加工部分长度，mm；

Δ——车工裕量，mm；

n_w——工件转数，r/min。

d_w、l_w、Δ 均为常数，令 $10^3/\pi d_w l_w \Delta = A_0$，则

$$P = A_0 v a_p f \tag{7-3}$$

当 v、a_p、f 增加一倍时，生产率 P 提高一倍。

2. 切削用量对刀具耐用度的影响

用 YT15 硬质合金车刀切削碳钢时（$f > 0.7$mm/r），切削用量与 T 的关系为

$$T = \frac{53 \times 100^5}{v^5 f^{2.25} a_p^{0.75}} \tag{7-4}$$

由式(7-4)可知，v、a_p、f 之一增加一倍，刀具耐用度 T 下降，但影响程度不一，以 v 影响最大，f 次之，a_p 最小。因此，从 T 出发选择用量时，首先选大的 a_p，其次选大的 f，最后据已定的 T 确定 v。

在以上计算生产率时，没有考虑辅助工时。由于切削用量三要素对辅助工时的影响各不相同，故对考虑辅助工时在内的切削加工生产率的影响也各不相同。

3. 切削用量对加工质量的影响

a_p 增大，F_z 大，工艺系统变形大，振动大，工件加工精度下降，粗糙度增大；f 增大，力也增大，粗糙度的增大更为显著；v 增大，切削变形、力、粗糙度等均有所减小。由此可认为，精加工宜用小的 a_p、小的 f；为避免积屑瘤、鳞刺对已加工表面质量的影响，可用硬质合金刀高速切削（$v = 80 \sim 100$m/min），或高速钢刀低速切削（$v = 3 \sim 8$m/min）。

二、切削深度、进给量、切削速度的确定

1. 切削深度 a_p

根据加工余量确定。粗加工（表面粗糙度值为 $Ra80\sim20\mu m$）：尽量一次走刀切除全部余量，在中等功率机床上，a_p 可达 $8\sim10mm$。下列情况时，可分几次走刀。

① 加工余量太大，一次走刀会使切削力太大，机床功率或刀具强度不允许。

② 工艺系统刚性不足，或加工余量极不均匀，以致引起很大振动，如加工细长轴或薄壁工件。

③ 断续切削，刀具受到很大的冲击而破损。

如分两次走刀，第一次的 a_p 应比第二次大，第二次的 a_p 可取加工余量的 $1/4\sim1/3$。

半精加工（$Ra10\sim5\mu m$）：a_p 取 $0.5\sim2mm$。

精加工（$Ra2.2\sim1.25\mu m$）：a_p 取 $0.1\sim0.4mm$。

2. 进给量 f

粗加工时，对表面质量要求低，其合理的进给量应是工艺系统所能承受的最大进给量。限制粗加工进给量的因素是机床的进给机构的强度、刀杆的强度和刚度、硬质合金或陶瓷刀片的强度等，一般 $f=0.3\sim0.9mm/r$。限制半精加工和精加工进给量 f 的主要因素是被加工零件的表面粗糙值和被加工零件的精度的要求。半精加工和精加工的进给量 a_p 较小，生产的切削力也较小，故进给量主要受到被加工零件表面粗糙度的限制，一般选较小的进给量 f，常取 $f=0.08\sim0.5mm/r$。但进给量 f 也不能选得太小，否则切削层公称厚度太薄，不易切下切屑，对已加工表面质量反而不利。当加工中取合理的刀尖参数或修光刃和高的切削速度与之配合时，进给量 f 可适当选大些，以提高生产率。

在生产实际中一般多根据经验，通过查"切削用量手册"确定进给量 f。粗加工时，根据加工材料、车刀刀杆尺寸、工件直径和已确定的切削深度 a_p 等条件查"切削用量手册"查得进给量 f 的取值。半精加工和精加工则主要根据被加工零件的表面粗糙度要求，通过查"切削用量手册"确定进给量 f。

生产实际中也有根据有关的方程式或经验和试验数据，加工整理成经验公式，由此绘制成金属切削用量图表，加工时直接从图表上选择进给量 f；特别是针对具体的机床制成的切削用量图表，更适合生产现场选用进给量 f。

3. 切削速度

在 a_p、f 值选定后，根据合理的刀具耐用度计算或用查表来选定切削速度。

切削速度计算公式如下

$$v=\frac{C_v}{T^m a_p^{x_v} f^{y_v}}K_v \tag{7-5}$$

$$K_v=K_{Mv}K_{sv}K_{tv}K_{krv}K_{kr'v}K_{rev}K_{Bv}$$

式中　　　　　　　　　　K_v——切削速度修正系数；

$K_{Mv},K_{sv},K_{tv},K_{krv},K_{kr'v},K_{rev},K_{Bv}$——工件材料、毛坯表面状态、刀具材料、车刀主偏角、副偏角、刀尖圆弧半径 r 及刀杆尺寸对切削速度的修正系数。

上述各修正系数 C_v、x_v、y_v 及 m 值，可查阅《机械加工工艺手册》。

在生产中选择切削速度的一般原则如下。

① 粗车时，a_p 和 f 较大，故选择较低的 v；精车时，a_p 和 f 均较小，故选择较高的 v。

② 工件材料强度、硬度高或塑性太大或太小时，应选较低的 v；加工奥氏体不锈钢、钛合金和高温合金等难加工材料时，只能取较低的 v；刀具材料的耐热性好，切削速度可高些。

③ 切削合金钢比切削中碳钢切削速度应降低 20%～30%；切削调质状态的钢比切削正火、退火状态钢要降低切削速度 20%～30%；切削有色金属时比切削中碳钢的切削速度可提高 100%～300%。

④ 刀具材料的切削性能越好，切削速度也选得越高。如硬质合金的切削速度比高速钢刀具可高好几倍，涂层刀具的切削速度比未涂层刀具要高，陶瓷、金刚石和 CBN 刀具可采用更高的切削速度。

⑤ 精加工时，应尽量避开积屑瘤和鳞刺产生的区域。

⑥ 断续切削时，为减少冲击和热应力，宜适当降低切削速度。

⑦ 在易发生振动的情况下，切削速度应避开自激振动的临界速度。

⑧ 加工大件、细长件和薄壁工件或加工带外皮的工件时，应适当降低切削速度。

⑨ 加工带外皮的工件时，应适当降低切削速度。

⑩ 工艺系统刚性较差时，切削速度应适当减小。

⑪ 要求得到较小的表面粗糙度时，切削速度应避开积屑瘤的生成速度范围。

⑫ 对硬质合金刀具，可取较高的切削速度；对高速钢刀具，宜用低速切削。

切削深度应根据加工余量确定。粗加工（$Ra\,20\sim80\mu m$）时，在中等功率机床上的切削深度可达 8～10mm；半精加工（$Ra\,5\sim10\mu m$）和精加工（$Ra\,1.25\sim2.5\mu m$）时，切削深度分别取 0.5～2mm 和 0.1～0.4mm。粗加工时尽可能一次走刀切除全部余量。当加工余量太大、工艺系统刚性不足和断续切削时，也可将粗加工分几次走刀。第一次走刀应尽可能取大些，然后逐次减少，以保证高的加工精度和较小的加工表面粗糙度。

总之切削用量的选择应满足下列要求：①保证工件的加工精度和表面粗糙度；②充分发挥刀具的切削性能，保证合理的耐用度；③充分发挥机床的性能（功率和转矩）；④高的生产效率和低的加工成本；⑤按切削深度、进给量和切削速度的顺序选择切削用量，并尽可能取大值。

4. 机床功率校验

切削功率 P_m 为

$$P_m = F_c v \times 10^{-3} \tag{7-6}$$

式中　P_m——切削功率，kW；

$\quad\quad F_c$——切削力，N；

$\quad\quad v$——切削速度，m/s。

机床的有效功率 P'_E 为

$$P'_E = P_E \eta_m \tag{7-7}$$

式中　P_E——机床电机的功率，kW；

$\quad\quad \eta_m$——机床传动效率。

应满足：

$$P_m \leqslant P'_E$$

表明所选切削用量可在指定的机床上使用。

如 $P_E \ll P'_E$，则表明机床功率没有得到充分利用，此时，可以选定较低的刀具耐用度，或采用切削性能更好的刀具材料，以提高 v，使 P_E 增大，以期充分利用机床功率，最终达到提高生产率的目的；如 $P_E \gg P'_E$，则表明所选切削用量不能在指定的机床上使用，此时，可以调换功率大的机床，也可以根据所限定的功率降低用量（主要指降低 v），但刀具的切削性能却未能充分发挥。

三、提高切削用量的途径

提高切削用量的途径，从切削原理方面来考虑，主要包括以下几方面。

① 采用切削性能更好的新型刀具材料。如采用超硬高速钢、硬质合金涂层刀具和涂层高速钢、新型陶瓷刀具及超硬材料。

② 改善工件材料的加工性，如采用添加硫、铅易切钢，对钢材进行不同热处理以便改善其金相显微组织等。

③ 改进刀具结构和选用合理的刀具参数。例如，采用可转位刀片的车刀比焊接式硬质合金车刀切削速度提高 15%～30%。采用良好的断屑装置也是提高切削效率的有效手段。

④ 提高刀具的制造和刃磨质量。例如，采用金刚石砂轮代替碳化硅砂轮刃磨硬质合金刀具，刃磨后不会出现裂纹和烧伤，刀具耐用度可提高 50%～100%。用立方氮化硼砂轮刃磨高钒高速钢刀具比用刚玉砂轮刃磨质量要高得多。

⑤ 采用新型的、性能优良的切削液和高效率的冷却方法。例如，采用含极压添加剂的切削液和喷雾冷却方法，在加工一些难加工的材料时，常常可使刀具耐用度提高好几倍。

四、超高速切削

1. 超高速切削的切削速度

超高速切削是比常规切削速度高很多的高生产率切削方法。对于不同加工方法和不同加工材料，超高速切削的切削速度各不相同。按目前加工技术，通常认为，切削钢和铸铁切削速度在 1000m/min 以上，切削铜、铝及其合金的切削速度在 3000m/min 以上，可称为超高速切削。

国外超高速切削已用于切削高合金钢、镍合金、钛合金和纤维强化复合材料，例如，耐热合金达 300m/min，钛合金达 200m/min。

对于不同的加工，超高速速度是不同的：超高速车削速度为 700～7000m/min；超高速铣削速度为 300～6000m/min；超高速磨削速度为 5000～10000m/min。

2. 超高速切削的特点

① 超高速切削情况下，剪切角随切削速度提高而迅速增大，因而使切削变形减小的幅度较大。

② 超高速切削时，由于切削温度的影响使加工材料软化，因此，切削力 F_c 减小。例如，切削铝合金的切削速度达 800m/min，切削力 F_c 比通常切削速度降低 50%。

③ 超高速切削产生的热大部分被切屑带走，因而工件上温度不高。此外，当超高速增加到一定值时，切削温度随之降低。

④ 常规切削速度 v_c 对刀具寿命 T 影响程度的指数 m 较小，即切削速度提高，刀具寿命急速下降，但在超高速切削阶段，m 指数增大，即使刀具寿命降低的速率较小。

3. 超高速切削刀具

超高速切削刀具可选用添加 TaC、NbC 的含 TiC 高的硬质合金、超细颗粒硬质合金、涂层硬质合金、金属陶瓷、立方氮化硼等刀具材料。

推荐的选用刀具角度：加工铝合金，前角 12°～15°、后角 13°～15°；加工钢，前角 0°～5°、后角 12°～15°；加工铸铁，前角 0°、后角 12°等。

此外，应具有高效的切屑处理装置、高压冷却喷射系统和安全防护装置。

超高速切削技术应在相应的超高速切削机床上使用，机床具有高转速、大功率，其主轴系统、床身、移动系统和控制系统均有特殊要求。

五、刀具几何参数的选择

刀具几何参数包括刀具几何角度、刀面形式和切削刃形状等，它们对切削时金属的变形、切削力、切削温度、刀具磨损、已加工表面质量等都有明显的影响。

所谓合理的几何参数，是指在保证加工质量的前提下，能够获得最高刀具耐用度，从而达到提高切削效率，降低生产成本的目的。

确定刀具几何参数的一般原则有以下几点。

① 考虑刀具材料和结构，如高速钢、硬质合金刀头材料，整体、焊接、机夹等结构。

② 考虑工件的实际情况，如材料的物理和机械性能、毛坯情况（铸、锻等）、形状、材质等。

③ 了解具体加工条件，如机床、夹具情况，系统刚性，粗或精加工，自动线等。

④ 注意几何参数之间的关系，如选择前角应同时考虑卷屑槽的形状，是否倒棱，刃倾角的正、负等。

⑤ 处理如刀具锋锐性与强度、耐磨性的关系时，在保证刀具足够强度和耐磨性的前提下，力求刀具锋利，在提高锋利的同时，设法强化刀尖和刃区等。

合理的加工过程是由众多的条件相互作用形成的，要全面考虑，不可顾此失彼。

1. 前角和前刀面形状的选择

（1）前角 γ_o。 影响切削变形、切削力、切削温度和功率消耗等；影响切削刃强度与散热条件等；改变刀刃受力性质，如 $+\gamma_o$ 受弯，$-\gamma_o$ 受压。影响切屑形态、断屑效果，如小的 γ_o 切屑变形大，易折断；影响已加工表面质量，主要是通过积屑瘤、鳞刺、振动等来影响。显然，γ_o 大或小，各有利弊。如 γ_o 大，虽然切削变形小，产生热量少，但由于刀具散热条件差，温度却可能上升；γ_o 小，甚至为负值，虽可改善散热条件，温度下降，但因变形严重所产生的热量多，又会使温度上升。

可见在一定条件下，γ_o 必须有一个合理值。刀具材料不同时，如图 7-1（a）所示，其横坐标为前角的大小，纵坐标为刀具的耐用度；工件材料不同时，如图 7-1（b）所示。应注意的是：这里所说 γ_o 的合理值，是指保证最大耐用度的 γ_o。在某些情况下不一定是最适宜的，如出现振动时，为减振或消振，有时仍需增大 γ_o。在精加工时，考虑到加工精度和粗糙度，也可重新选择另一适宜的 γ_o。

弯曲强度小、韧性差、脆性大、易崩刃的刀具材料，取小的 γ_o，如硬质合金的 γ_o 应小于高速钢，陶瓷刀具的 γ_o 更小。

工件材料中，塑性大的钢材，切屑变形大，与刀面接触长度大，刀面与切屑之间压力、摩擦力均大的，宜取较大的 γ_o；脆性大的铸铁切屑是崩碎的，集中于刀刃处，为保证刀刃获得足够的强度，γ_o 宜取较小值。

用硬质合金刀加工钢时，γ_o 取 $10°\sim20°$；加工铸铁时，γ_o 取 $5°\sim15°$。

材料的强度、硬度高时，γ_o 宜取小值；特硬的材料，如淬硬钢，γ_o 应更小，甚至取 $-\gamma_o$，以使刀片处在受压的工作状态下，如图 7-2 所示。这是因为硬质合

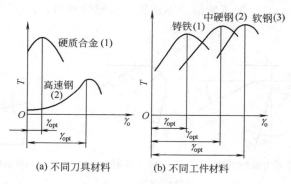

(a) 不同刀具材料　　(b) 不同工件材料

图 7-1　γ_o 的合理值 γ_{opt}

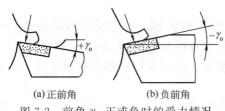

(a) 正前角　　　　(b) 负前角

图 7-2　前角 γ_o 正或负时的受力情况

金的压缩强度比弯曲强度高 3～4 倍。但 $-\gamma_o$ 会使切削力、能耗增大，机床易产生振动，使用时应注意。

考虑具体加工条件：粗加工，特别是断续切削，或有硬皮，如铸、锻件，γ_o 可选得小些；但在有强化刀刃或刀尖时，γ_o 可适当加大；工艺系统刚性差、机床功率不足时，γ_o 应大些；成形刀具，如成形车刀、铣刀，为防止刃形畸变，应取 $\gamma_o = 0°$；数控机床、自动生产线等所用刀具，考虑要有较长的刀具耐用度及工作的稳定性，常取较小的 γ_o 值。

（2）倒棱　图 7-3（a）所示为前刀面上的倒棱，是防止因 γ_o 增大而使刀刃强度削弱的一种措施。在用脆性大的刀具材料切削时，如硬质合金、陶瓷刀具采用倒棱的方法，对减小刀具崩刃，提高刀具耐用度效果显著（可提高 1～5 倍）。陶瓷刀铣削淬硬钢时，切削刃非倒棱不可。其参数值的选取应恰当，宽度 b_{r1} 不可太大，应保证切屑仍能够沿正前角 γ_o 的前刀面流出。而 b_{r1} 取值与进给量 f 有关，常取 $b_{r1} = (0.3 \sim 0.8)f$，精加工取小值，粗加工取大值、对于倒棱前角 γ_{o1}，高速钢刀具取 $0° \sim 5°$；硬质合金刀具取 $-5° \sim -10°$。对于进给量很小（$f \leqslant 0.2\mathrm{mm/r}$）的精加工刀具，切屑很薄，为使切削刃锋利，不宜磨出倒棱。

采用刀刃钝圆［图 7-3（b）］也是增强刀刃、减少刀具破损的有效方法，可使刀具耐用度提高 2 倍以上；断续切削时，适当加大刀尖钝圆半径 r_β 值，可增加刀具崩刃前所受的冲击次数；钝圆刃还有一定的切挤熨压及消振作用，可改善已加工表面粗糙度。目前，经钝圆处理的硬质合金刀片在可转位刀片上已获得广泛应用。

一般情况下，常取 $r_\beta < f/3$。轻型钝圆 γ_β 取 $0.02 \sim 0.03\mathrm{mm}$；中型钝圆 r_β 取 $0.05 \sim 0.1\mathrm{mm}$；对于强力切削的重型钝圆，r_β 取 $0.15\mathrm{mm}$。

（3）带卷屑槽的前刀面形状　加工韧性材料时，为使切屑卷成螺旋形，或折断成 C 形，使之易于有规律地排出和清理，常在前刀面磨出卷屑槽，它可做成直线圆弧形、直线形、全圆弧形等，如图 7-4 所示。直线圆弧形的槽底圆弧半径 R_n 和直线形的槽底角（$180° - \sigma$）对切屑的卷曲变形有直接影响。当它们选择较小值时，切屑卷曲半径较小，切屑变形大、易折断；但过小时易使切屑堵塞在槽内，增大切削力，甚至崩刃。一般条件下，常取 $R_n = (0.4 \sim 0.7)W_n$；槽底角取 $110° \sim 130°$。这两种槽形较适于加工碳素钢、合金结构钢、工具钢等，一般 γ_o 为 $5° \sim 15°$。采用全圆弧槽形，可获得较大的前角，且不至于使刃部过于削弱。对于加工紫铜、不锈钢等高塑性材料，γ_o 可增至 $25° \sim 30°$。

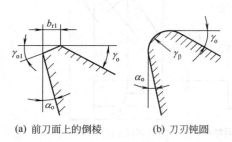

(a) 前刀面上的倒棱　　　(b) 刀刃钝圆

图 7-3　刀具的倒棱

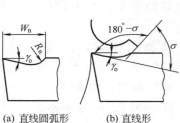
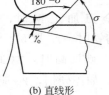
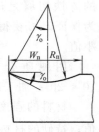

(a) 直线圆弧形　　(b) 直线形　　(c) 全圆弧形

图 7-4　前刀面上卷屑槽的形状

卷屑槽宽 W_n 越小，切屑卷曲半径越小，切屑越易折断；但太小，切屑变形很大，易产生小块的飞溅切屑，也不好。为保证有效的卷屑或折断，一般根据工件材料和切削用量选择 W_n，常取 $W_n = (7 \sim 10) f$。

2. 主、副后角的选择

(1) 主后角 α_o 减小后刀面与过渡表面和已加工表面之间的摩擦；影响楔角 β_o 的大小，从而可配合前角来调整切削刃的锋利程度和刀具的强度。

后角 α_o 过小，会引起刀具和过渡表面之间的剧烈摩擦，产生严重的加工硬化，并伴有加工后的表面残余应力，加大了功率消耗，并伴随着大量的摩擦热产生，使切削区的温度急剧升高。其现象是切屑颜色加深，工件因热膨胀使尺寸加大，严重时，刀尖部分呈现暗红色。反之，增大后角能明显改善上述情况。但后角 α_o 过大时，将使 β_o 过小，切削刃强度削弱，散热条件变差，反而降低了刀具寿命。

因此，同样存在着一个合理的后角值 α_{opt}。刀具角度间值的大小应合理选择，以期获得较好的综合性能。如图 7-5 所示，后角值 α_{opt} 随前角 γ_o 的减小而增大 [图 7-5 (a)]；也因刀具材料的不同而改变，硬质合金刀具的前角 γ_o 小于高速钢刀具，而钝圆半径 r_β 大于高速钢刀具，所以后角值 α_{opt} 应大于高速钢刀具 [图 7-5 (b)]。

根据切削厚度 h_D（或进给量 f）进行选择：粗加工，强力切削及承受冲击的刀具，要求刀刃强固，宜取较小的 α_o；精加工，h_D 小，磨损主要发生在后刀面，加上 r_β 的影响，为减小后刀面磨损和增加刀刃的锋利性，应取较大的 α_o。当 $f > 0.25 \mathrm{mm/r}$ 时，α_o 取 $5° \sim 8°$；$f \leqslant 0.25$ 时，α_o 取 $10° \sim 12°$。

根据工件材料进行选择：强度、硬度高时，为加强刀刃强度，应取较小的 α_o；材质软，塑性大，易产生加工硬化时，为减小后刀面摩擦，宜取较大的 α_o；脆性材料，切削力集中在刀尖处，可取小 α_o；特硬材料在前角 γ_o 为负值时，为造成较好的切入条件，应加大 α_o。

根据具体加工条件进行选择：工艺系统刚性差时，易出现振动，应适当减小 α_o；为减振或消振，还可以在后刀面上磨出 $b_{a1} = 0.1 \sim 0.2 \mathrm{mm}$，$\alpha_{o1} = 0°$ 的刃带；或 $b_{a1} = 0.1 \sim 0.2 \mathrm{mm}$，$\alpha_{o1} = -5° \sim 10°$ 的消振棱，如图 7-6 所示。

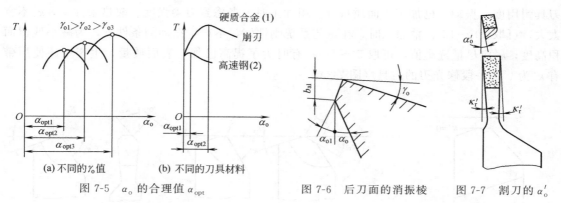

(a) 不同的 γ_o 值　　(b) 不同的刀具材料

图 7-5　α_o 的合理值 α_{opt}　　　　　图 7-6　后刀面的消振棱　　图 7-7　割刀的 α_o'

切断刀、割刀，因进给量的关系，使越接近工件中心时刀具后角越小，α_o 取值应比外圆车刀大，常取 $10° \sim 12°$。

(2) 副后角 α_o' 一般使 $\alpha_o' = \alpha_o$。只有切断刀、锯片等刀具，因受结构强度的限制，只许取小的 α_o'，如图 7-7 所示，常取 $1° \sim 2°$。

3. 主、副偏角及刀尖的选择

（1）主偏角 κ_r　其对切削过程主要有两方面的影响：首先是影响主切削刃单位长度上的负荷、刀尖强度和散热条件。当吃刀量和进给量为定值时，主偏角的变化将改变切削层形状，使切削层参数发生变化，从而影响切削刃上的负荷。当主偏角 κ_r 减小时，由于切削层公称宽度 b_D 增加，切削层公称厚度 h_D 减小，使作用在主切削刃上单位长度的负荷减轻；且刀尖角 ε_r 增大，刀尖强度提高，散热条件改善；这两个变化都有利于提高刀具寿命。另一方面，会影响切削分力比值及切削层单位面积切削力。当吃刀量和进给量为定值，κ_r 减小时，使径向切削力增加，容易引起工艺系统振动。当工艺系统刚度不足时，会使刀具寿命降低。同时由于切削层公称厚度 h_D 减小，金属的变形程度增加，因此，切削功率有所增加。所谓变形程度是指在金属切削过程中，切削层转变为切屑时，由于经过塑性变形，出现长度缩短、厚度增加的现象。通常用变形体变形前、后的线性尺寸比来描述。此外，主偏角还影响断屑效果和排屑方向，以及残留面积高度等。增大 κ_r 会使 h_D 增厚，b_D 减小，有利于切屑折断，有利于孔加工刀具使切屑沿轴向流出。

由上述分析可知，无论增大还是减小主偏角，都会产生相互矛盾的影响。因此，在一定的切削条件下，主偏角也有一个合理数值，可根据加工性质进行选择：κ_r 大，h_D 大，切削变形小，切削力小，可减振；但散热条件差，影响刀具耐用度。综合结果：用硬质合金刀具粗加工或半精加工时，常取 $\kappa_r = 75°$。精加工时，为减小残留高度，提高工件表面质量，κ_r 应尽量选小值。

根据工件材料选择：硬度、强度大的材料，如冷硬铸铁、淬火钢等，为减轻单位切削刃上的负荷，改善刀头散热条件，提高刀具耐用度，在工艺系统刚性较好时，宜取小的 κ_r。

根据加工情况选择：工艺系统刚性差时，如工件长度与直径之比大于 12 的细长轴的加工，应取大的 κ_r，甚至 κ_r 为 93°，以使切削力的径向分力下降，消振；需中间切入的、仿形车等，κ_r 可取 45°～60°；阶梯轴的加工，宜 $\kappa_r \geqslant 90°$；单件、小批量生产时，考虑到一刀多用（车外圆、倒角、端面等），κ_r 宜取 45°或 90°。

（2）副偏角 κ_r'　工件已加工表面靠副刀刃最终形成，κ_r' 值影响刀尖强度、散热条件、刀具耐用度、振动、已加工表面质量等。粗加工时，考虑到刀尖强度、散热条件等，κ_r' 不宜太大，可取 10°～15°；精加工时，在工艺系统刚性好，不产生振动的条件下，为减小残留面积高度，κ_r' 应尽量选小值，可取 5°～10°；有时为了提高已加工表面质量，生产中还使用带有 κ_r' 为 0°的一段修光刃的刀具（图 7-8）。

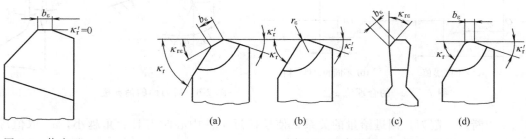

图 7-8　修光刃　　　　　　　　　　　图 7-9　刀尖形状

4. 刀尖形状

刀尖是切削刃上工作条件最恶劣、构造最薄弱的部位，强度和散热条件都很差。加强刀尖结构对延长刀具寿命有重要意义。若采用减小主、副偏角的办法来加强刀尖结构，常会使径向力增大，引起振动。若在主、副刃之间磨出倒角刀尖，即具有直线切削刃的刀尖，如图7-9所示，在原刀尖角 ε_r 不变的情况下，加宽了刀尖。这样刀尖既得到了加强，又使径向力增加不多。常取 $\kappa_{r\varepsilon} = Rc/2$，$b_\varepsilon = (1/5 \sim 1/4)a_p$ 或 b_ε 取 $0.5 \sim 2$mm，r_ε 取 $1 \sim 3$mm。对硬质合金和陶瓷车刀，r_ε 取 $0.5 \sim 1.5$mm，这是因为 r_ε 大时，径向力有所增加，工艺系统刚性不足时，易振动，而脆性刀具材料对此较敏感。

5. 刃倾角 λ_s 的选择

(1) 控制切屑流动的方向　$\lambda_s = 0°$ 时，如图7-10（a）所示，即刀具的切削刃垂直合成运动方向，又称为直角切削。切屑在前刀面上近似于切削刃的法向流出，适用于脆性较大的材料的断屑。应防止切屑缠绕在切削区附近的刀具或刀架上，影响后续切削的正常进行。

$\lambda_s \neq 0°$ 时，即刀具的切削刃与切削合成运动的方向不垂直，又称为斜角切削。适用于韧性材料切削切屑呈簧状连续排出。

λ_s 为负值时，如图7-10（b）所示，切屑流向已加工表面，甚至擦伤已加工表面，但刀头强度较好，常用在粗加工。

λ_s 为正值时，如图7-10（c）所示，切屑流向待加工表面，但刀头的强度较差，适用于精加工。

(2) 影响刀尖强度和抗冲击能力　如图7-11所示，当 λ_s 为负值时，刀尖是切削刃上的最低点。切削刃切入工件时，首先与工件接触的点离开刀尖，落在切削刃上或前面上，不但保护刀尖免受冲击，而且增强了刀尖的强度。当 $\lambda_s = 0°$ 或为正值时，刀尖可能首先接触工件而受到冲击。因此，许多大前角刀具常配合选用负的刃倾角。

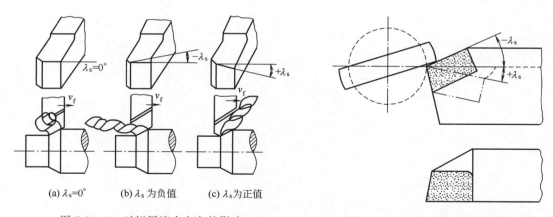

图 7-10　λ_s 对切屑流出方向的影响　　　　图 7-11　λ_s 对切削刃受冲击的影响

(3) 其他影响　λ_s 的大小影响切削刃参加工作的长度、切削时的平稳性、改变主切削力的方向和影响刀刃的锋利性等。

车削时刃倾角主要根据刀尖强度和控制流屑方向来选择，其合理数值见表7-1。

表 7-1　车削时合理刃倾角的参考值

适应范围	精车细长轴	精车有色金属	粗车一般钢和铸铁	粗车余量不均、淬硬钢等	冲击较大的断续车削	大刃倾角薄切削
λ_s 值	$0° \sim 5°$	$5° \sim 10°$	$0° \sim 5°$	$-5° \sim -10°$	$-5° \sim -15°$	$45° \sim 75°$

思考题与习题

7-1　切削用量选得越大，机动时间越短，是否说明生产率越高？为什么？

7-2　制定切削用量的一般原则是什么？

7-3　说明 v、a_p、f 如何确定？

7-4　如何选择刀具的 γ_o、α_o、α_o'、κ_r、κ_r' 和 λ_s？

第八章　金属切削机床的基本知识

一、机床的分类和型号编制

参见本书附录《金属切削机床型号编制方法》（GB/T 15375—2008）摘录和本书绪论。

二、工件的加工表面及其形成方法

1. 被加工表面分析

在切削加工过程中，被加工表面是通过装在机床上的刀具和工件按一定规律相对运动而获得的。通过刀具的切削刃对工件毛坯的切削，把毛坯上多余的金属切掉，从而得到所要求的表面形状。尽管零件千姿百态、形状各异，但仔细分析就能看出，组成零件的加工表面主要有平面、圆柱面、圆锥面和各种成形表面，如图 8-1 所示。

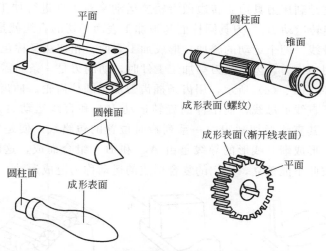

图 8-1　机器零件上常用的各种表面

2. 工件表面形成方法

工件常见的表面有平面、回转表面、螺纹、齿轮轮齿成形面等，这些都是线性表面，即都可以通过一条母线沿另一条导线运动后获得，如图 8-2 所示。

机床加工机械零件的过程，其实质就是形成零件上各个工作表面的过程，也就是借助于一定形状的切削刃以及切削刃与被加工表面之间按一定规律的相对运动，形成所需的母线和导线。由于加工方法、刀具结构及切削刃的形状不同，所以，形成母线和导线的方法及所需运动也不相同。概括起来有以下 4 种。

（1）轨迹法　用尖头车刀、刨刀等刀具切削时，切削刃与被加工表面为点接触，如图 8-3（a）所示。刨刀沿箭头 A_1 方向所做直线运动，形成直线形母线。沿箭头 A_2 方向所指的曲线运动，即形成曲线形的导线。通过母线沿导线的运动，形成被加工表面。

（2）成形法　将切削刀具的切削刃制成与所需形成的母线完全吻合。加工时，无须任何运动来形成这一母线，如图 8-3（b）所示。

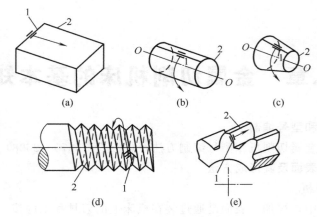

图 8-2　零件表面的成形
1—母线；2—导线

刀具只需做沿箭头 A_1 方向的直线运动就能形成被加工表面。

（3）相切法　它是利用刀具边旋转边做沿轨迹运动来对工件进行加工的方法。如图 8-3（c）所示，刀具做旋转运动 B_1。刀具圆柱面与被加工表面相切的直线就是母线。刀具沿 A_2 做曲线运动，形成导线。两个运动的叠加，形成加工表面。相切法又称包络线法。

（4）范成法　用插齿刀、齿轮滚刀等加工工件时，切削刃是一条与需要形成的发生线共轭的切削线。如图 8-3（d）、（e）所示，用齿条插齿刀加工圆柱齿轮。插齿刀沿箭头 A_1 方向的直线运动，形成了直线形母线，而工件的旋转运动 B_{21} 和直线运动 A_{22} 使插齿刀能不断地对工件进行切削。其直线形切削刃的一系列瞬时位置的包络线，便是所需的渐开线形导线，必须指出的是，形成渐开线形的导线是由 A_{22} 和 B_{21} 组合而成，这两个运动必须保持严格的运动关系，彼此不能独立，它们的复合形成的运动称为范成运动。

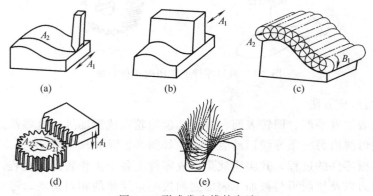

图 8-3　形成发生线的方法

三、机床传动原理及传动系统分析

1. 机床传动原理

现代机床形式各异、种类繁多。但从原理上分析，机床加工过程中所需的各种运动，是通过运动源、传动装置和执行件以一定的规律所组成的传动链来实现的。

（1）运动源　它是提供运动和动力的装置。一般机床常用三相异步交流电动机，数控机床常用直流或交流调速电动机、伺服电动机。

（2）传动装置　它是传递运动和动力的装置。通过该装置，把运动源的动力和运动传递给执行件或把一个执行件的运动传递给另一执行件。传动装置需要完成变速、变向和改变运动形式等任务，以使执行件获得所需要的运动速度、运动方向和运动形式。

（3）执行件　它们是执行运动的部件，如主轴、刀架、工作台等。执行件用于安装刀具或工件，并直接带动其完成一定形式的运动和保证准确的运动轨迹。

动力源——→传动装置——→执行件或甲执行件——→传动装置——→乙执行件，构成传动联系。

2. 机床的传动装置

机床的传动装置一般有机械、液压、电气传动等形式。液压传动、电气传动由专门课程讲解，不再赘述。机械传动按传动原理可分为分级传动和无级传动。常见的传动是分级传动（无级传动常被液压或电气传动取代），下面着重介绍几种常用的机械传动装置。

（1）离合器　用于实现运动的启动、停止、换向和变速。

离合器的种类很多，按其结构和用途不同，可分为啮合式离合器、摩擦式离合器、超越式离合器和安全式离合器等。

① 啮合式离合器。啮合式离合器利用两个零件上相互啮合的齿爪传递运动和转矩。根据结构形状不同，分为牙嵌式和齿轮式两种。

牙嵌式离合器由两个端面带齿爪的零件组成，如图 8-4(a)、（b）所示。右半离合器 2 用导键或花键 3 与轴 4 连接，带有左半离合器的齿轮 1 空套在轴 4 上，通过操纵机构控制右半离合器 2 使齿爪啮合或脱开，便可将齿轮 1 与轴 4 连接一起旋转，或使齿轮 1 在轴上空转。

齿轮式离合器是由两个圆柱齿轮组成的。其中一个为外齿轮，另一个为内齿轮〔图 8-4(c)、（d）〕，两者齿数和模数完全相同。当它们相互啮合时，空套齿轮与轴连接或同轴线的两轴连接同时旋转。当它们相互脱开时，运动联系便断开。

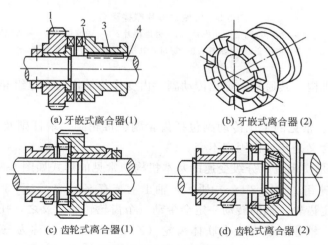

(a) 牙嵌式离合器(1)　　　(b) 牙嵌式离合器(2)

(c) 齿轮式离合器(1)　　　(d) 齿轮式离合器 (2)

图 8-4　啮合式离合器
1—齿轮；2—右半离合器；3—花键；4—轴

② 摩擦式离合器。它利用相互压紧的两个零件接触面之间产生的摩擦力传递运动和转矩，其结构形式较多，车床上应用较多的是多片摩擦式离合器。

图 8-5 所示为机械式多片摩擦离合器。它由内摩擦片 5、外摩擦片 4、止推片 3、左压套 7、螺母 9 及空套齿轮 2 等组成。内摩擦片 5 装在轴 1 的花键上与轴 1 一起旋转，外摩擦片 4 的外圆上有 4 个凸齿装在空套齿轮 2 的缺口槽中，外片空套在轴 1 上。当操纵机构将螺母 9

向左移动时，通过滚珠 8 推动左压套 7，从而带动圆螺母 6，使内摩擦片 5 与外摩擦片 4 相互压紧。于是轴 1 上的运动通过内、外片之间的摩擦力传给空套齿轮 2 而传递出去。

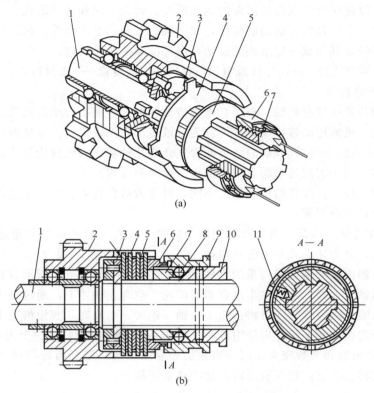

(a)

(b)

图 8-5　机械式多片摩擦离合器

1—轴；2—空套齿轮；3—止推片；4—外摩擦片；5—内摩擦片；6—圆螺母；
7—左压套；8—滚珠；9—螺母；10—右压套；11—弹簧销

（2）分级变速机构　其通常为定比传动副。由变换传动比的变速组和改变运动方向的变向机构等组成。

① 定比传动副。常见的定比传动副包括齿轮副、带轮副、蜗杆副及齿轮齿条副和丝杠螺母副等。定比的含义是传动比固定不变。

② 变速组。它是实现机床分级变速的基本机构，常见的形式如图 8-6 所示。

a. 滑移齿轮变速组。如图 8-6（a）所示，轴 Ⅰ 上装有 Z_1、Z_2、Z_3 3 个齿轮，它们与轴牢固连接，称为固定齿轮。轴的转动一定会带动三个齿轮转动。反之，任何一个齿轮转动也一定带动轴 Ⅰ 转动。轴 Ⅱ 上装有一个联体齿轮（Z_1'、Z_2'、Z_3'），称为三联齿轮。该联体齿轮与轴 Ⅱ 的连接是滑移连接，即该三联齿轮可以沿轴 Ⅱ 的轴线方向移动，但不能与轴 Ⅱ 发生相对转动。当三联滑移齿轮分别滑移至左、中、右 3 个不同的啮合工作位置时，即会获得 3 种不同的传动比 Z_1/Z_1'、Z_2/Z_2'、Z_3/Z_3'。此时，如果轴 Ⅰ 只有一种转速，则轴 Ⅱ 可得 3 种不同的转速，这个机构称为滑移齿轮变速组。当然，除上述三联滑移齿轮变速组外，还有常见的双联滑移齿轮变速组。滑移齿轮变速组结构紧凑，传动效率高，变速方便，能传递很大的动力，但不能在运动过程中变速，只能在停车或转动很慢时变速。

b. 离合器变速组。如图 8-6（b）所示，轴 Ⅰ 上装有两个固定齿轮 Z_1、Z_2，分别与空套

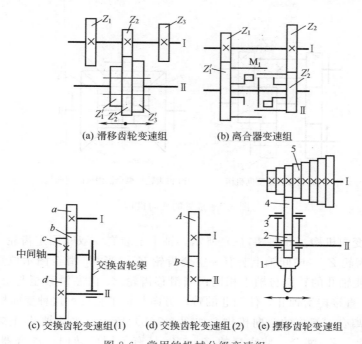

(a) 滑移齿轮变速组　　(b) 离合器变速组

(c) 交换齿轮变速组(1)　(d) 交换齿轮变速组(2)　(e) 摆移齿轮变速组

图 8-6　常用的机械分级变速组

1—摆移架；2—滑移齿轮；3—中间轴；4—中间轮；5—轴Ⅰ中的整个八级塔轮

在轴Ⅱ上的齿轮 Z_1'、Z_2' 啮合。所谓"空套"齿轮，是指该齿轮与轴在转动方面没有联系，即轴转动不会带动齿轮转动，反之，齿轮转动也不会带动轴转动。在 Z_1' 和 Z_2' 之间，装有端面齿双向离合器，且离合器用花键与轴Ⅱ相连，由于 Z_1/Z_1' 和 Z_2/Z_2' 的传动比不同，所以，如果轴Ⅰ只有一种转速，则离合器分别向左啮合或向右啮合，轴Ⅱ就会得到两种转速。离合器变速组操作方便，变速时齿轮不需移动，故常用于斜齿圆柱齿轮传动中，使传动平稳。另外，如将端面齿离合器换成摩擦式离合器，则可在变速组运转的情况下变速。

c. 交换齿轮变速组。图 8-6(c)、(d) 所示为最常见的交换齿轮机构，所谓交换齿轮是指根据传动需要可拆装的活动齿轮。图 8-6(d) 所示为一对交换齿轮变速组，只要在固定中心距的轴Ⅰ和轴Ⅱ上装上传动比不同（即不同的 A、B），但"齿数和"相同的齿轮到 A 和 B，则可由轴Ⅰ的一种转速，使轴Ⅱ得到不同的转速。图 8-6(c) 所示为两对交换齿轮，其工作原理与一对交换齿轮变速组相似，不同的是两对交换齿轮的变速组需要有一可以绕轴Ⅱ摆动的交换齿轮架，中间轴在交换齿轮架上可做径向调整移动，并用螺栓紧固在一定的径向位置上，以适合不同的齿轮 a、b、c、d 啮合的需要。交换齿轮变速组可使机构简单、紧凑，但变速较费时。

d. 摆移齿轮变速组。如图 8-6(e) 所示，在轴Ⅰ上装有 8 个齿数按一定规律排列的固定齿轮，通常称为塔齿轮，轴Ⅱ上装有一个滑移齿轮 2，它通过一个可以轴向移动又能摆动的架子推动齿轮做左、右滑移，摆移架 1 的中间轴 3 上装有一中间空套齿轮，因此，当摆移架 1 摆动加移动依次地使中间轮 4 与塔齿轮中的一个齿轮相啮合时，如轴Ⅰ只有一种转速，则轴Ⅱ可得到不同的 8 种转速。该变速机构变速方便、结构紧凑。但由于该种变速组中有一摆移架，故刚性较差。

③ 变向机构。其作用是改变机床执行件的运动方向。下面介绍两种常见的变向机构，

见图 8-7。

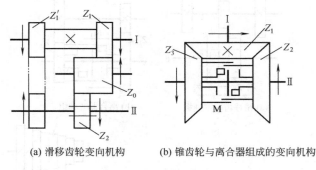

(a) 滑移齿轮变向机构　　　　(b) 锥齿轮与离合器组成的变向机构

图 8-7　常见的变向机构

　　a. 滑移齿轮变向机构。如图 8-7(a) 所示，轴 I 上装有一双联固定齿轮（$Z_1 = Z_1'$），轴 II 上装有一滑移齿轮 Z_2，中间轴上装有一空套齿轮 Z_0。当 Z_2 滑至图示位置，轴 I 的运动经 Z_1 传给 Z_2，使轴 II 的转向与轴 I 相同；当滑移齿轮 Z_2 向左滑移至与 Z_1' 啮合位置，则轴 I 的运动经 Z_2 直接传给轴 II，使轴 II 的转动方向与轴 I 相反，这种变向机构刚性较好。

　　b. 锥齿轮与离合器组成的变向机构。如图 8-7(b) 所示，主动轴 I 上装有固定锥齿轮 Z_1；Z_1 同时与 Z_2、Z_3 啮合，使空套的 Z_2、Z_3 具有不同的转向。离合器 M 依次与 Z_2、Z_3 的端面齿相啮合，则轴 II 将获得两个不同的运动方向，这种变向机构的刚性较圆柱齿轮变向机构差些。

　　3. 机床的传动系统

　　机床的执行件（如车床中的主轴与刀架）为了得到所需要的运动，需要通过一系列的传动件把执行件和运动源连接起来，以构成传动联系。构成一个传动联系的一系列顺序排列的传动件称为传动链。根据传动联系的性质不同，传动链可分为外联系传动链和内联系传动链两大类。外联系传动链通常是联系运动源和执行件，使执行件得到预定的运动，并传递一定的动力。外联系传动链传动比的变化只影响生产率或表面粗糙度，不影响发生线的性质。因此，外联系传动链不要求运动源与执行件之间有严格的传动比关系。例如，在车床上用轨迹法车削外圆时，主轴的旋转和刀架的移动就是两个互相独立的成形运动。工件的旋转与刀架的移动之间，由两条外联系传动链相联系，它们之间没有精确的相对运动速度要求。内联系传动链是联系复合运动之间的各个运动分量，因而传动链所联系的执行件之间的相对速度有严格的要求，用来保证运动轨迹的准确性。例如，在车床上车削螺纹，为了保证被加工螺纹导程的精度，主轴带动工件转动时，刀架必须准确地移动一个被加工螺纹的导程。联系主轴与刀架之间的传动链，就是一条内联系传动链。内联系传动链必须保证传动的精度。因而，该传动链中不能存在传动比不确定或瞬时传动比有变化的传动件，如链传动、摩擦传动等。

　　机床有多少个运动（一般指机动的运动）就有多少条传动链。或者说，某条传动链中只要改变了某一传动副，就认为是重新构成了传动链。各条传动链的组合就组成了机床的传动系统。研究机床的传动系统，通常是通过用规定符号绘制的传动系统图来进行。下面以典型主传动变速系统图来分析主传动系统。

　　【例 8-1】　图 8-8 所示为立式钻床传动变速系统。

　　主运动是由 1440r/min 的电动机带动，经 $\phi140/\phi170$V 带传动，使主轴箱内的轴 II 获得旋转运动。经轴 II 和轴 III 之间、轴 III 和轴 IV 之间、轴 IV 和轴 V 之间的三个变速组传动，最终

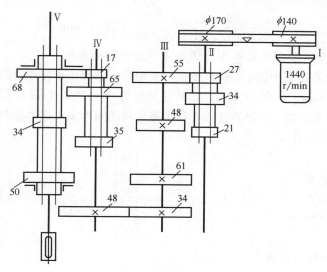

图 8-8　立式钻床传动变速系统

使主轴（即轴 V）转动。

由电动机至主轴的传动，可用传动路线表达式来表示。

$$\left(\begin{matrix}电动机\\1440\text{r/min}\end{matrix}\right)-\text{I}\ \frac{\phi140}{\phi170}\ \text{II}\left\{\begin{matrix}\dfrac{27}{55}\\[4pt]\dfrac{34}{48}\\[4pt]\dfrac{21}{61}\end{matrix}\right\}\text{III}-\frac{34}{48}-\text{IV}\left\{\begin{matrix}\dfrac{17}{68}\\[4pt]\dfrac{65}{34}\\[4pt]\dfrac{35}{50}\end{matrix}\right\}\text{V （主轴）}$$

由传动路线表达式可以进行两方面的计算：一是计算主轴变速级数；二是计算主轴极限转速。

首先讨论主轴转速级数的计算，电动机是单一转速，经过 V 带轮定比传动，轴 II 的 3 个齿轮带动轴 III 的 3 个齿轮传动，使轴 III 得到三级转速。同理，轴 III 传给轴 IV 只有一种途径。轴 III 的每一种转速都可以传递给轴 IV，则轴 IV 将获得三种转速，轴 IV 的每一种转速又可以三种方式传给 V 轴，轴 V（即主轴）将获得九种转速。通过变速组的变速方式与主轴变速级数的关系，可以得出结论：主轴的变速级数 z 等于各变速组变速方式 P 的乘积。

$$z=P_{\text{II}-\text{III}}\times P_{\text{III}-\text{IV}}\times P_{\text{IV}-\text{V}}$$

再讨论一下主轴极限转速的计算，主传动链的两端是电动机和主轴，它们的运动关系是：

$$电动机\ 1440\text{r/min}\longrightarrow 主轴\ n\ (\text{r/min})$$

可以用一个数学式来表达这种关系，这个表达式就叫作运动平衡方程式。

$$1440\times\frac{140}{170}\times i_{\text{II}-\text{III}}\times i_{\text{III}-\text{IV}}\times i_{\text{IV}-\text{V}}=n_{主轴}$$

式中　$i_{\text{II}-\text{III}}$——轴 II—III 之间的传动比，27/55、34/48、21/61；

$\quad\ \ i_{\text{III}-\text{IV}}$——轴 III—IV 之间的传动比，34/48；

$\quad\ \ i_{\text{IV}-\text{V}}$——轴 IV—V 之间的传动比，17/68、65/34、35/50。

用不同的 $i_{\text{II}-\text{III}}$、$i_{\text{III}-\text{IV}}$、$i_{\text{IV}-\text{V}}$ 代入运动平衡方程式，能计算出每一级主轴的转速，但用这种方式比较烦琐，借助转速图能很清楚地看出传动件与转速之间的关系，通过比较传动比的大小，就能很容易地计算出主轴的极限转速。

$$n_{主轴\max}=1440\times\frac{140}{170}\times\frac{34}{48}\times\frac{34}{48}\times\frac{65}{34}\approx1140\ (\text{r/min})$$

$$n_{主轴min} = \frac{1440 \times 140}{170} \times \frac{21}{61} \times \frac{34}{48} \times \frac{17}{68} \approx 72 \text{ (r/min)}$$

【例 8-2】 图 8-9 所示为 X62W 型万能铣床主运动传动系统。

主运动传动装置的功能是使主轴实现变速、变向和主轴在停止转动时的制动。该铣床的主电动机转速为 1450r/min，共有 18 级转速，转速范围为 30～1500r/min，主轴旋转方向的改变由电动机的正、反转来实现。主轴迅速而平稳地停止转动则由多片式电磁制动器 M_1 实现。

主运动的传动路线图为

$$\begin{pmatrix} 电动机 \\ 7.5kW \\ 1450r/min \end{pmatrix} I - \frac{26}{54} - II \begin{cases} \frac{22}{33} \\ \frac{19}{36} \\ \frac{16}{39} \end{cases} III \begin{cases} \frac{39}{26} \\ \frac{28}{37} \\ \frac{18}{47} \end{cases} IV \begin{cases} \frac{82}{38} \\ \frac{19}{71} \end{cases} V \text{（主轴）}$$

主轴最高转速的传动路线为

$$n_{max} = 1450 \times \frac{26}{54} \times \frac{22}{33} \times \frac{39}{26} \times \frac{82}{38} = 1500 \text{ (r/min)}$$

X62W 型铣床主轴最高转速传动路线如图 8-10 所示。

主轴最低转速的传动路线为：

$$n_{min} = 1450 \times \frac{26}{54} \times \frac{16}{39} \times \frac{18}{47} \times \frac{19}{71} = 30 \text{ (r/min)}$$

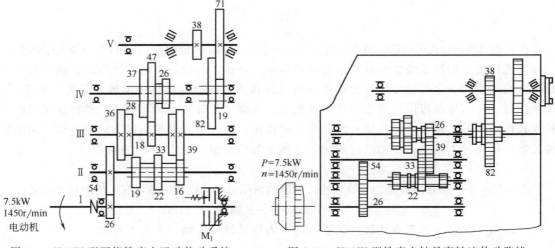

图 8-9　X62W 型万能铣床主运动传动系统　　　　图 8-10　X62W 型铣床主轴最高转速传动路线

4. 机床精度

各种机械零件为了完成其在一台机器上的特定作用，不仅需要具有一定的几何形状，而且还必须达到一定的精度要求，即尺寸精度、形状精度、位置精度和表面质量。这些精度的获得，虽然决定于一系列因素，如机床、夹具、刀具、工艺方案、工人操作技能等，但在正常加工条件下，机床本身的精度通常是主要因素。

机床的精度包括几何精度、传动精度和定位精度。

几何精度是指机床某些基础零件工作面的几何形状精度，决定了机床加工精度的运动部件的运动精度，并决定机床加工精度的零、部件之间及其运动轨迹之间的相对位置精度。例如，卧式车床中主轴的旋转精度、床身导轨的直线度、刀架移动方向与主轴轴线的平行度等。直线精度保证了被加工零件加工表面的形状精度和位置精度。

传动精度是指机床内联系传动链两端件之间运动关系的准确性。它决定着复合运动轨迹的精度，从而直接影响被加工表面的形状精度。例如，卧式车床车削螺纹，应保证主轴每转一圈时，刀架必须均匀准确地移动一个被加工螺纹的导程。

定位精度是指机床运动部件（如工作台、刀架和主轴箱等）从某一起始位置运动到预期的另一位置时所到达的实际位置的准确程度。

机床的几何精度、传动精度和定位精度，通常是在空载、静止或低速状态下测得的，所以，一般称为静态精度。静态精度只能在一定程度上反映机床的加工精度。机床在工作时，即在载荷、温升、振动等作用下，测得的精度称为机床的动态精度。动态精度除与静态精度有密切关系外，还在很大程度上取决于机床的刚度、抗振性和热稳定性。

思考题与习题

8-1　简述 CQM6132、MGB1432、T4163B、XK5030、L6130、Z3040X20 机床的名称和主参数，并说明它们各具有哪些通用或结构特性。

8-2　通用机床的型号包括哪些内容？

8-3　金属切削机床的技术水平对机械制造业有哪些影响？

8-4　按图 8-11 写出传动路线表达式，并分析主轴的转速级数。

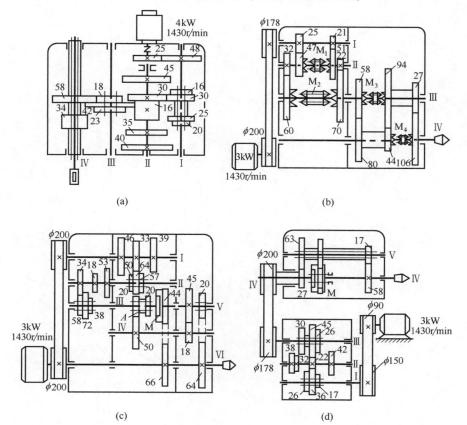

(a)　　　　　　　　　　　(b)

(c)　　　　　　　　　　　(d)

图 8-11

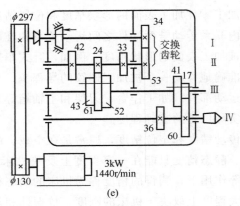

(e)

图 8-11 几种机床部分传动系统

第九章 车 床

车床类型有多种，如卧式车床、仪表车床、仿形车床和转塔车床等，现主要介绍卧式车床的构造和传动系统。

车床类机床主要用于加工各种回转表面，如内外圆柱表面、圆锥表面、成形回转表面和回转体的端面等，有些车床还能加工螺纹面。由于多数机器零件具有回转表面，车床的通用性强，因此，在机器制造厂中，车床的应用极为广泛，在金属切削机床中所占的比例最大，一般为机床总台数的 20％～35％。

在车床上使用的刀具，主要是各种车刀，有些车床还可以采用各种孔加工刀具，如钻头、扩孔钻及铰刀等，螺纹刀具如丝锥、板牙等。

为了加工出所要求的工件表面，必须使用刀具和工件实现一系列运动。

1. 表面成形运动

① 工件的旋转运动：这是车床的主运动，其转速较高，消耗机床功率的主要部分。

② 刀具的移动：这是车床的进给运动。刀具可做平行工件旋转轴线的纵向进给运动（车圆柱表面）或做垂直工件旋转轴线的横向进给运动（车端面），也可做与工件旋转轴线倾斜一定角度的斜向运动（车圆锥表面）或做曲线运动（车成形回转表面）。进给量 f 常以主轴每转刀具的移动量计算，即 mm/r。

车削螺纹时，只有一个复合的主运动——螺旋运动，它可以被分解为主轴的旋转和刀具的移动两部分。

2. 辅助运动

为了将毛坯加工至所需要的尺寸，车床还应有切入运动。有的还有刀架纵、横向的快移。重型车床还有尾架的机动快移等。

第一节 卧式车床

卧式车床的外形如图 9-1 所示，它主要由床身 4、主轴箱 1、进给箱 10、溜板箱 8、刀架 2 和尾座 3 等部件构成。床身 4 固定在左、右床腿 9 和 5 上。在床身上安装着车床的各个主要部件，使它们在工作时保持准确的相对位置或运动轨迹，主轴箱 1 固定在床身 4 的左端，内部装有主轴和传动机构。工件通过卡盘夹具装在主轴前端，由电动机经变速机构传动旋转，实现主运动。主轴箱的功用是支撑主轴并把动力经变速机构传给主轴，使主轴带动工件按规定的转速旋转，以实现主运动。刀架 2 可沿床身 4 上的刀架导轨做纵向移动。刀架部件由几层组成，它的功用是装夹车刀，实现纵向、横向或斜向运动。尾座 3 安装在床身 4 右端的导轨上，可沿导轨纵向调整其位置。它的功用是用后顶尖支撑长工件，也可以安装钻头、铰刀等孔加工刀具进行孔加工。进给箱 10 固定在床身 4 的左端前侧。进给箱内装有进给运动的变换机构，用于改变机动进给的进给量或所加工螺纹的导程。溜板箱 8 与刀架的最下层——纵向溜板相连，与刀架一起做纵向运动，功用是把进给箱传来的运动传递给刀架，使刀架实现纵向进给、快速移动或车螺纹。溜板箱上装有各种操纵手柄和按钮。

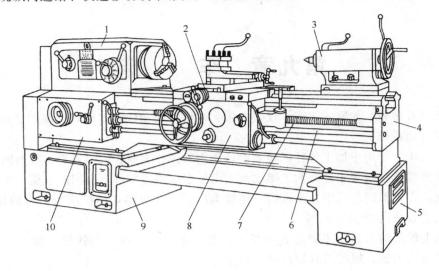

图 9-1　卧式车床

1—主轴箱；2—刀架；3—尾座；4—床身；5,9—床腿；6—光杆；7—丝杆；8—溜板箱；10—进给箱

卧式车床所能加工的典型表面如图 9-2 所示。卧式车床的传动方框图如图 9-3 所示。

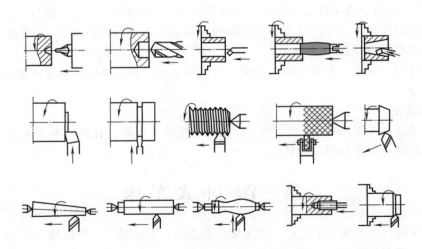

图 9-2　卧式车床所能加工的典型表面

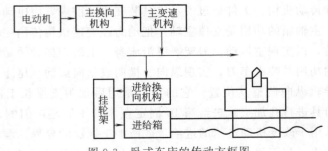

图 9-3　卧式车床的传动方框图

第二节　卧式车床的传动系统

图 9-4 所示为 CA6140 型卧式车床的传动系统，由图 9-4 可知，卧式车床的传动系统由主运动传动链、车螺纹传动链、纵向进给传动链和横向进给传动链组成。

一、主运动传动链

1. 传动路线

主运动传动链的两端件是主电动机和主轴，其作用是把电动机的运动传给主轴，并使其获得各种不同的转速，以适应不同工件对转速的不同要求。主运动传动链中的换向机构用以改变主轴的转向。运动由电动机（7.5kW、1450r/min）经 V 带轮传动副 $\phi 130/\phi 230$ 传至主轴箱中的轴 I。在轴 I 上装有双向多片摩擦离合器 M_1，使主轴正转、反转或停止。轴 I 的运动经齿轮副 56/38 和 51/43 传给轴 II，使轴 II 获得两种转速。压紧右部摩擦片时，经齿轮 50、轴 VII 上的空套齿轮 34 传给轴 II 上的固定齿轮 30，这时轴 I 到轴 II 间多一个中间齿轮 34，故轴 II 的转向与经离合器 M_1 左部传动时相反，反转转速只有一种。当离合器处于中间位置时，左、右摩擦片都没有被压紧，轴 I 的运动不能传至轴 II，主轴停转。轴 II 的运动可通过轴 II、III 之间三对齿轮的任一对传至轴 III，故轴 III 正转共 $2\times 3=6$ 级转速。

运动由轴 III 传至主轴有两条路线。

① 高速传动路线：主轴上的滑动齿轮 50 移至左端，使之与轴 V 上右端的齿轮 63 啮合。运动由轴 III 经齿轮副 63/50 直接传给主轴，得到 $450\sim 1400$r/min 的 6 级高转速。

② 低速传动路线：主轴上的滑动齿轮 50 移至右端，使主轴上的齿式离合器 M_2 啮合。轴 III 的运动经齿轮副 20/80 或 50/50 传给轴 IV，又经齿轮副 20/80 或 51/50 传给轴 V，再经齿轮副 26/58 和齿式离合器 M_2 传至主轴，使主轴获得 $10\sim 500$r/min 低转速。上述这些滑移变速齿轮副就是传动框图中的主变速机构。

传动系统可用传动路线表达式表示：

$$\begin{pmatrix} 主电动机 \\ 7.5\text{kW} \\ 1450\text{r/min} \end{pmatrix} - \dfrac{\phi 130\text{mm}}{\phi 230\text{mm}} - \text{I} - \begin{cases} \begin{matrix} M_1(左) \\ (正转) \end{matrix} \begin{cases} \dfrac{56}{38} \\ \dfrac{51}{43} \end{cases} \\ \begin{matrix} M_1(右) \\ (反转) \end{matrix} - \dfrac{50}{34} - \text{VII} - \dfrac{34}{30} \end{cases} \begin{cases} \dfrac{39}{41} \\ \dfrac{30}{50} \\ \dfrac{22}{58} \end{cases} \text{II}$$

$$\text{III} \begin{cases} \dfrac{63}{50} \\ \begin{cases} \dfrac{20}{80} \\ \dfrac{50}{50} \end{cases} \text{IV} \begin{cases} \dfrac{20}{80} \\ \dfrac{51}{50} \end{cases} \text{V} - \dfrac{26}{58} - M_2(右移) \end{cases} - \text{VI}（主轴）$$

2. 主轴转速级数与转速

根据传动系统图和传动路线表达式可以看出，主轴正转时，可得 $2\times 3=6$ 级高转速和 $2\times 3\times 2\times 2=24$ 级低转速。轴 III—IV—V 之间的 4 条传动路线传动比为

$$i_1 = \frac{20}{80} \times \frac{20}{80} = \frac{1}{16} \qquad i_2 = \frac{20}{80} \times \frac{51}{50} \approx \frac{1}{4}$$

$$i_3 = \frac{50}{50} \times \frac{20}{80} = \frac{1}{4} \qquad i_4 = \frac{50}{50} \times \frac{51}{50} \approx 1$$

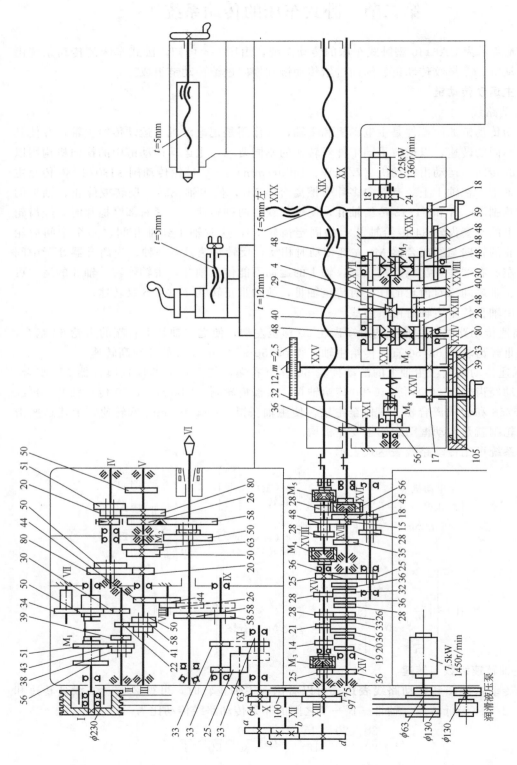

图 9-4 CA6140 型卧式车床的传动系统

式中，i_2 和 i_3 基本相同，所以实际上只有 3 种不同的传动比。因此，运动经由低速这条传动路线时，主轴实际上只能得到 $2×3×(2×2-1)＝18$ 级转速。加上由高速路线传动获得的 6 级转速，主轴总共可获得 $2×3×[1+(2×2-1)]＝6+18＝24$ 级转速。

同理，主轴反转时，有 $3×[1+(2×2-1)]＝12$ 级转速。

主轴的各级转速，可根据各滑移齿轮的啮合状态求得。如图 9-4 的啮合位置时，主轴的转速为

$$n_{主}=1450×\frac{130}{230}×\frac{51}{43}×\frac{22}{58}×\frac{20}{80}×\frac{20}{80}×\frac{26}{58}=10\;(\text{r/min})$$

同理，可以计算出主轴正转时的 24 级转速为 $10～1400\text{r/min}$；反转时的 12 级转速为 $14～1580\text{r/min}$。主轴反转通常不是用于切削，而是用于车削螺纹时，切削完一刀后使车刀沿螺纹线退回，所以转速较高，以节约辅助时间。

二、进给传动链

进给传动链是实现刀具纵向或横向移动的传动链。卧式车床在切削螺纹时，进给传动链是内联系传动链，主轴每转刀架的移动量应等于螺纹的导程。在切削螺纹时，进给传动链是外联系传动链。进给量也以工件每转刀架的移动量计算，因此，在分析进给传动链时，都把主轴和刀架当作传动链的两端。

运动从主轴Ⅵ开始，经轴Ⅸ传至轴Ⅹ。轴Ⅸ—Ⅹ可经一对齿轮，也可经轴Ⅺ上的惰轮。这是进给换向机构。然后，经挂轮至进给箱，从进给箱传出的运动，一条路线经丝杠ⅩⅨ带动溜板箱，使刀架做纵向运动，这是车削螺纹传动链，另一条路线经光杠ⅩⅩ和溜板箱，带动刀架做纵向或横向的机动进给，这是进给传动链。

1. 车削螺纹

CA6140 型车床可车削米制、英制、模数制和径节制 4 种标准的常用螺纹，此外，还可以车削大导程、非标准和较精密的螺纹。既可以车削右螺纹，也可以车削左螺纹。进给传动链的作用在于能得到上述 4 种标准螺纹。

车螺纹时的运动平衡式为

$$1_{(主轴)}\; iP_{丝}=S$$

式中　i——从主轴到丝杠之间的总传动比；

　　$P_{丝}$——机床丝杠的导程，mm，CA6140 型车床的 $P_{丝}=12\text{mm}$；

　　S——被加工螺纹的导程，mm。

改变传动比 i，就可得到这四种标准螺纹的任意一种。

（1）米制螺纹　米制螺纹导程的国家标准见表 9-1。可以看出，表中的每一行都是按等差数列排列的，行与行之间成倍数关系。

表 9-1　标准米制螺纹导程　　　　　　　　　　　　　　mm

—	1	—	1.25	—	1.5
1.75	2	2.25	2.5	—	3
3.5	4	4.5	5	5.5	6
7	8	9	10	11	12

车削米制螺纹时，进给箱中的离合器 M_3 和 M_4 脱开，M_5 接合。挂轮架齿数为 63-100-75。运动进入进给箱后，经移换机构和齿轮副 25/36 传至轴ⅩⅣ，再经过双轴滑移变速机构的齿轮副 19/14、20/14、36/21、33/21、26/28、28/28、36/28 及 32/28 中的任一对传至轴ⅩⅤ，然后再由移换机构的齿轮副（25/36）×（36/25）传至轴ⅩⅥ，接下去再经轴ⅩⅥ—ⅩⅧ之间的两组滑

移变速机构，最后经离合器 M_5 传至丝杠 XIX。溜板箱中的开合螺母闭合，带动刀架。

车削米制螺纹时传动路线表达式如下。

$$主轴 \text{VI} - \frac{58}{58} - \text{IX} - \left\{ \begin{array}{c} \underbrace{33右螺纹}_{\dfrac{33}{33}} \\ \underline{左螺纹} \\ \dfrac{33}{25} - \text{XI} - \dfrac{25}{33} \end{array} \right\} - \text{X} - \frac{63}{100} \times \frac{100}{75} - \text{XIII} - \frac{25}{36} - \text{XIV} \left\{ \begin{array}{c} \dfrac{19}{14} \\ \dfrac{20}{14} \\ \dfrac{36}{21} \\ \dfrac{33}{21} \\ \dfrac{26}{28} \\ \dfrac{28}{28} \\ \dfrac{36}{28} \\ \dfrac{32}{28} \end{array} \right.$$

$$\text{XV} - \frac{25}{36} \times \frac{36}{25} - \text{XVI} \left\{ \begin{array}{c} \dfrac{28}{35} \times \dfrac{35}{28} \\ \dfrac{18}{45} \times \dfrac{35}{28} \\ \dfrac{28}{35} \times \dfrac{15}{48} \\ \dfrac{18}{45} \times \dfrac{15}{48} \end{array} \right\} - \text{XVIII} - M_5 - 丝杠 \text{XIX} - 刀架$$

其中轴 XIV — XV 之间的变速机构可变换 8 种不同的传动比。

$$i_{基1} = \frac{26}{28} = \frac{6.5}{7} \qquad\qquad i_{基5} = \frac{19}{14} = \frac{9.5}{7}$$

$$i_{基2} = \frac{28}{28} = \frac{7}{7} \qquad\qquad i_{基6} = \frac{20}{14} = \frac{10}{7}$$

$$i_{基3} = \frac{32}{28} = \frac{8}{7} \qquad\qquad i_{基7} = \frac{33}{21} = \frac{11}{7}$$

$$i_{基4} = \frac{36}{28} = \frac{9}{7} \qquad\qquad i_{基8} = \frac{36}{21} = \frac{12}{7}$$

即 $i_{基j} = S_j/7$，$S_j = 6.5$、7、8、9、9.5、10、11、12。这些传动比的分母相同，分子则除 6.5 和 9.5 用于其他种类的螺纹外，其余按等差数列排列，相当于米制螺纹导程标准的最后一行，这套变速机构称为基本组。轴 XVI — XVIII 之间的变速机构可变换 4 种传动比。

$$i_{倍1} = \frac{18}{45} \times \frac{15}{48} = \frac{1}{8} \qquad\qquad i_{倍3} = \frac{18}{45} \times \frac{35}{28} = \frac{1}{2}$$

$$i_{倍2} = \frac{28}{35} \times \frac{15}{48} = \frac{1}{4} \qquad\qquad i_{倍4} = \frac{28}{35} \times \frac{35}{28} = 1$$

它们用以实现螺纹导程标准中行与行间的倍数关系，称为增倍组。基本组、增倍组和移换机构组成进给变速机构，进给变速机构和挂轮一起组成换置机构。

车削米制（右旋）螺纹的运动平衡式为

$$S = 1_{(主轴)} \times \frac{58}{58} \times \frac{33}{33} \times \frac{63}{100} \times \frac{100}{75} \times \frac{25}{36} \times i_{基} \times \frac{25}{36} \times \frac{36}{25} \times i_{倍} \times 12$$

式中　$i_{基}$——基本组的传动比；

$i_{倍}$——增倍组的传动比。

将上式简化后得

$$S = 7i_{基}\ i_{倍} = \frac{7S_j\ i_{倍}}{7} = S_j\ i_{倍}$$

选择 $i_{倍}$、$i_{基}$ 之值，就可以得到各种标准米制螺纹的导程 S。

S_j 最大为 12，$i_{倍}$ 最大为 1，故能加工的最大螺纹导程 $S=12$mm。如需车削导程更大的螺纹，可将轴 Ⅸ 上的滑移齿轮 58 向右移，与轴 Ⅷ 上的齿轮 26 啮合，这是一条扩大导程的传动路线。

$$主轴 Ⅵ - 58/26 - Ⅴ - 80/20 - Ⅳ \begin{cases} \dfrac{50}{50} \\[2mm] \dfrac{80}{20} - Ⅲ - \dfrac{44}{44} - Ⅷ - \dfrac{26}{58} - Ⅸ - \cdots \end{cases}$$

轴 Ⅸ 以后的传动路线与前述传动路线表达式所述相同。主轴 Ⅵ—Ⅸ 之间的传动比为

$$i_{扩1} = \frac{58}{26} \times \frac{80}{20} \times \frac{50}{50} \times \frac{44}{44} \times \frac{26}{58} = 4$$

$$i_{扩2} = \frac{58}{26} \times \frac{80}{20} \times \frac{80}{20} \times \frac{44}{44} \times \frac{26}{58} = 16$$

在正常螺纹导程时，主轴 Ⅵ—Ⅸ 之间的传动比为 $i=58/58=1$。

扩大螺纹导程机构的传动齿轮就是主运动的传动齿轮，所以：

① 只有当主轴上的 M_2 合上，即主轴处于低速状态时，才能用扩大导程。

② 当轴 Ⅲ—Ⅵ—Ⅴ 之间的传动比为 $(20/80) \times (50/50) = 1/4$ 时，$i_{扩1} = 4$，导程扩大 4 倍，当传动比为 $(20/80) \times (20/80) = 1/16$ 时，$i_{扩2} = 16$，导程扩大至 16 倍，因此，当主轴转速确定后，螺纹导程能扩大的倍数也就确定了。

③ 当轴 Ⅲ—Ⅵ—Ⅴ 之间的传动比为 $(50/51) \times (50/50)$，并不准确地等于 1，所以不能用于扩大导程。

（2）模数螺纹　其主要是米制蜗杆，有时某些特殊丝杠的导程也是模数制的。米制蜗杆的齿距为 $T_m = \pi m$，所以模数螺纹的导程为 $S_m = KT_m = K\pi m$，式中，K 为螺纹的线数。

模数 m 的标准值也是按分段等差数列的规律排列的。与米制螺纹不同的是，在模数螺纹导程 $S_m = K\pi m$ 中含有特殊因子 π。为此，车削模数螺纹时，挂轮需换为 $(64/100) \times (100/97)$。其余部分的传动路线与车削米制螺纹时完全相同。运动平衡式为

$$S_m = 1_{(主轴)} \times \frac{58}{58} \times \frac{33}{33} \times \frac{64}{100} \times \frac{100}{97} \times \frac{25}{36} \times i_{基} \times \frac{25}{36} \times \frac{36}{25} \times i_{倍} \times 12$$

式中，$(64/100) \times (100/97) \times (25/36) \approx 7\pi/48$。代入化简后得

$$S_m = \frac{7\pi}{4} \times i_{基} \times i_{倍}$$

因为　$S_m = K\pi m$，从而得

$$m = \frac{7 \times i_{基} \times i_{倍}}{4K} = \frac{S_j\ i_{倍}}{4K}$$

改变 $i_{基}$、$i_{倍}$，就可以车削出各种标准模数螺纹。如应用扩大螺纹导程机构，也可以车削出大导程的模数螺纹。

（3）英制螺纹　英制螺纹在采用英制的国家（如英国、美国、加拿大等）中应用广泛。我国的部分管螺纹目前也采用英制螺纹。

英制螺纹以每英寸长度上的螺纹扣数 U（扣/in[❶]）表示，因此，英制螺纹的导程 $S_U=$

---

❶ 1in=0.0254m。

1/U（in）。由于这台车床的丝杠是米制螺纹，被加工的英制螺纹也应换算成以毫米为单位的相应导程值，即

$$S_U = i/U(\text{in}) = 25.4/U \quad (\text{mm})$$

U 的标准值也是按分段等差数列的规律排列的，所以英制螺纹导程的分母为分段等差级数。此外，还有特殊因子 25.4。车削英制螺纹时，应对传动路线做如下两点变动。

① 将基本组两轴（轴 XV 和轴 XIV）的主、被动关系对调，使轴 XV 变为主动轴，轴 XIV 变为被动轴，就可使分母为等差级数。

② 在传动链中实现特殊因子 25.4。

为此，将进给箱中的离合器 M_3 和 M_5 接合，M_4 脱开，轴 XVI 左端的滑移齿轮 25 移至左面位置，与固定在轴 XIV 上的齿轮 36 相啮合。运动由轴 XIII 经 M_3 先传到轴 XV，然后传至轴 XIV，再经齿轮副 36/25 传至轴 XVI。其余部分的传动路线表达式读者可自行写出，其运动平衡式为

$$S_U = 1_{(\text{主轴})} \times \frac{58}{58} \times \frac{33}{33} \times \frac{63}{100} \times \frac{100}{75} \times \frac{1}{i_{\text{基}}} \times \frac{36}{25} \times i_{\text{倍}} \times 12$$

其中

$$\frac{63}{100} \times \frac{100}{75} \times \frac{36}{25} = \frac{63}{75} \times \frac{36}{25} \approx \frac{25.4}{21}$$

$$S_U \approx \frac{25.4}{21} \times \frac{1}{i_{\text{基}}} \times i_{\text{倍}} \times 12 = \frac{4}{7} \times 25.4 \times \frac{i_{\text{倍}}}{i_{\text{基}}}$$

$$S_U = \frac{25.4}{U}, \quad \frac{25.4}{U} = \frac{4}{7} \times 25.4 \times \frac{i_{\text{倍}}}{i_{\text{基}}}$$

故

$$U = \frac{7 i_{\text{基}}}{4 i_{\text{倍}}} (\text{扣}/\text{in})$$

改变 $i_{\text{倍}}$ 和 $i_{\text{基}}$，就可以车削出各种标准的英制螺纹。

（4）径节螺纹　其主要是英制蜗杆。它是用径节 DP 来表示的。径节 $DP = Z/D$（式中，Z 为齿轮齿数，D 为分度圆直径，in），即蜗轮或齿轮折算到每 1in 分度圆直径上的齿数。英制蜗杆的轴向齿距即径节螺纹的导程为

$$S_{DP} = \frac{\pi}{DP}(\text{in}) \approx \frac{25.4}{DP} \quad (\text{mm})$$

径节 DP 也是按分段等差数列的规律排列的。径节螺纹导程排列的规律与英制螺纹相同，只是含有特殊因子 25.4π。车削径节螺纹时，传动路线与车削英制螺纹时完全相同，但挂轮需换为 （64/100）×（100/97），它和移换机构轴 XIV — XVI 之间的齿轮副 36/25 组合，得到传动比值。

$$\frac{64}{100} \times \frac{100}{97} \times \frac{36}{25} = \frac{25.4\pi}{84}$$

综上所述，得出两点结论。

① 车削米制和模数螺纹时，使轴 XIV 主动，轴 XV 被动，车削英制和径节螺纹时，使轴 XV 主动，轴 XIX 被动。主动轴与被动轴的对调是通过轴 XIII 左端齿轮 25（向左与轴 XIV 上的齿轮 36 啮合，向右则与轴左端的 M_3 形成内外齿轮离合器）和轴 XVI 左端齿轮 25 的移动（分别与轴 XIV 右端的两个齿轮 36 啮合）来实现的。这两个齿轮由同一个操纵机构控制，使它们反向联动，以保证其中一个在左面位置时，另一个在右面位置。轴 XIII — XIV 之间的齿轮副 25/36、离合器 M_3、轴 XV — XIV — XVI 之间的齿轮 25—36—25（这个齿轮 36 是空套在轴

XIV 上的）和轴 XIV—XVI 之间的 36/25（这个齿轮 36 是固定在轴 XIV 上的）称为移动换向机构。

② 车削米制和英制螺纹时，挂轮架齿轮为 63—100—75；车削模数和径节螺纹（米制和英制蜗杆）时，挂轮架齿轮为 64—100—97。

（5）非标准螺纹　车削非标准螺纹时，不能用进给变速机构。这时，可将离合器 M_3、M_4 和 M_5 全部啮合，把轴 XIII、轴 XV、轴 XVIII 和丝杠连成一体，使运动由挂轮直接传动丝杠。被加工螺纹的导程 S 依靠调整挂轮的传动比 $i_{挂}$ 来实现。

为了综合分析和比较车削上述各种螺纹时的传动路线，把 CA6140 型车床进给传动链中加工螺纹时的传动路线表达式归纳总结如下。

$$主轴 \text{VI} \begin{cases} -\dfrac{58}{58}- \\ (正常导程) \\ \dfrac{58}{26}-\text{V}-\dfrac{80}{20}-\text{IV}-\begin{cases}\dfrac{50}{50}\\\dfrac{80}{20}\end{cases}-\text{III}-\dfrac{44}{44}-\text{VIII}-\dfrac{26}{58} \\ (扩大导程) \end{cases} \text{IX} \begin{cases} -\dfrac{33}{33}- \\ (右螺纹) \\ \dfrac{33}{25}-\text{XI}-\dfrac{25}{33} \\ (左螺纹) \end{cases}$$

$$-\text{X} \begin{cases} \dfrac{63}{100}-\text{XII}-\dfrac{100}{75} \\ (米、英制螺纹) \\ \dfrac{64}{100}-\text{XII}-\dfrac{100}{97} \\ (模数、径节螺纹) \\ -\dfrac{a}{b}\dfrac{c}{d}-\text{XIII}-M_3合-\text{XV}-M_4合 \\ (非标准螺纹) \end{cases} \text{XIII} \begin{cases} \dfrac{25}{36}-\text{XIV}-i_基-\text{XV}-\dfrac{25}{36}-\dfrac{36}{25} \\ (公制及模数螺纹) \\ M_3合-\text{XV}-\dfrac{1}{i_基}-\text{XIV}-\dfrac{36}{25} \\ (英制及径节螺纹) \end{cases} \text{XVI}-i_倍$$

$-\text{XVIII}-M_5合-\text{XIX}$

2. 车削圆柱面和端面

（1）传动路线　为了减少丝杠的磨损和便于操纵，机动进给是由光杠经溜板箱传动的。这时，将进给箱中的离合器 M_5 脱开，使轴 XIII 的齿轮 28 与轴 XX 左端的 56 相啮合。运动由进给箱传至光杠 XX，再经溜板箱中的齿轮副（36/32）×（32/56）、超越离合器及安全离合器 M_8、轴 XXVII、蜗杆蜗轮副 4/29 传至轴 XXIII。运动由轴 XXIII 经齿轮副 40/48 或（40/30）×（30/48）、双向离合器 M_6、轴 XXIV、齿轮副 28/80、轴 XXV 传至小齿轮 12。小齿轮 12 与固定在床身上的齿条相啮合。小齿轮转动时，就使刀架做纵向机动进给以车削圆柱面。若运动由轴 XXIII 经齿轮副 40/48 或（40/30）×（30/48）、双向离合器 M_7、轴 XXVIII 及齿轮副（48/48）×（59/18）传至横向进给丝杠 XXX，就使横刀架做横向机动进给以车削端面。其传动路线表达式如下。

$$\cdots \text{XVIII}-\dfrac{28}{56}-\text{XX}-\dfrac{36}{32}-\text{XXI}-\dfrac{32}{56}-\text{XXII}-\dfrac{4}{29}-\text{XXIII}$$

$$快移电动机(250\text{W}, 2800\text{r/min})-\dfrac{18}{24}$$

$$\begin{cases} M_6 \uparrow \dfrac{40}{48} \\ M_6 \downarrow \dfrac{40}{30}\times\dfrac{30}{48} \end{cases} \text{XXIV}-\dfrac{28}{80}-\text{XXV}-Z_{12}/齿条$$

$$\begin{cases} M_7 \uparrow \dfrac{40}{48} \\ M_7 \downarrow \dfrac{40}{30}\times\dfrac{30}{48} \end{cases} \text{XXVIII}-\dfrac{48}{48}-\text{XXIX}-\dfrac{59}{18}-横向丝杠 \text{XXX}$$

（2）纵向机动进给量　CA6140 型车床纵向机动进给量有 64 种。当运动由主轴经正常导程的米制螺纹传动路线时，可获得正常进给量。这时的运动平衡式为

$$f_{纵} = 1r(主轴) \times \frac{58}{58} \times \frac{33}{33} \times \frac{63}{100} \times \frac{100}{75} \times \frac{25}{36} \times i_{基} \times \frac{25}{36} \times \frac{36}{25} \times i_{倍} \times$$

$$\frac{28}{56} \times \frac{36}{32} \times \frac{32}{56} \times \frac{4}{29} \times \frac{40}{30} \times \frac{30}{48} \times \frac{28}{80} \times \pi \times 2.5 \times 12 \quad (mm/r)$$

改变 $i_{基}$ 和 $i_{倍}$ 可得到从 $0.08 \sim 1.22 mm/r$ 的 32 种正常进给量。其余 32 种进给量可分别通过英制螺纹传动路线和扩大螺纹导程机构得到。

（3）横向机动进给量　通过传动计算可知，横向机动进给量是纵向进给量的一半。

3. 刀架的快速移动

为了减轻工人劳动强度和缩短辅助时间，刀架可以实现纵向和横向机动快速移动。按下快速移动按钮，快速电动机（250W，2800r/min）经齿轮副 18/24 使轴 XXII 高速转动，再经蜗杆副 4/29，溜板箱内的转换机构使刀架实现纵向或横向的快速移动。快移方向仍由溜板箱中双向离合器 M_6 和 M_7 控制。

刀架快速移动时，不必脱开进给传动链。为了避免仍在转动的光杠和快速电动机同时传动轴 XXII，在齿轮 56 与轴 XXII 之间装有超越离合器。

第三节　CA6140 型车床的主要结构部件

一、主轴箱

机床主轴箱是一个比较复杂的传动部件，表达主轴箱中各传动件的结构和装配关系常用展开图。展开图基本上按各传动轴传递运动的先后顺序，沿其轴心线剖开，并展开在一个平面上，如图 9-5 所示，该图是沿轴 IV—I—III（V）—VI—XI—IX—X 的轴线剖切，展开后绘制出来的。

展开图把立体展开在一个平面上，其中有些轴之间的距离拉开了。如轴 IV 画得离开轴 III 与轴 V 较远，因而使原来相互啮合的齿轮副分开了。读展开图时，首先应弄清传动关系。展开图不表示各轴的实际位置。

1. 卸荷带轮

电动机经 V 带将运动传至轴 I 左端的卸荷带轮 2（图 9-5 的左上部分）。卸荷带轮 2 与花键轴套 1 用螺钉连接成一体，支承在法兰 3 内的两个深沟球轴承上。法兰 3 固定在主轴箱体 4 上。这样，卸荷带轮 2 可通过花键轴套 1 带动轴 I 旋转，胶带的拉力则经轴承和法兰 3 传至主轴箱体 4。轴 I 的花键部分只传递转矩，从而可避免因胶带拉力而使轴 I 产生弯曲变形。这种带轮起卸荷作用——把径向载荷卸给箱体。

2. 双向多片摩擦离合器、制动器及其操纵机构

双向多片摩擦离合器装在轴 I 上，其原理见图 9-6。双向多片摩擦离合器由内摩擦片 3、外摩擦片 2、止推片 10 及 11、元宝形摆块 6 和空套齿轮 1 等组成。离合器左、右两部分结构是相同的。左离合器可传动主轴正转，用于切削加工。需传递的转矩较大，所以片数较多。右离合器可传动主轴反转，主要用于退回，片数较少。

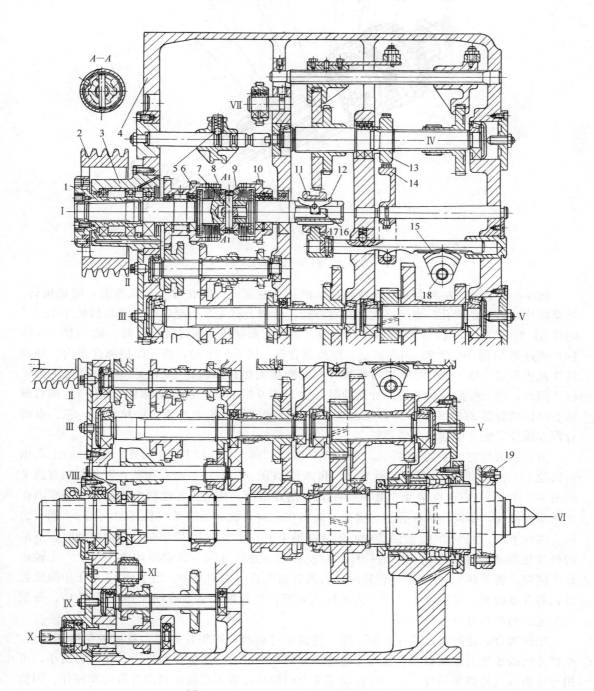

图 9-5　CA6140 型卧式车床主轴箱展开图

1—花键轴套；2—卸荷带轮；3—法兰；4—主轴箱体；5—弹簧钢球；6—双联空套齿轮；7—连接销；
8—左摩擦离合器；9—右摩擦离合器；10—空套齿轮；11—滑套；12—元宝形摆块；13—制动轮；
14—制动杠杆；15—齿条轴；16—轴；17—拨叉；18—扇形齿板；19—主轴前端

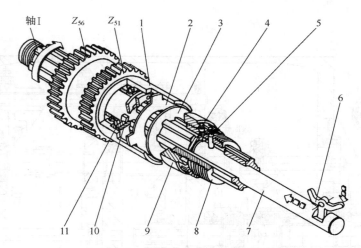

图 9-6　双向多片摩擦离合器

1—空套齿轮；2—外摩擦片；3—内摩擦片；4—弹簧销；5—销；6—元宝形摆块；
7—轴；8—右摩擦离合器；9—空套齿轮；10，11—止推片

图 9-6 表示的是左离合器。内摩擦片 3 的孔是花键孔，装在轴 I 的花键上，随轴旋转。外摩擦片 2 的孔是圆孔，直径略大于花键外径。外圆上有 4 个凸起，嵌在空套齿轮 1（图 9-5 的件 6）的缺口中。内、外摩擦片相间安装。当元宝形摆块 6 顺时针摆动时，轴 7（图 9-5 件 16）通过销 5（图 9-5 件 7）向左推动左摩擦离合器（图 9-5 件 8），将左摩擦离合器内、外摩擦片互相压紧。轴 I 的转矩便通过摩擦片间的摩擦力矩传给齿轮 1（图 9-5 件 6），使主轴正转，同理，当元宝形摆块 6 逆时针摆动时，轴 7（图 9-5 件 16）通过销 5（图 9-5 件 7）向右推动右摩擦离合器 8（图 9-5 件 9），使主轴反转。当元宝形摆块 6 处于中间位置时，左、右离合器都脱开，轴 II 以后的各轴停转。

离合器的位置由手柄 18 操纵，如图 9-7 所示。向上扳，拉杆 20 向外，使曲柄 21 和扇形齿轮 17（图 9-5 件 18）做顺时针转动。齿条轴 8（图 9-5 件 15）向右移动。齿条左端有拨叉 9（图 9-5 件 17），它卡在滑套 6（图 9-5 件 11）的环槽内，使滑套 6 也向右移动。滑套 6 内孔的两端为锥孔，中间为圆柱孔。当滑套 6 向右移动时，就将元宝销（杠杆）12（图 9-5 件 12）的右端向下压。元宝销 12 的回转中心轴装在轴 I 上。元宝销 12 做顺时针方向转动时，下端的凸缘便推动装在轴 I 内孔中的拉杆 7 向左移动，并通过销 5 带动压块向左压紧，主轴正转。同理，将手柄 18 扳至下端位置时，右离合器压紧，主轴反转。当手柄 18 处于中间位置时，离合器脱开，主轴停止转动。为了操纵方便，在操纵杆上装有两个操纵手柄 18，分别位于进给箱右侧及溜板箱右侧。

摩擦离合器还能起过载保护的作用。当机床过载时，摩擦片打滑，就可避免损坏机床。摩擦片间的压紧力是根据离合器应传递的额定转矩确定的。摩擦片磨损后，压紧力减小，可用一字头旋具将弹簧销按下，同时拧动压块上的螺母，直到螺母压紧离合器的摩擦片。调整好位置后，使弹簧销重新卡入螺母的缺口中，防止螺母松动。

3. 超越离合器和安全离合器

CA6140 型车床安全离合器及超越离合器结构如图 9-8 所示。它由空套齿轮 7（即溜板箱 XX 上空套 Z_{56}）、星轮 10、滚柱 2、顶销 8 和弹簧 9 组成，此结构为单向超越式结构。当空套齿轮 7 为主动轮时（正常进给时），做逆时针慢速进给，在摩擦力的作用下，带动滚柱

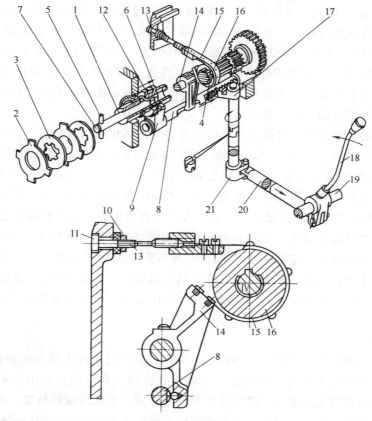

图 9-7　制动器

1,4,19—轴；2—外摩擦片；3—内摩擦片；5—销；6—滑套；7,13,20—拉杆；8—齿条轴；9—拨叉；10—防松螺母；
11—防松螺钉；12—杠杆；14—制动器杠杆；15—制动带；16—花键轴；17—扇形齿轮；18—手柄；21—曲柄

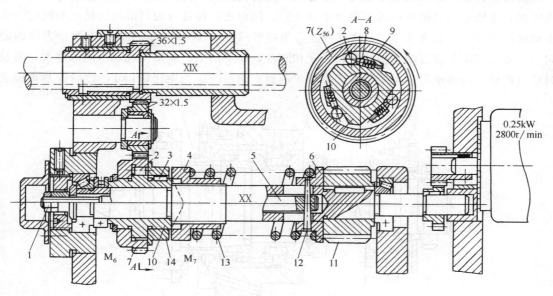

图 9-8　CA6140 型车床安全离合器及超越离合器结构

1—螺母；2—滚柱；3—键；4—右螺旋形齿爪；5—轴；6—弹簧座；7—空套齿轮；8—顶销；
9,13—弹簧；10—星轮；11—蜗杆；12—销；14—左螺旋形齿爪挤向楔缝，使星轮 10 随同空套齿轮 7 一起转动，再经安全离合器 M_7 带动轴 XX 转动实行机动进给。当快速电动机启动时，星轮 10 由轴 XX 带动做逆时针方向快速旋转，由于星轮 10 转速超过空套齿轮 7，滚柱 2 无法挤进楔缝而退出楔缝，使星轮 10 和空套齿轮 7 自动脱开。由进给箱传来的运动 Z_{56} 慢速转动照常进行，而快进电动机传来的运动使轴 XX 快速转动，刀架快进，两者互不干涉，高速超越了低速。一旦快进电动机停止工作，超越离合器自动接合，刀架立即恢复正常的工作进给运动。

安全离合器的作用是防止过载或发生偶然事件时损坏机床的结构。它由端面带螺旋形齿爪的左右两半部分 4 和 14 组成，其左半部分 14 用键装在超越离合器 M_6 的星轮 10 上，且与轴 XX 空套，右半部分 4 与轴 XX 用花键连接。在正常状态下，由弹簧 13 压力作用使离合器左右两半部分互相啮合，由光杆传来的运动，经 M_6 超越离合器、M_7 安全离合器传至轴 XX 和蜗杆 11。当刀架上的载荷增大时，通过安全离合器齿爪传递的转矩以及作用在螺旋齿面上的轴向分力都将随之增大，当轴向分力超过弹簧 13 的调定分力时，离合器右半部分 4 将压缩弹簧而向右移动，与左半部分 14 脱开，导致安全离合器打滑，于是机动进给传动链断开。刀架进给停止，如图 9-8 所示，当过载现象消除后，弹簧 13 使安全离合器自动重新接合，恢复正常工作（不用动手）。调节弹簧 13 的压缩量，可得到安全离合器传递的合适大小的转矩。

4. 主轴部件

主轴部件是车床最重要的部分，如图 9-9 所示。加工时工件夹持在主轴前端的夹具上，并由其直接带动旋转做主运动，其内孔用于通过长棒料以及气动、液压等夹紧装置的传动杆。主轴前端有精密的莫氏锥孔，供安装顶尖或芯轴用。主轴的旋转精度、刚度等对工件的加工精度和表面粗糙度有直接影响。主轴的前后支承处各装有一个双列短圆柱滚子轴承 2 和 5，中间支承处装有一个单列向心短圆柱滚子轴承（图 9-9 中未画出）。用于承受径向力。由于双列短圆柱滚子轴承的承载能力和刚度大，旋转精度高，内孔是 1：12 的锥孔，可以通过内圈相对主轴轴颈的轴向移动来调整轴承间隙，因而可以保证有较高的回转精度和刚度。在支承处还装有一个接触角为 $60°$ 的双列推力角接触球轴承 3，用于承受左、右两个方向的轴向力。轴承间隙直接影响主轴的旋转精度和刚度，在使用中，如果发现轴承间隙增大，需及时进行调整。前轴承可以用螺母 1 和螺母 4 调整。调整时，先旋松螺母 1，然后拧紧带锁紧

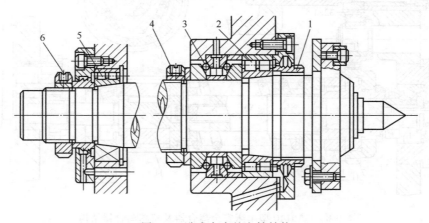

图 9-9 卧式车床的主轴结构

1，4，6—螺母；2，5—双列短圆柱滚子轴承；3—轴承

螺钉的螺母 4，使轴承 2 的内圈相对主轴锥形轴颈向右移动。由于锥面的作用，薄壁的轴承内圈产生径向弹性膨胀，将滚子与内、外圈之间的间隙消除。然后，将螺母 1 旋紧，轴承 5 的间隙可以用螺母 6 调整，调整方法同前。

二、变速机构

变速机构的任务是在主动轴转速不变的情况下，使从动轴得到不同的转速。车床上常见的变速机构有以下几种（图 9-10）。

（1）滑移齿轮变速机构　如图 9-10(a) 所示，齿轮 Z_1、Z_2、Z_3 固定在轴 Ⅰ 上，由齿轮 Z_1'、Z_2' 和 Z_3' 组成的三联滑移齿轮以花键和轴连接，并可移至左、中、右三个位置，使传动比不同的齿轮副 Z_1'/Z_1、Z_2'/Z_2、Z_3'/Z_3 依次啮合。因而，当主动轴转速不变时，从动轴可以得到三种不同的转速。

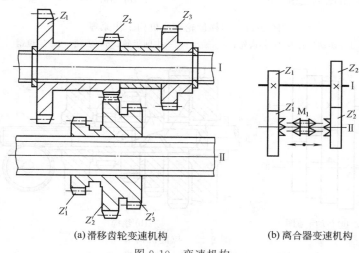

(a) 滑移齿轮变速机构　　　　(b) 离合器变速机构

图 9-10　变速机构

（2）离合器变速机构　如图 9-10(b) 所示，固定在轴上的齿轮 Z_1、Z_2 分别与空套在轴 Ⅱ 的齿轮 Z_1'、Z_2' 经常保持啮合。由于两对齿轮的传动比不同，当轴 Ⅰ 的转速一定时，齿轮 Z_1'、Z_2' 将以不同转速旋转。利用双向离合器 M_1，使其与 Z_1'、Z_2' 连接，使 Ⅱ 轴得到不同的转速。

（3）摆移齿轮变速机构　其工作原理如图 9-11 所示。轴 Ⅰ 上固定着一组齿数不同的齿轮，通常称为塔齿轮，轴 Ⅱ 上装有滑移齿轮 2，它通过一个可以轴向移动又能摆动的中间齿轮 4，能和塔轮 5 中的任何一个齿轮相啮合，使轴 Ⅰ 与轴 Ⅱ 之间得到多种（取决于塔齿轮的数目）不同的传动比 [传动示意图见图 9-11 (a)]。中间齿轮 4 空套在固定于摆动架 1 中的轴销 3 上，摆动架空套在轴 Ⅱ 上，由定位销 6 将其固定在一定位置上 [图 9-11 (b)]，以保持中间齿轮和塔轮的正确啮合。变速时首先拔出定位销 6，转动摆动架 1，使中间齿轮 4 和塔轮 5 脱开啮合，然后轴向移动摆动架至所需位置，将定位销插入相应的孔中，使中间齿轮 4 与所需的另一个齿轮相啮合。

（4）拉键机构　这种变速机构由两组塔轮组成，其中一组与轴 Ⅰ 固定连接，另一组空套在轴 Ⅱ 上，两组齿轮成对地经常处于啮合状态。拉键 2 安装在空心轴 Ⅱ 内的齿条轴 4 上，主动齿轮 5 转动，带动齿条轴 4 移动时，使拉键沿轴向移动进入相应的空套齿轮的键槽内，使之与轴 Ⅱ 连接，从而变换轴 Ⅰ 与轴 Ⅱ 之间的传动比，使从动轴得到不同转速，如图 9-12 所示。

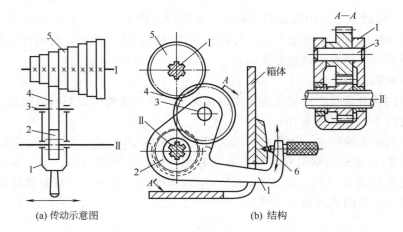

(a) 传动示意图　　　　　　　　(b) 结构

图 9-11　摆移齿轮变速机构工作原理

1—摆动架；2—滑移齿轮；3—轴销；4—中间齿轮；5—塔轮；6—定位销

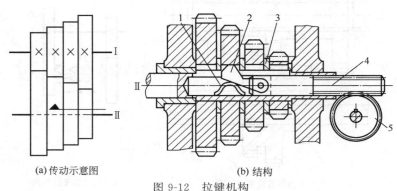

(a) 传动示意图　　　　　　　　(b) 结构

图 9-12　拉键机构

1—弹簧；2—拉键；3—垫圈；4—齿条轴；5—主动齿轮

三、变向机构

变向机构用以改变主轴的旋转方向、溜板和刀架的进给方向，车床上常见的变向机构如图 9-13 所示。

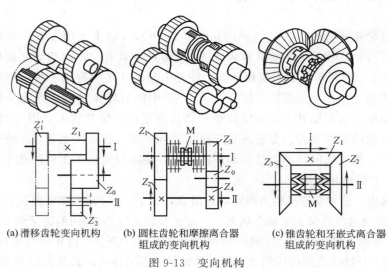

(a) 滑移齿轮变向机构　　(b) 圆柱齿轮和摩擦离合器　　(c) 锥齿轮和牙嵌式离合器
　　　　　　　　　　　　组成的变向机构　　　　　　组成的变向机构

图 9-13　变向机构

（1）滑移齿轮变向机构　当滑移齿轮在图示位置时，运动由 Z_1 经中间齿轮 Z_0 传至 Z_2，轴 II 与轴 I 转向相同；当 Z_2 移至虚线位置时，Z_1 与 Z_2 直接啮合，轴 II 与轴 I 转向相反，如图 9-13（a）所示。

（2）圆柱齿轮和摩擦离合器组成的变向机构　双向离合器 M 的左面部分接合时，运动由轴 I 经齿轮副 Z_1/Z_2 传至轴 II，两轴转向相反；离合器右面部分接合时，运动由轴 I 经齿轮副 Z_3/Z_0 和 Z_0/Z_4 传至轴 II，两轴转向相同［图 9-13（b）］。

（3）锥齿轮和牙嵌式离合器组成的变向机构　固定轴 I 上的齿轮 Z_1，带动空套在轴 II 上的两个齿轮 Z_2 和 Z_3 向相反方向旋转，移动离合器 M 使齿轮 Z_2 和 Z_3 与轴 II 连接，即可改变轴 II 的转向［图 9-13（c）］。

四、操纵机构

操纵机构的功能是改变离合器和滑移齿轮的位置，实现主运动和进给运动的启动、停止、变速、变向等动作。为使操作方便，常采用一个手把操纵几个传动件，如滑移齿轮、离合器等。

（1）主轴变速操纵机构　图 9-14 所示为车床主轴箱中的一种变速操纵机构，它用一个手柄同时操纵双联滑移齿轮 1 和三联滑移齿轮 2。手柄 9 通过链轮、链条传动使轴 7 转动，在轴 7 上固定有盘形凸轮 6 和曲柄 5，凸轮 6 上有一条曲线槽，图中 $a'\sim f'$ 标出 6 个位置，其中 a'、b'、c' 位置半径较大，d'、e'、f' 位置的半径较小。凸轮槽通过杠杆 11 操纵双联齿轮 1，当杠杆 11 的滚子处于凸轮曲线的大半径处时，齿轮 1 在左端位置。若处于小半径处，则被移至右端位置。曲柄 5 上的圆柱销、滚子装在拨叉 3 的长槽中，当曲柄 4 随轴 7 转动时，可拨动滑移齿轮 2，使其处于左、中、右 3 个位置。通过手柄 9 的旋转和曲柄 5 及杠杆 11 的协同动作，可使齿轮 1 和 2 的轴向位置实现 6 种不同的组合，得到 6 种不同的转速。

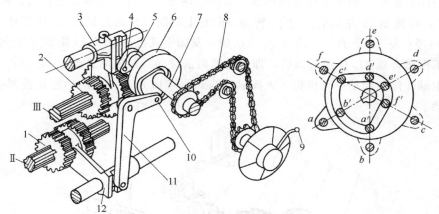

图 9-14　主轴变速操纵机构

1,2—齿轮；3,12—拨叉；4,5—曲柄；6—凸轮；

7—轴；8—链条；9—手柄；10—圆柱销；11—杠杆

（2）纵、横向机动操纵机构　它的功能是接通、断开车床纵、横向机动进给机构和改变进给方向，如图 9-15 所示。

向左或向右扳动手柄 1 便可以接通向左或向右的纵向进给，其运动传递过程为：向左或向右扳动手柄 1，手柄座下端的开口槽通过球头销 4 拨动轴 5 沿轴向移动，再经杠杆 7、连

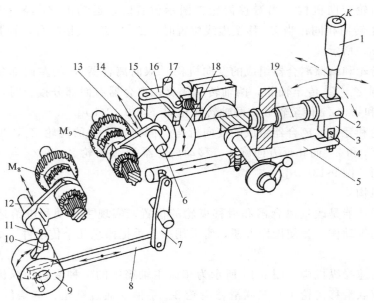

图 9-15　纵、横向机动操纵机构

1—手柄；2—销子；3—手柄座；4—球头销；5,6,11,19—轴；7,16—杠杆；
8—连杆；9,18—凸轮；10,14,15—销钉；12,13—拨叉；17—轴销

杆 8 使凸轮 9 转动，凸轮上的曲线槽通过销钉 10 带动轴 11 以及固定在它上面的拨叉 12 向前或向后移动，从而使双面爪形离合器 M_8 向前或向后啮合，即可接通向左或向右的纵向进给。

向前或向后扳动手柄 1 可接通向前或向后的横向进给，其运动传递过程为：向前或向后扳动手柄 1，可使轴 19 左端的凸轮 18 转动，凸轮上的曲线槽通过销钉 15 使杠杆 16 绕轴销 17 摆动，再经杠杆 16 上的另一销钉 14 带动轴 6 及固定其上的拨叉 13 沿轴 6 轴向移动，并拨动双面爪形离合器 M_9 向前或向后，即可接通向前或向后的横向进给。

（3）主轴开停及制动操纵机构　该操纵机构如图 9-16 所示，它的功能是控制主轴开停、换向和制动。

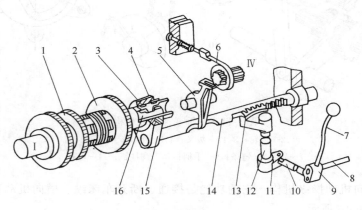

(a) 轴测图

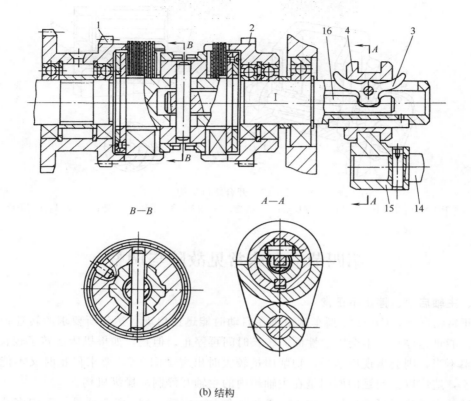

(b) 结构

图 9-16 主轴开停及制动操纵机构

1—双联齿轮；2—空套齿轮；3,5—杠杆；4—滑套；6—制动带；7—手柄；8—操纵杆；
9,11—杠杆座；10,12,16—轴；13—扇形齿轮；14—齿条轴；15—拨叉

向上扳动手柄 7 时，通过由零件 9、10 和零件 11 组成的杠杆机构使轴 12 和扇形齿轮 13 顺时针转动，传动齿条轴 14 及固定在其左端的拨叉 15 右移，拨叉又带动滑套 4 右移，使空套双联齿轮 1 与轴 I 连接，于是主轴启动沿正向旋转。向下扳动手柄 7 时，齿条轴 14 带动滑套 4 左移，将空套齿轮 2 与轴 I 连接，于是主轴启动沿反向旋转。手柄 7 扳至中间位置时，齿条轴 14 和滑套 4 也都处于中间位置，双向摩擦离合器的左右两组摩擦片都松开，传动链断开，这时齿条轴 14 上的凸起部分压着制动杠杆 5 的下端，将制动带 6 拉紧，于是主轴被制动，迅速停止旋转。当齿条轴 14 移向左端或右端位置，使离合器接合、主轴启动时，它上面的凹圆弧与杠杆 5 接触，制动带松开，主轴不被制动。

五、开合螺母机构

开合螺母的功能是接通或断开由丝杠传来的运动，以便在车螺纹和蜗杆时，合上开合螺母，丝杠通过开合螺母带动溜板箱和刀架运动。

开合螺母机构如图 9-17 所示。当扳动手柄 6，经轴 7 使槽盘 4 逆时针转动时，曲线槽迫使两圆柱销 3 互相靠近，带动上下半螺母合拢，与丝杠啮合，带动刀架向左或向右移动。当扳动手柄 6 的方向与上述相反方向时，槽盘 4 顺时针转动，曲线槽通过圆柱销使两个半螺母分开，刀架便停止运动。

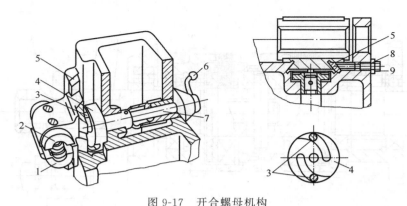

图 9-17　开合螺母机构

1—下半螺母；2—上半螺母；3—圆柱销；4—槽盘；5—镶条；6—手柄；7—轴；8—螺母；9—螺栓

第四节　车床常见故障与调整

一、主轴启动、停止不正常

在正常情况下，CA6140 型车床主轴在启动时能迅速启动，达到所要求的转速；在要求停止时，能迅速停止，不会因惯性而需较长时间再停止。但是，如果机床运转了较长时间或机床调整不当，则会出现启动慢，切削用量较大时出现"闷车"，要求停止时又不能迅速停止的现象，造成以上问题的原因是在主轴箱内的主轴开停制动操纵机构。

主轴的启动是通过手柄操纵使 M_1 离合器合上而实现，M_1 离合器是一双向多片摩擦离合器，如图 9-18 所示。它由左、右两部分组成。左合启动主轴正转，右合启动主轴反转。下面以左离合器操作说明其工作原理。多个内摩擦片和外摩擦片相间安装，内摩擦片以花键孔与轴Ⅰ相连接，外圆是光滑表面，外摩擦片中内孔是光孔，外圆上有 4 个凸齿嵌在双联空套齿轮 1 的 4 条缺口内。当内外摩擦片未被相互压紧时，彼此互不联系，轴Ⅰ不能带动双联空套齿轮 1 转动。当操纵手柄抬起，使内外摩擦片紧压在一起时，摩擦片间的摩擦力使轴Ⅰ和双联空套齿轮 1 连接，主轴启动正转。如果内、外摩擦片车间的间隙由于磨损或调整不当，正常操纵就不能使内外摩擦片紧压在一起。内外摩擦片间的摩擦力就会减小，主轴将缓慢启动，这时，必须进行摩擦片间的间隙调整。调整方法是压下弹簧销 4，然后转动左半离合器 9a，使其相对左半离合器中的压套 8 做小量轴向移动，即可改变内外摩擦片之间的间隙。调整好后，弹簧销自动弹入左半离合器 9a 的缺口中，以防工作时左半离合器 9a 松动（9a 调整左半离合器，9b 调整右半离合器）。

主轴停止操纵时不能迅速停下来的原因是：由于制动装置有问题，可能是制动带过松，也可能是制动带内制动片（一层铜丝石棉）长期工作磨损。维修方法是：调整制动带与制动轮之间的间隙（如果制动片坏了，则调换后再调整），如图 9-7 所示。

通过先放松螺钉 11 上的防松螺母 10，再拧动螺钉又使制动带向左方向收紧。调整合适后，再拧紧螺钉 11 上的防松螺母。这样，就能使主轴在运转时，制动带完全松开，在主轴停车时迅速将主轴制动。

二、主轴回转精度下降

旋转精度是车床主轴部件工作性能最基本的指标，它在很大程度上决定着工件的加工精

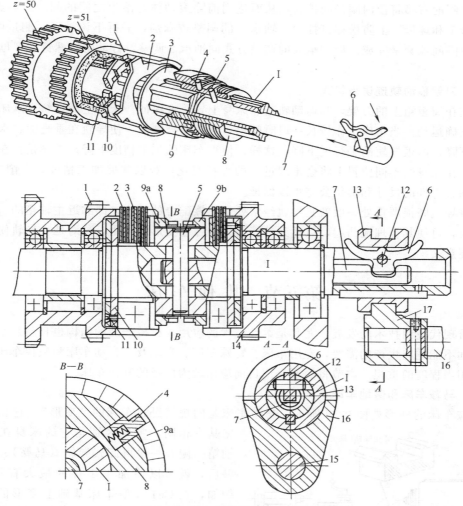

图 9-18 双向多片摩擦离合器结构

1—双联空套齿轮；2—外摩擦片；3—内摩擦片；4—弹簧销；5—销；6—元宝形摆块；7，15—拉杆；8—压套；
9—离合器；9a—左半离合器；9b—右半离合器；10，11—止推片；12—销；13—滑套；14—齿轮；16—齿条轴；17—拨叉

度和表面粗糙度。

由于长期工作或调整不当，车床主轴的回转精度出现下降现象。影响主轴旋转精度的主要因素是主轴轴承、主轴、支承座以及其他与安装调整轴承有关零件的制造精度和装配质量。通常情况下，轴承的影响是比较大的。当车床主轴工作较长时间后，主轴轴承会出现磨损现象，滚动体与滚道之间会产生间隙，这时主轴回转精度就会下降。通过对主轴轴承间隙的调整和适当预紧，能改善主轴的回转精度等工作性能。下面以 CA6140 型卧式车床主轴轴承间隙调整为例，说明具体调整方法。

如图 9-9 所示，主轴的前支承采用的是双列短圆柱滚子轴承和双列角接触球轴承组合。后支承则用一双列短圆柱滚子轴承。长期工作后，滚动体会磨损，原来安装调整好的轴承预紧量被破坏，主轴回转精度下降。这就需要维修人员对其进行调整或调换。具体调整方式如下：前支承调整，先放松螺母 1，再放松螺母 4 上的防松螺钉，然后拧动螺母 4，使螺母 4 向右移动。通过轴承 3 推动轴承 2 内圈向右移动，由于轴承 2 的内圈 1：12 锥度壁较薄，故

轴承 2 内圈的右移将使内圈径向扩大，从而达到消除滚动体与滚道之间的间隙。调整好后，再将螺母 1 和螺母 4 上防松螺钉拧紧。轴承 3 的调整较麻烦，需拆下该轴承，测量磨损量，修磨两内圈间隙套来完成。后轴承 5 的调整方式同轴承 2 调整，拧动防松螺钉及螺母 6 即可调整。

三、刀架移动轨迹误差较大

安装在溜板箱上的刀架，其运动轨迹靠床身上导轨来保证。床身上的导轨支承床鞍，引导床鞍正确运动。当车床工作较长一段时间后，导轨面被磨损，使导轨在垂直面、水平面内直线度下降，两根导轨的平行度下降。这样，使得车床的加工精度下降。具体是：在加工圆柱面时，在床身的不同位置上将会出现过大的直径变化，难以掌握加工精度。车削螺纹时，螺距不均、工件的尺寸和形位公差难以保证。

床身导轨磨损严重处一般就是导轨经常处于摩擦配合的部位，即靠近主轴箱的一端。修复导轨时，可使其合理地凸起，以达到补偿磨损和弹性变形的作用，这对延长导轨使用寿命有着重要意义。

第五节　其他车床

随着现代应用技术的发展，尤其是柔性技术的应用，机械产品的结构也日益复杂。使卧式车床远不能适应生产的需要，专用车床、特殊车床、自动及半自动车床和数控车床的应用得到了相当程度的重视。本节将简要介绍目前应用较为广泛的其他车床。

一、马鞍车床和落地车床

马鞍车床的外形如图 9-19 所示。马鞍车床是同规格卧式车床的"变形"。它和卧式车床基本相同，主要区别是它的床身在靠近主轴箱一侧有一段可卸式导轨（马鞍）。卸去马鞍后，就可以使加工工件的最大直径增大，例如，在 C6140 型车床基础上变形的 C6240 型马鞍车床，其加工的最大工件直径扩大到 630mm（马鞍槽内的有效长度为 210mm）。由于马鞍经常装卸，马鞍车床床身导轨的工作精度和刚度都不如卧式车床，所以，这种车床主要应用在设备较少的单件、小批生产的小工厂及修理车间。在卧式车床上加工直径很大而轴向尺寸较小的工件时，较长的床身

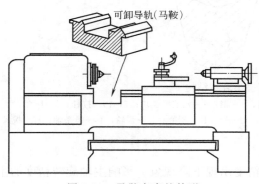

图 9-19　马鞍车床的外形

和尾座都失去了作用。这类零件一般没有大直径的螺纹，传动丝杠的作用得不到应用，落地车床应运而生。图 9-20 所示为落地车床的外形，其因主轴箱和刀架滑座直接安装在地基和落地板上而得名。主轴和刀架往往由单独的电机驱动，工件装夹于主轴前端的花盘上。为适应特大零件的加工，有时在花盘下方挖有地坑，这种车床没有床身和床尾，刀架 1 和刀架 2 可做横向移动，刀架 3 和刀架 4 可做纵向移动。当转盘调至一定角度位置时，可利用刀架 1 或刀架 4 车削圆柱面。刀架 2 和刀架 3 可以单独由电机驱动，进行连续的进给切削，也可以经丝杠和棘轮机构，由主轴周期地拨动，做间隙的进给切削运动。

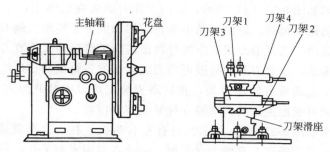

图 9-20　落地车床的外形

二、立式车床

在落地车床中，因工件装夹在花盘的平面上，装夹、找正不但费时而且不方便，特别是对于厚度稍大的直径工件，更不能稳定可靠。此外，主轴前轴承负荷大、磨损快，使落地车床难以长期保持工作精度，因而产生了主轴轴线垂直布置的立式车床。

立式车床的外形如图 9-21 所示。立式车床的主轴轴芯线竖直布置，工作台的台面处于水平面内，使工件的装夹和找正变得比较方便。此外，由于工件和工作台面的重量均匀地作用在工作台导轨或推力轴承上，所以立式车床比落地车床更能长期地保持工作精度。目前，多数情况下落地车床已被立式车床所代替。但立式车床结构复杂、重量较大，而落地车床则较易制造，所以在部分工厂中仍然自行制造落地车床来解决大件加工中缺乏设备的困难。

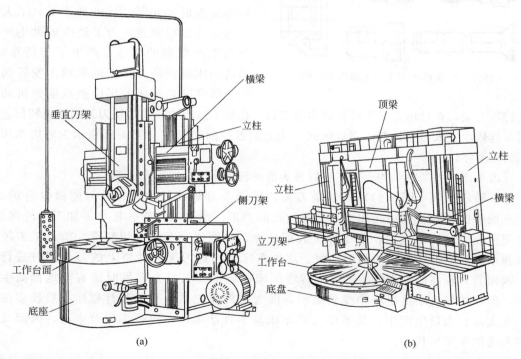

图 9-21　立式车床的外形

立式车床一般属于大型机床的范畴，在冶金机械制造业中应用很广。立式车床分为单柱式和双柱式两类。单柱式立式车床最大加工直径较小，一般为 800～1600mm；双柱式立式车床最大加工直径较大，目前常用的已达 2500mm 以上。

单柱式立式车床如图 9-21（a）所示，它的工作台面装在底座上，工件装夹在工作台面上，并由工作台带动做主运动。进给运动由垂直刀架和侧刀架实现。侧刀架可在立柱的导轨上移动做竖直进给运动，还可沿刀架底座的导轨做横向进给运动。垂直刀架可在横梁的导轨上移动做横向进给运动，垂直刀架的滑板可沿刀架滑座的导轨做竖直进给运动，中小型立式车床的一个垂直刀架上通常有转塔刀架，在转塔刀架上可以安装几组刀具（一般为 5 组），轮流进行切削。横梁可根据主件的高度沿立柱导轨调整位置。

双柱式立式车床如图 9-21（b）所示。它有左右两根立柱，并与顶梁组成封闭式机架，因此，具有较高的刚度。横梁上有两个立刀架：一个主要用来加工孔；另一个主要用来加工端面。立刀架同样具有水平进给和沿刀架滑板的垂直进给运动。工作台支持在底盘上，工作台的回转运动是车床的主运动。

三、转塔车床

加工形状比较复杂，特别是有内孔和内、外螺纹的工件时，如各种台阶小轴、套筒、螺钉、螺母、接头、连接盘和齿轮毛坯等，往往需要较多的刀具和工序。由于卧式车床的四位刀架只能装四把刀具，尾座上也只能装一把孔加工刀具，而且还没有机动进给，因此，在加工中需要频繁地更换刀具、对刀、移动尾座、试切和测量尺寸等，使得辅助时间很长，生产效率低，工人的体力劳动也很繁重。为了适应成批生产中提高生产效率的要求，产生了转塔车床。转塔车床是在卧式车床的基础上发展起来的，即将卧式车床的尾座换成能做机动进

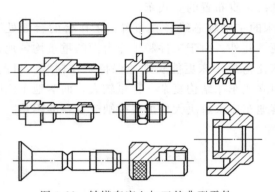

图 9-22　转塔车床上加工的典型零件

给的转塔刀架，在转塔刀架上可安装多组刀具。在加工过程中，多工位刀架周期地转位，使不同刀具依次进入工作位置，完成卧式车床上的各种加工工序。图 9-22 所示为转塔车床上加工的典型零件。

转塔车床按刀架的结构不同，可以分为滑鞍转塔车床和回轮车床两种。

滑鞍转塔车床（图 9-23）的转塔刀架，可绕垂直轴线转位，并且只能做纵向进给，用于车削外圆柱面及使用孔加工刀具进行孔的加工，或使用丝锥、板牙等加工内外螺纹。前刀架可做纵、横向进给，用于加工大圆柱面、端面以及车槽、切断等。前刀架去掉了转盘和小刀架，不能用于切削圆锥面。这种车床常用前刀架和转塔上的刀具同时进行加工，因而具有较高的生产效率。尽管转塔车床在成批加工复杂零件时能有效地提高生产效率，但在单件、小批生产中受到限制，因为需要预先调整刀具和行程而花费较多的时间，在大批、大量生产中，又不如自动车床及半自动车床、数控车床效率高，因而又被这些先进的车床所代替。

回轮车床（图 9-24）中没有前刀架，只有一个轴线与主轴中心线平行的回轮刀架。在回轮刀架的端面上有许多安装刀具的孔，通常有 12 个或 16 个。当刀具孔转到最上端位置时，与主轴中心线正好同轴。回轮刀架可沿床身导轨做纵向进给运动。机床做成形切削、车槽及切断工件时，需做横向进给。横向进给是由回轮刀架缓慢转动来实现的。在横向进给过程中，刀尖的运动轨迹是圆弧的，刀具的前角和后角是变化的。

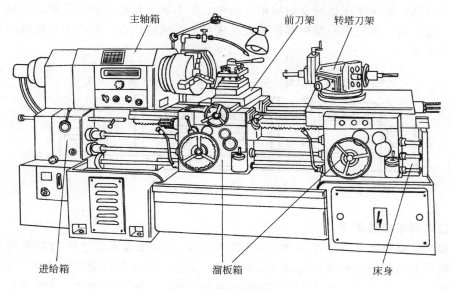

主轴箱　　　　　前刀架　转塔刀架

进给箱　　　　　　　　　溜板箱　　　　　床身

图 9-23　滑鞍转塔车床

但由于工件的直径较小，而回刀架的回转直径相对大得多，所以刀具前、后角的变化较小，对切削过程的影响不大。回轮车床主要用于加工直径较小的工件，它所用的毛坯通常为棒料。

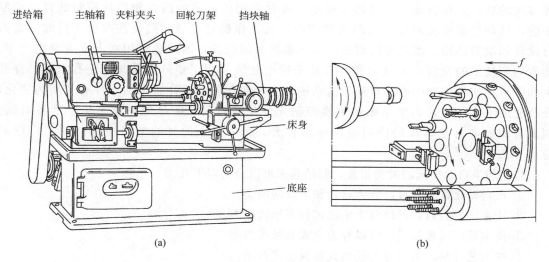

进给箱　主轴箱　夹料夹头　回轮刀架　挡块轴

床身

底座

(a)　　　　　　　　　　　　　　(b)

图 9-24　回轮车床

四、轧辊车床

　　轧辊车床是一种重型机床，也是冶金行业比较特殊的一种专用机床，其结构如图 9-25 所示。主电机安装在变速箱外侧，变速箱直接安装在地基上，起变速作用。变速箱通过输出轴（类型有十字接头、花键轴、方轴和扁头等）与装夹轧辊的花盘或连接轴套相连接，形成车床的主运动。床身较低，直接安装在地基上，刀架沿床身由丝杠螺母带动左右移动。尾座直接安装在床身导轨上，在变速箱输出端的偏心轮作用下，驱动光杠间歇转动，从而带动棘爪拨动棘轮实现进给运动。由于轧辊的结构尺寸和质量都很大，根本无法用花盘和尾座顶尖

143

联合装夹，因此，轧辊车床用两个结构粗大的中心架来装夹轧辊和承受轧辊的质量。根据轧辊的加工长度不同，可把中心架用螺栓连接在床身上不同的位置，中心架与轧辊的接触处用滑动轴承来支承。

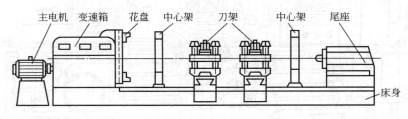

图 9-25　轧辊车床结构

五、自动和半自动车床

自动和半自动车床是高效率的加工机床，它是适应成批或大量生产的需要而发展起来的。自动机床的切削运动和辅助运动全部自动化，并能一再重复自动工作循环。半自动车床能自动完成一个工作循环，但工人必须进行工件的装卸，重新启动机床，才能开始下一工作循环。

自动车床能实现自动工作循环，主要靠自动车床上设置的自动控制系统。自动控制系统主要控制机床各工作部件和工作机构运动的速度、方向、行程距离和位置以及动作先后顺序和起止时间等。自动控制的方式可以是机械的、液压的或电气的，也可以是几种方式的联合。在自动、半自动车床中，通常采用机械式的凸轮和挡块控制的自动控制系统，这种控制系统的核心为凸轮和挡块，其工作稳定可靠，但是在改变工件时，需另行设计和制造凸轮，而且停机调整机床所需的时间较长，因而适宜用在大批大量生产中。随着科学技术的发展，在自动和半自动车床中陆续采用了矩阵插销板、穿孔纸带、穿孔卡和磁带等作为控制中心的自动控制系统。由于储存各种操作指令的元件有了质的变化，在改变加工工件时，调整车床和更换控制元件比较容易，明显地缩短了生产准备时间。因而自动和半自动车床的使用范围逐步扩大，在中、小批量的生产中也得到了广泛的应用。

自动和半自动车床的种类很多，归结起来可以分为以下几类。

① 按自动化程度，可以分为自动和半自动两类。
② 按主轴的数目，可以分为单轴式和多轴式两类。
③ 按主轴的放置形式，可以分为立式和卧式两类。
④ 按工艺方法，可以分为横切式和纵切式两类。
⑤ 按工件的复杂程度和加工方式，可以分为平行作业和顺序作业两类。

第六节　车　　刀

一、车刀的种类和用途

车刀是指车床上使用的刀具，按加工表面特征可分为外圆车刀、内孔车刀、端面车刀、螺纹车刀、车槽车刀和切断车刀。图 9-26 所示为常用车刀的形式。

车刀按结构可分为整体式、焊接式、机夹式和可转位式四种形式，如图 9-27 所示。它们的结构类型、特点与用途见表9-2。

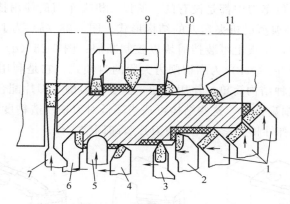

图 9-26　常用车刀的形式

1—45°端面车刀；2—90°外圆车刀；3—外螺纹车刀；4—70°外圆车刀；5—成形车刀；6—90°左切外圆刀；7—切断车刀；8—内孔车槽车刀；9—内螺纹车刀；10—90°内孔车刀；11—75°内孔车刀

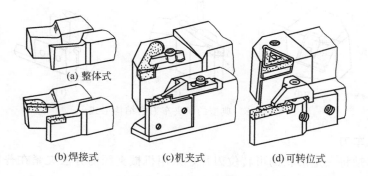

(a) 整体式　　　(b) 焊接式　　　(c)机夹式　　　(d) 可转位式

图 9-27　车刀的结构类型

表 9-2　车刀结构类型、特点与用途

结构类型	特　　点	用　　途
整体式	用整体高速钢制造，刃口可磨得较锋利	小型车床或加工有色金属
焊接式	焊接硬质合金或高速钢刀片，结构紧凑，使用灵活	各类车刀特别是小刀具
机夹式	避免了焊接产生的应力、裂纹等缺陷，刀杆利用率高，刀片可集中刃磨获得所需参数，使用灵活方便	外圆、端面、镗孔、割断、螺纹车刀等
可转位式	避免了焊接刀的缺点，刀片可快速转位，生产率高，断屑稳定，可使用涂层刀片	大中型车床加工外圆、端面、镗孔，特别适用于自动线、数控机床

二、机夹式车刀

机夹式车刀的刀片和刀杆是用机械方法固定在一起的，避免了因焊接而引起的刀片硬度下降、产生裂纹等缺陷，延长了刀具的寿命，而且刀杆可以重复使用。由于刀片可磨次数增加，利用率高，且可实现集中刃磨，从而提高了刀片的刃磨质量和效率。

目前，可选购的机夹车刀、刨刀种类较多，刀具的选用要求：首先要根据刀具结构来合理选择重磨刀面；其次是刀片进行体外刃磨的角度需按刀片安装与重磨结构进行计算，这些特点在焊接车刀与可转位车刀中都是没有的。所以，机夹车刀的使用技术复杂。

图 9-28 所示为几种典型的机夹车刀的结构形式。图 9-28（a）为上压式，利用螺钉、压板将刀片压紧在刀槽中，压板上可装挡屑块以控制断屑；图 9-28（d）为立装刀片斜楔侧压式，它适合重切削；图 9-28（b）为靠切削力夹紧的自锁式，它是利用切削合力将刀片夹紧在 1：30 的斜槽中，这种结构简单，使用方便，但要求刀槽与刀片配合紧密，切削时无冲击振动；图 9-28（e）中削扁销等，这些结构可适当降低对刀槽制造精度的要求；图 9-28（c）、（f）是利用刀柄上开的弹性槽夹紧刀片，使刀片装卸调整方便。

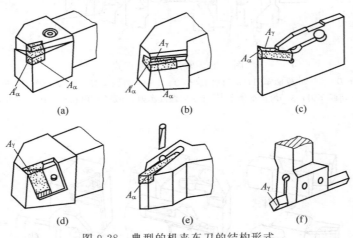

图 9-28　典型的机夹车刀的结构形式

三、可转位车刀

可转位车刀是将一定形状的可转位刀片，采用机械夹固的方法夹紧在普通结构钢刀杆上而制成的，主要组成部分有刀片、刀垫、夹紧元件和刀杆。

可转位车刀刀片上的前刀面和断屑槽在压制刀片前已经制出，车刀的工作前角和工作后角是靠刀片在刀槽中的安装定位来获得，刀片的每条边都可作为切削刃，一个切削刃用钝后，可以迅速转动刀片改用另一个新的切削刃工作，直到刀片上所有切削刃均已用钝，刀片就报废回收，更新刀片后，车刀又可继续工作。因此，可转位车刀与焊接车刀、机夹式车刀相比，具有一系列优点：①由于避免焊接、刃磨或重磨时高温引起的缺陷，因而刀具耐用度较高。②由于刀刃用钝后，只需更新刀刃或新刀片，大大缩短了换刀、调刀时间，因而提高了生产效率。③由于不重磨刀片，有利于使用涂层、陶瓷等新型刀具材料，有利于推广新技术、新工艺。④由于刀片有合理的断屑槽型与几何参数，因而加工质量稳定。⑤可转位车刀与刀片已系列化、标准化，因而可简化刀具的管理。

可转位车刀由于在刃形、几何参数等方面受到刀具结构和工艺限制，目前主要用于大中型车床加工外圆、端面、镗孔。特别适用于自动化、数控机床。

1. 可转位车刀片

可转位刀片型号表示规则可查 GB/T 2076—2007《切削刀具用可转位刀片型号表示规则》和 GB/T 2081—2018《带修光刃、无固定孔的硬质合金可转位铣刀片尺寸》，这些标准适合于硬质合金、陶瓷可转位刀片。

可转位刀片的型号是由按一定位置顺序排列的、代表一定意义的一组字母和数字代号组成，车削用可转位刀片 10 个代号表示的特征见表 9-3。

表 9-3　可转位刀片 10 个代号表示的特征

代号位数	1	2	3	4	5	6	7	8	9	10
特　征	刀片形状	刀片法向后角大小	刀片精度等级	刀片有无断屑槽和固定孔	刀片长度	刀片厚度	刀尖圆弧半径	切削刃形状	切削方向	断屑槽型形式及宽度
刀片型号举例	S（正方形）	N（$\alpha_n = 0°$）	M（中等）	M（一面有断屑槽，有孔）	15（整数部分为15mm）	06（整数部分为6mm）	12（1.2mm）	E（倒圆刃）	R（右切）	A2（开式直槽宽度2mm）

可转位车刀刀片型号的表示方法如图 9-29 所示。

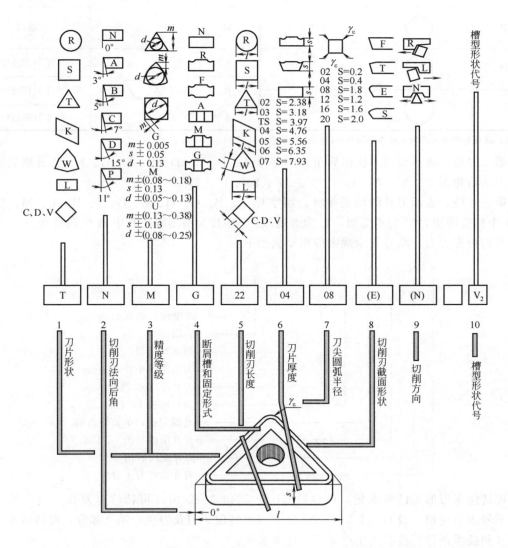

图 9-29　可转位车刀刀片型号的表示方法（车削刀片等共性表示规则示意图）

C、D、V 分别代表 80°菱形、55°菱形、35°菱形刀片

第一号位：表示刀片形状，用一个英文字母表示，见表 9-4。

表 9-4 刀片形状及代号

代 号	刀 片 形 状		代 号	刀 片 形 状	
T	△	正三边形	L	▱	矩形
W	△	凸三边形	R	○	圆形
F	△	偏8°三边形	V		35°菱形
			D		55°菱形
S	□	正方形	E	◇	75°菱形
			C		80°菱形
P	⬠	五边形	M		86°菱形
H	⬡	六边形	K		55°平行四边形
			B	▱	82°平行四边形
O	⯃	八边形	A		85°平行四边形

注：其他号位表示的内容可参阅国标 GB 2076—2007。

第二号位：表示切削刃法向后角。用字母 A、B、C、D、E、F、G、N、P 分别表示主切削刃法后角为 3°、5°、7°、15°、20°、25°、30°、0°、11°。

第三号位：表示刀片的精度等级。用字母 A、B、C、H、E、G、J、R、L、M、U 表示 11 个精度等级，M 为中等级，U 为普通级，A~L 为精密级，其中 A 级最精密。

可转位车刀刀片型号表示规则应用举例如下：

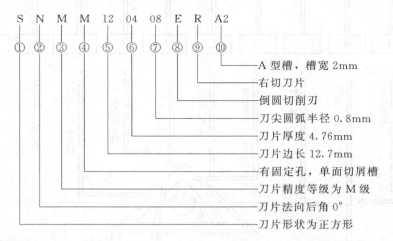

```
    S   N   M   M   12   04   08   E   R   A2
    ①   ②   ③   ④   ⑤   ⑥   ⑦   ⑧   ⑨   ⑩
```

- A 型槽，槽宽 2mm
- 右切刀片
- 倒圆切削刃
- 刀尖圆弧半径 0.8mm
- 刀片厚度 4.76mm
- 刀片边长 12.7mm
- 有固定孔，单面切屑槽
- 刀片精度等级为 M 级
- 刀片法向后角 0°
- 刀片形状为正方形

可转位车刀形式已标准化，可参照 GB/T 5343.1—2007《可转位车刀及刀夹 第 1 部分：型号表示规则》及 GB/T 5343.2—2007《可转位车刀及刀夹 第 2 部分：可转位车刀型式尺寸和技术条件》或有关生产工厂的样本选购。

2. 可转位车刀夹紧结构的选择

可转位车刀夹紧结构应满足以下几点：①在转换切削刃或更换新刀片后，刀片位置要能保持足够的精度，刀尖位置误差应在零件加工精度允许范围之内。②转换切削刃和更新刀片要方便、迅速。③刀片夹紧要可靠，应保证切削过程中不致松动而使刀尖移位。但夹紧力也不宜过大，且应均匀分布，以免压碎刀片。夹紧力的方向应将刀片推向定位支撑面，并尽可能与切削力方向一致，这样更有利于可靠地夹紧。④夹紧结构必须简单、紧凑，不致削弱刀杆刚性，而且制造、使用应方便。

目前，可转位车刀典型夹紧结构、主要特点和适用场合如表 9-5 所示。

表 9-5　可转位车刀典型夹紧结构、主要特点和适用场合

名称	结构示意图	定位面	夹紧元件	主要特点和适用场合
杠杆式	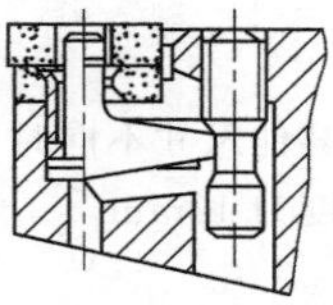	底面周边	杠杆螺钉	定位精度高，调节余量大，夹紧可靠，拆卸方便。卧式车床、数控车床均能使用
楔销式	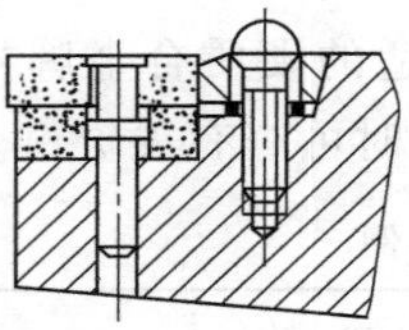	底面孔周边	楔块螺钉	刀片尺寸变化较大时亦可夹紧，装卸方便。适用于卧式车床进行连续切削车刀
偏心式	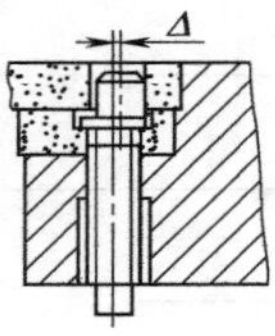	底面周边	偏心螺钉	夹紧元件小，结构紧凑，刀片尺寸误差对夹紧影响较大，夹紧可靠性差。适用于轻、中型连续切削车刀
压孔式	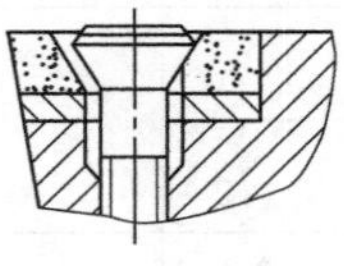	底面周边	锥形螺钉	结构简单，零件小，定位精度高，容屑空间大，对螺钉质量要求高。适用于数控车床上使用的内孔车刀和仿形车刀

四、焊接车刀

焊接车刀是将一定形状的硬质合金刀片，用黄铜、紫铜或其他材料焊接在普通结构钢刀杆上制成。由于其结构简单、紧凑、抗振性能好、制造方便，使用灵活，因此，得到非常广泛应用。

但是，焊接车刀也存在一些缺点，如刀片较易崩裂，刀片和刀杆材料得不到充分利用，刀杆尺寸大时不便于刃磨等，将硬质合金刀片焊接在刀杆上，由于刀片与刀杆材料的线胀系数和导热性能不同，以及焊接刃磨的高温作用，刀片在冷却时，常常产生内应力，极易产生裂纹，降低了刀片的弯曲强度，这是车刀产生崩刃或打刀的主要原因。

焊接车刀的质量的使用寿命与刀片的选择、刀槽形式、刀片在刀槽中的位置、刀具几何参数、焊接工艺和刃磨质量有密切关系。

选用焊接车刀时，应根据被加工零件的材料、工序图、使用机床的型号、规格合理选择，车刀形式、刀片材料与牌号、刀柄材料、刀杆外形尺寸、刀具几何参数也应合理确定。

对于大刃倾角刀具或特殊几何形状的车刀，重磨时还需计算刃磨工艺参数，以便刃磨时按其调整机床。

1. 焊接车刀片的选择

焊接车刀的硬质合金刀片形状和尺寸应有统一的标准，根据冶金工业部标准 YB850—75，硬质合金焊接刀片的型号分为 A、B、C、D、E、F 6 种，每种分若干组，每组都有尺寸系列。刀片型号的表示方法是：一个字母加三位数字，第一位数字表示组别，它和字母合起来表示刀片的形状。后面数字表示刀片的主要尺寸，主要尺寸相同而其他尺寸不同时，在数字后面加 A、B、C 等以示区别。如为左切刀片，则在型号末尾标以"Z"。例如：

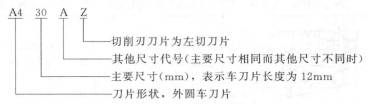

上述型号表示为 A4 型刀片，长度均为 30mm，左偏刀刀片。

设计与制造焊接车刀时，应根据其不同用途，选用合适的硬质合金牌号和刀片形状规格。表 9-6 选录了常用硬质合金刀片型号供参考，实际选用时可查有关资料。

表 9-6　常用硬质合金刀片型号示例

刀片简图	型号示例	主要尺寸/mm	主要用途
	A108	$L=8$	外圆车刀
	A116	$L=16$	镗刀 切槽刀
	A208	$L=8$	端面车刀
	A225Z	$L=25$（左）	镗刀
	A312Z	$L=12$（左）	外圆车刀
	A340	$L=40$	端面车刀
	A406	$L=6$	外圆车刀
	A430Z	$L=30$（左）	镗刀 端面车刀
	C110	$L=10$	螺纹车刀
	C122	$L=22$	
	C304	$B=4.5$	切断刀
	C312	$B=12.5$	切槽刀

焊接车刀刀片的主要尺寸根据车刀用途和主、副偏角的大小来选择。外圆车刀刀片长度可按下式估算：

$$L=(1.6\sim2)a_{w} \tag{9-1}$$

式中　a_{w}——切削刃的工作长度。

切槽刀的宽度应根据工作件槽宽来决定，切断刀的宽度 B 可按下式估算：

$$B = 0.6d^{1/2} \tag{9-2}$$

式中　d——工件直径。

2. 刀槽参数的选择

刀槽的形式应根据车刀形式与刀片形式选择。常用刀片槽型与特点见表 9-7。

3. 车刀形式及尺寸选择

车刀形式分为直头与弯头两大类。直头车刀如图 9-26 中的 3、4、5、7，直头车刀简单，便于制造；弯头车刀如图 9-26 中 1、2、6，其通用性广，既能车削外圆，又能车削端面，最典型的是 45° 弯头车刀。

表 9-7　常用刀片槽型与特点

简　图				
槽型	开口槽	半封闭槽	封闭槽	坎入槽
特点	焊接面最小、刀片应力小、制造简单	夹持牢固、焊接面大、易产生应力	夹持牢固、焊接应力大、易产生裂纹	增加焊接面、提高结合强度
用途	外圆车刀、弯头车刀、车槽车刀	90°外圆车刀、内孔车刀	螺纹车刀	底面较小的刀片，如车槽车刀等
配用刀片	A1、C3、C4、B1、B2	A2、A3、A4、A5、A6、B3、D1	C1	A1、C3

普通车刀外形尺寸主要是高度、宽度和长度。刀柄截面形状为矩形或方形，一般选用矩形，高度 h 按机床中心高选择，见表 9-8。当刀柄高度尺寸受到限制时，可加宽为方形，以提高其刚性。刀柄的长度一般为其高度的 6 倍左右，切断刀工作部分的长度需大于工件的半径；内孔车刀的刀柄，其工作部分截面形状一般为圆形，长度需大于工件孔深；螺纹车刀和成形车刀，因工作切削刃较长，可选用特殊的弹性刀柄，以防切削时扎刀。

表 9-8　常用车刀刀柄截面尺寸

机床中心高/mm	方刀柄断面 H^2/mm^2	矩形刀断面 $(B \times H)/mm \times mm$	机床中心高/mm	方刀柄断面 H^2/mm^2	矩形刀断面 $(B \times H)/mm \times mm$
150	16^2	12×20	$260 \sim 300$	25^2	20×30
$180 \sim 200$	20^2	16×25	$350 \sim 400$	30^2	25×40

外圆车刀、切槽刀、切断刀等一般选用矩形刀杆，刀杆截面尺寸也可按切削层面积选取，如表 9-9 所示。

表 9-9　按切削层参数选择刀杆截面尺寸

刀杆截面尺寸/mm 矩形$(B \times H)$	方形$(H \times H)$	最大切削层面积 A_c/mm^2	最大背吃刀量 a_p/mm
16×25	20×20	4	6
20×30	25×25	8	10
25×40	30×30	18	13
30×45	40×40	25	18
40×60	50×50	40	25
50×80	65×65	60	36

思考题与习题

9-1　在 CA6140 型卧式车床的主运动，车螺纹运动，纵向、横向进给运动，快速运动等传动链中，哪几条传动链的两端件之间具有严格的传动比？哪几条传动链是内联系传动链？

9-2　当 CA6140 型卧式车床的轴 I 离合器 M_1 左半部分结合时，滑套对摩擦片的压紧力是否传递给了轴 I 的支承轴承，为什么？

9-3　车刀分哪几类？各有什么用途和特点？

第十章 磨 床

磨削加工是一种常用的金属加工方法，用磨具（如砂轮、砂块及砂带）或磨料（研磨剂）进行切削加工称为磨削，磨削所采用的机床就称为磨床。磨削加工的机床都属于磨床，磨床的工具是高速旋转的砂轮。经过磨削的工件，可以获得较高的精度和较小的表面粗糙度值。磨削的加工范围很广，如图 10-1 所示。

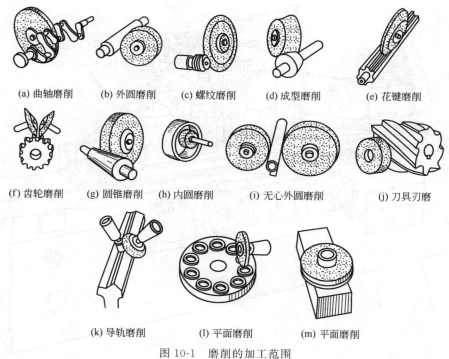

(a) 曲轴磨削　(b) 外圆磨削　(c) 螺纹磨削　(d) 成型磨削　(e) 花键磨削

(f) 齿轮磨削　(g) 圆锥磨削　(h) 内圆磨削　(i) 无心外圆磨削　(j) 刀具刃磨

(k) 导轨磨削　(l) 平面磨削　(m) 平面磨削

图 10-1　磨削的加工范围

由于磨削加工容易获得的加工精度高和好的表面质量，所以磨床主要应用于零件精加工。随着现代科学技术的发展，机械零件的精度和表面质量要求越来越高，各种高硬度材料的应用日益增多，磨削加工的优势也日益显现。另外，高速磨削和强力磨削工艺进一步提高了磨削效率，从而使磨床的使用范围日益扩大，目前在工业发达国家中，磨床已占机床总数的 30%～40%。为了适应磨削各种加工表面、各种形状工件和生产批量的要求，磨床有了多种类型，主要有以下几种。

① 外圆磨床：包括万能外圆磨床、外圆磨床、无心磨床等。

② 内圆磨床：包括内圆磨床、无心内圆磨床、行星式内圆磨床等。

③ 平面磨床：包括卧式轴矩台、立轴矩台平面磨床，卧式圆台、立轴圆台平面磨床等。

④ 工具磨床：包括工具曲线磨床、钻头沟槽磨床、丝锥沟槽磨床等。

⑤ 刀具刃磨磨床：包括万能工具磨床，车刀、拉刀、滚刀磨床等。

⑥ 各种专门化磨床：包括曲轴磨床、凸轮轴磨床、花键轴磨床等。

⑦ 其他磨床：如研磨机、珩磨机、抛光机、砂轮机等。

在生产中应用最多的是外圆磨床、内圆磨床、平面磨床和无心磨床等四种。

第一节　M1432A 型万能磨床

M1432A 型万能外圆磨床外形如图 10-2 所示，其主要用于磨削内外圆柱表面、内外圆锥表面、阶梯轴轴肩以及端面和简单的成形回转体表面等。它属于普通精度级机床，磨削加工精度可达 IT5～IT6 级，表面粗糙度为 $Ra0.2～0.4\mu m$。这种机床万能性较大，自动化程度并不算高，所以磨削效率不高。适用于工具车间、机修车间和单件、小批量生产的车间。

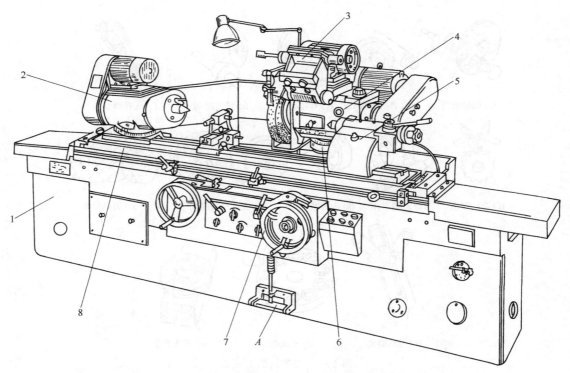

图 10-2　M1432A 型万能外圆磨床外形

1—床身；2—头架；3—内圆磨具；4—砂轮架；5—尾座；6—滑鞍；7—手轮；8—工作台

一、磨床的结构组成

M1432A 型万能外圆磨床外形如图 10-2 所示。其主要组成部分如下。

① 床身 1：它是磨床的基础支承件，用以支承砂轮架、工作台、头架、尾座及横向滑鞍等部件，并使它们在工作时保持准确的相对位置。床身内部有用作液压油的油池。

② 头架 2：头架主轴上可安装顶尖和卡盘，它用以安装工件并带动工件转动。当头架体座回转一个角度，可磨削短圆锥面。当头架座逆时针回转 90°时，可磨削小平面。

③ 砂轮架 4：它用以支承并传动砂轮主轴高速旋转。砂轮架安装在滑鞍上，回转角度为 ±30°。当需要磨削短圆锥面时，砂轮架可调至所需的角度。

④ 尾座 5：尾座上的后顶尖和头架上的前顶尖一起，实现工件两顶尖装夹的安装。

⑤ 工作台 8：工作台由上、下两部分组成。上工作台可绕下工作台在水平面内回转一个

角度，用以磨削锥度不大的长圆锥面。上工作台的台面上有 T 形槽，通过螺栓将头架和尾架固定在上工作台面上。工作台底面导轨与床身纵向导轨配合，由液压传动装置或机械操纵机构带动做纵向运动。在下工作台前侧面的 T 形槽内，装有两块行程挡铁，通过调整挡铁位置，可控制工作台的行程和位置。

⑥ 内圆磨具 3：它是在砂轮架上增设的一个装置，用于支承磨内孔的砂轮主轴。正因为有了内磨装置，使这种磨床具备了磨内圆孔的功能。内磨装置设置在砂轮架的顶前方，磨内圆孔时才翻转下来。

⑦ 滑鞍 6 及横向进给机构：可转动手轮 7 通过横向进给机构带动滑鞍及砂轮架做横向移动，也可利用液压装置，使滑鞍和砂轮架做快速进退或周期性切入进给。

二、磨床的机械传动

图 10-3 所示为 M1432A 型万能外圆磨床典型加工示意图。从图 10-3 中可以看出机床具有下列运动。

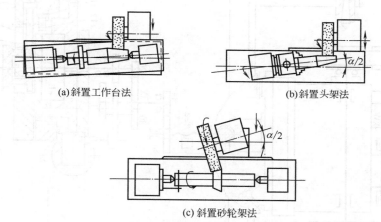

(a)斜置工作台法　　(b)斜置头架法

(c)斜置砂轮架法

图 10-3　M1432A 型万能外圆磨床典型加工示意图

1. 主运动
① 磨外圆砂轮的旋转运动 $n_{砂}$。
② 磨内孔砂轮的旋转运动 $n_{内}$。
主运动由两个电动机分别驱动，并设有互锁装置。

2. 进给运动
① 工件旋转（周向进给）运动 $f_{周}$。
② 工件纵向往复运动或用手动纵向进给 $f_{纵}$。
③ 砂轮横向进给运动 $f_{横}$，往复纵磨时是周期性切入运动；切入磨削时是连续进给运动。

3. 辅助运动
辅助运动包括砂轮架快速进退、工作台手动移动以及尾架套筒的退回等。

三、磨床的机械传动系统

M1432A 型磨床的运动是由机械传动和液压传动组成的，采用液压传动的有工作台纵向往复移动、砂轮架快速进退和周期径向自动切入、尾座顶尖套筒缩回等，其余运动都由机械传动。图 10-4 所示为 M1432A 型万能外圆磨床的机械传动系统。

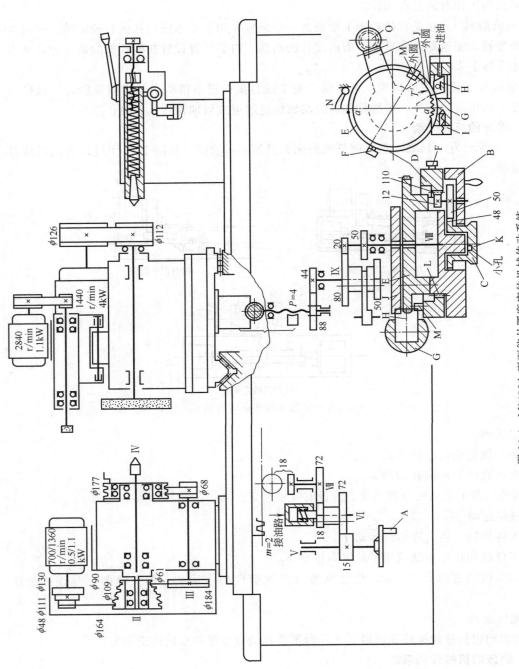

图 10-4 M1432A 型万能外圆磨床的机械传动系统

A—手轮；B—手轮；C—补偿旋钮；D—刻度盘；E—棘轮；F—棘爪；G—活塞；H—棘爪；

I—液压缸；J—扇形齿轮；K—销子；L—齿轮；M—调整块；N—定位爪；O—齿轮

1. 外圆磨削时砂轮主轴的传动链

外圆磨削时砂轮旋转的主运动（$n_砂$）是由电动机（1440r/min，4kW）经 V 带直接传动的，使主轴获得 1670r/min 的高转速，其传动路线为

$$主电动机——砂轮（n_砂）$$

2. 内圆磨具的传动链

内圆磨削时，砂轮旋转的主运动（$n_内$）由单独的电动机（2840r/min，1.1kW）经平带直接传动。更换平带轮，可使内圆砂轮获得 10000r/min 和 15000r/min 两级高转速。

内圆磨具装在支架上，为了保证工作安全，内圆砂轮电动机的启动与内圆磨具支架上的位置有着联锁作用，只有当支架翻到工作位置时，电动机才能启动。这时砂轮架快速进退手柄在原位上自动锁住，不能快速移动。

3. 头架拨盘的传动链

工作旋转运动由双速电动机驱动，经 V 带传动，使头架的拨盘或卡盘带动工件，实现圆周进给 $f_周$，其传动路线表达式为

$$\frac{700}{1360}（电动机）—Ⅰ\left\{\begin{array}{c}\frac{\phi48}{\phi164}\\\frac{\phi111}{\phi109}\\\frac{\phi130}{\phi90}\end{array}\right\}Ⅱ—\frac{\phi61}{\phi184}—Ⅲ—\frac{\phi68}{\phi177}—Ⅳ—主轴$$

由于电动机为双速电动机，因而可使工件获得 6 级转速。

4. 工件台的手动驱动

调整机床及磨削台阶轴的台阶端面和倒角时，工作台还可以由手轮驱动，其传动路线表达式为

手轮 A—Ⅴ—15/72—Ⅵ—18/72—Ⅶ—18/齿条—工作台纵向移动

手轮转一转，工作台纵向移动量 f 为

$$f=1\times\frac{15}{72}\times\frac{18}{72}\times18\times2\times\pi=5.89\approx6（mm）$$

为了避免工作台纵向往复运动时带动手轮 A 快速转动碰伤工人，在液压传动和手轮 A 之间采用了联锁装置。轴Ⅵ上的小液压缸与液压系统相通，工作台纵向往复运动时压力油推动轴Ⅵ上的双联齿轮移动，使齿轮 18 与 72 脱开。因此，液压驱动工作台纵向运动时手轮 A 并不转动。

5. 滑鞍及砂轮架的横向进给运动

横向进给运动 $f_横$ 可用手摇手轮 B 来实现，也可由进给液压缸的活塞 G 驱动，实现周期的自动进给。现分述如下。

（1）手轮进给 在手轮 B 上装有齿轮 12 和 50。D 为刻度盘，外圆周表面上刻有 200 格刻度，内圆周是一个 110 齿的内齿轮，与齿轮 12 啮合。C 为补偿旋钮，其上开有 21 个小孔，平时总有 1 孔与固装在手轮 B 上的销子 K 接合。C 上又有一只 48 齿的齿轮与 50 齿轮啮合，故转动手轮 B 时，上述各零件无相对转动，于是 B 和 C 一起转动。当顺时针方向转动手轮 B 时，就可实现砂轮架的径向切入，其传动路线表达式如下。

$$\left.\begin{array}{l}手轮 B—\quad（手动进给）\\[1em]进给油缸柱塞 G—\quad（自动进给）\end{array}\right\}Ⅷ\left\{\begin{array}{c}（粗进给）\\\frac{50}{50}\\\frac{20}{80}\\（细进给）\end{array}\right\}Ⅸ—\frac{44}{88}—横向进给丝杠（P=4）—半螺母$$

因为 C 有 21 孔，D 有 200 格，所以 C 转过一个孔距，刻度盘 D 转过一格，即

$$\frac{1}{21} \times \frac{48}{50} \times \frac{12}{110} \times 200 = 1(格)$$

因此，C 每转过 1 孔距，砂轮架的附加横向进给量为 0.01mm（粗进给）或 0.0025mm（细进给）。

在磨削一批工件时，通常总是先试磨一只，待磨到尺寸要求时，将刻度盘 D 的位置固定下来。这可通过调整刻度盘上挡块 F 的位置，使横进给磨削至所需直径时，挡块 F 正好与固定在床身前罩上的定位爪 N 相碰，即停止进给。这样，就可达到所需的磨削直径了。

假如砂轮磨损或修整以后，砂轮本身外圆尺寸变小，如果挡块 F 仍在原位停下，则势必引起工件磨削直径变大。这时必须重新调整挡块 F 的位置。其调整方法是：拔出补偿旋钮 C，使小孔与销子 K 脱开，握住手轮 B，转动补偿旋钮 C，通过齿轮 48、50、12 和 110 使刻度盘倒转（即使 F 与 N 远离）。刻度盘倒转的格数（角度）取决于因砂轮直径减小而引起的工件径向尺寸的增大值。调整妥当后，将补偿旋钮 C 推入，使小孔和销子接合，又一次将 C、B、D 连成一体。

（2）液动周期自动进给　当工作台在行程末端换向时，压力油通入液压缸 I 的右腔，推动活塞 G 左移，使棘爪 H 移动（因为 H 是活动地装在 G 上），从而使棘轮 E 转过一个角度，并带动手轮 B 转动（因为用螺钉将 E 固定在 B 上），实现了径向切入运动。当 I 右腔通回油时，弹簧将活塞 G 推至右极限位置。

液压周期切入量大小的调整：棘轮 E 上有 200 个棘齿，正好与刻度盘 D 上的 200 格刻度相对应，棘爪 H 每次最多可推过棘轮上 4 个棘齿（即相当刻度盘转过 4 个格）。转动齿轮 O，使空套的扇形齿块 J 转动，根据它的位置就可以控制棘爪 H 推过的棘齿数目。

当自动径向切入达到工件尺寸要求时，刻度盘 D 上与 F 成 180° 安装的调整块 M 正好处于最下部位置，压下棘爪 H，使它无法与棘轮啮合（因为 M 的外圆比棘轮大）。于是自动径向切入就停止了。

四、磨床的主要结构及调整

1. 砂轮架

砂轮架是用来带动砂轮做高速旋转的重要部件，它由砂轮主轴、翻转式内圆磨具架和砂轮架体组成。其中砂轮主轴及其支承部分结构直接影响工件的加工质量，应具有较高的回转精度、刚度、抗振性及耐磨性，是砂轮架部件的关键结构。

砂轮主轴的前后支承，均用短三瓦式动压型液体滑动轴承。如图 10-5 中的 C—C 所示。这种滑动轴承由三块扇形轴瓦组成，每块轴瓦都支承在球面支承螺钉的球面上。调节支承螺钉的位置，即可调整砂轮主轴和轴瓦间的间隙（一般为 0.01~0.02mm）。砂轮轴旋转时，吸附在轴颈上的油液进入轴颈与轴瓦间由大变小的楔形缝隙中，使油液受到挤压，形成了油膜压力。轴的转速越高，油液在楔形缝隙中被挤压得越紧，油膜压力也就越高。砂轮主轴在三个油键的作用下，浮起在三块轴瓦之间，因此，它的回转精度较高。

当砂轮主轴受到外界载荷作用而产生径向偏移时，在偏移方向处楔形缝隙变小，油膜压力升高，而在相反方向处的楔形缝隙增大，油膜压力减小。于是便产生了一个使砂轮主轴恢复到原中心位置的趋势，减小偏移。由此可见，这种轴承的刚度也是较高的。

砂轮主轴的轴向定位可见图 10-5 中的 A—A 剖面，主轴右端轴肩靠在推力滑动轴承环面上，以承受向右的轴向力。向左的轴向力则可通过装在带轮上 6 个小孔内的 6 根小弹簧及

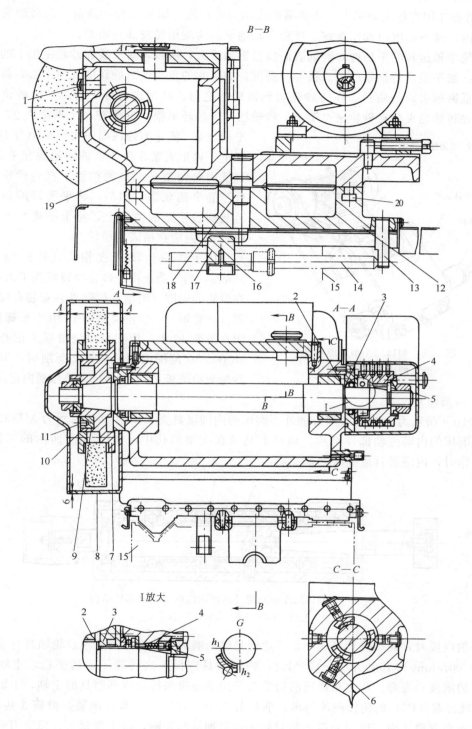

图 10-5　M1432A 型万能外圆磨床砂轮架

1—螺钉；2—止推环；3—轴承盖；4—弹簧；5—螺钉；6—球头螺钉；7—砂轮法兰；8—砂轮罩；
9—平衡块；10—左端盖；11—螺钉；12—滑鞍；13—柱销；14—螺杆；15—垫板；
16—螺杆；17—螺母；18—圆柱销；19—砂轮架壳体；20—T 形螺钉

6 根小滑栓作用在推力轴承上。小弹簧的作用力可给推力轴承以预加载荷，润滑油装在砂轮架壳体内，油面高度由油窗观察。砂轮主轴轴承的两端用橡胶油封密封。

砂轮主轴运转的平稳性对磨削表面质量影响很大，所以，对于装在砂轮主轴上的零件都要经过仔细平衡。特别是砂轮直接参与磨削，如果它的重心偏离旋转的几何中心，将引起振动，降低磨削表面的质量。在将砂轮装到机床上之前，必须进行静平衡。平衡砂轮的方法是：首先将砂轮夹紧在砂轮法兰 7 上，砂轮法兰 7 的环形槽中安装有 3 个平衡块 9，先粗调平衡块 9，使它们处在周向大约相距为 120°的位置上，再把夹紧在法兰上的砂轮放在平衡架上，继续周向调整平衡块的位置，直到砂轮及法兰处于静平衡状态，然后，将平衡好的砂轮及法兰装到砂轮架的主轴上，每个平衡块 9 分别用螺钉 11 固定在所需的位。

由于砂轮运动速度很高，外圆线速度达 35m/s，为了防止由于砂轮碎裂损伤工人或设备，在砂轮的周围（磨削部位除外）安装有安全保护罩（砂轮罩）8。砂轮架壳体 19 用 T 形螺钉 20 紧固在滑鞍 12 上，使它可以绕滑鞍上定心圆柱销 18 在±30°范围内调整位置。磨削时，滑鞍带着砂轮架沿垫板 15 上的滚动导轨做横向进给运动。

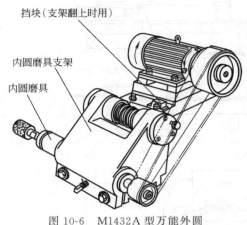

图 10-6　M1432A 型万能外圆磨床的内圆磨具支架

挡块（支架翻上时用）
内圆磨具支架
内圆磨具

2. 内圆磨具

图 10-6 所示为 M1432A 型万能外圆磨床的内圆磨具支架。图 10-7 所示为 M1432A 型万能外圆磨床的内磨主轴部件结构。内圆磨具装在支架的孔中，如图 10-6 所示的工作位置。当不工作时，内圆磨具应翻向上方。

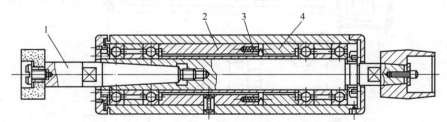

图 10-7　M1432A 型万能外圆磨床的内磨主轴部件结构
1—接长轴；2，4—套筒；3—弹簧

磨削内圆时，因砂轮直径较小，要达到足够的磨削线速度，就要求砂轮轴具有很高的转速（10000r/min 和 15000r/min）。因此，内圆磨具应保证高转速下运转平稳，主轴轴承应有足够的刚度和寿命。与之相适应的措施是采用平胶带来传动内圆磨具的主轴，主轴支承用 4 个 5 级公差（P5）的角接触球轴承，前后各两个，它们用弹簧 3 预紧。弹簧 3 共有 8 根，均匀分布在套筒 2 内，通过套筒 2 和套筒 4 顶紧轴承的外圈，产生预紧力，预紧力的大小可用主轴后端的螺母来调节。

这种结构的优点是：当砂轮主轴因热膨胀伸长或轴承磨损后，可由弹簧来自动补偿，使轴承保持较稳定的预紧力，以保证轴承的刚度和寿命。当被磨削内孔长度改变时，接长轴 1 可以更换。轴承用锂基润滑脂润滑。

3. 头架

头架是支承和带动工件旋转的部件。图 10-8 所示为 M1432A 型万能外圆磨床头架的调整。它由双速电动机（700r/min 和 1360r/min）驱动，拆卸罩壳后，更换传动带在三级塔形带轮中的位置，使主轴 5 或拨盘 7 回转，获得六种转速。

头架主轴直接支承工件。因此，主轴和轴承部分应具有高的旋转精度、刚度和抗振性。头架主轴轴承采用 5 级公差（P5）轴承，并通过仔细调整，对主轴轴承进行预紧，以提高主轴部件的刚度和旋转精度。主轴运动由带传动，使传动平稳主轴的带轮采用卸荷装置，以减小主轴的弯曲变形。

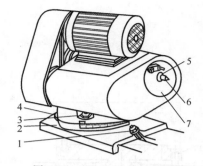

图 10-8　M1432A 型万能外圆磨床头架的调整

1—螺钉；2—底座；3—螺母；4—挡销；5—主轴；6—顶尖；7—拨盘

一般情况下，头架应调整至零度，使两个挡销 4 接触，并将螺母 3 紧固。按加工需要可旋松螺母 3，使头架逆时针回转 0°～90°的任意角。头架底座 2 由螺钉 1 固定在工作台的左端，也可旋松螺钉 1 移动头架，调整头架相对于尾座的纵向位置。头架主轴和顶尖根据不同的加工需要，可以转动或不转动。

① 固定顶尖磨削：主轴必须固定不动，工件支承在头架和尾座的固定顶尖之间，由拨盘 7 通过拨杆带动工件旋转。

② 回转顶尖磨削或在卡盘上磨削：松开主轴左端的顶紧螺母，使主轴可自由转动。顶尖或卡盘装在主轴锥孔中，卡盘用拉紧螺杆拉紧。由拨盘 7 上的拨杆或销钉带动主轴旋转，以磨削顶尖或卡盘上的工件。如调整头架角度，则可以磨削主轴顶尖的工作锥面。

③ 顶尖的装拆：安装时，应擦净主轴锥孔和顶尖表面，然后用力将顶尖推入主轴锥孔中即可。拆卸时，一手握住顶尖，一手将顶棒插入主轴后端孔中，用力冲击顶尖尾部即可卸下。

M1432A 型万能外圆磨床头架的结构如图 10-9 所示，主轴 10 有一中心通孔，前端为莫氏 4 号锥孔，用来安装顶尖、卡盘或其他夹具。卡盘座或夹具可用拉杆 20 通过中心通孔拉紧。磨削工件时，主轴可以转动，也可以不转动。当用前后顶尖支承工件磨削时，可拧紧螺杆 2，通过螺套 1 使主轴制动，即主轴固定不转。这样，工件由 V 带轮 12 带动拨盘 9，经拨杆 7 拨动工件上安装的夹头（图中未示出）而使工件在固定的两顶尖上转动，避免了主轴回转误差对加工精度的影响。当用卡盘、夹具夹持工件磨削时应拧松螺杆 2，使主轴可自由转动。并将拨杆 7 卸下，换装上拨销 21 [图 10-9（c）]，使拨销 21 插在卡盘座的槽中，卡盘座（法兰）以其锥柄安装在主轴锥孔内，并用拉杆 20 拉紧。工件由 V 带轮 12 带动拨盘 9，经拨销 21 拨动卡盘和主轴一起转动。当磨削顶尖或其他带莫氏锥体的工件时 [图 10-9（b）]，可直接插入主轴锥孔中，并将拨盘 9 上的拨杆 7 卸下，换上拨块 19，使拨盘 9 的运动经拨块 19 传动主轴和工件一起转动。壳体 14 可绕轴销 16 相对于底座 15 逆时针回转 0°～9°，以磨削锥度大的短锥体。

4. 调整拨盘

调整拨盘如图 10-10 所示，旋松螺钉 1，即可调整拨杆 2 的圆周位置，调整完毕应锁紧螺钉 1。

5. 尾座

尾座的功能是利用尾座套筒顶尖来顶紧工件，并和头架主轴顶尖一起支承工件，作为工

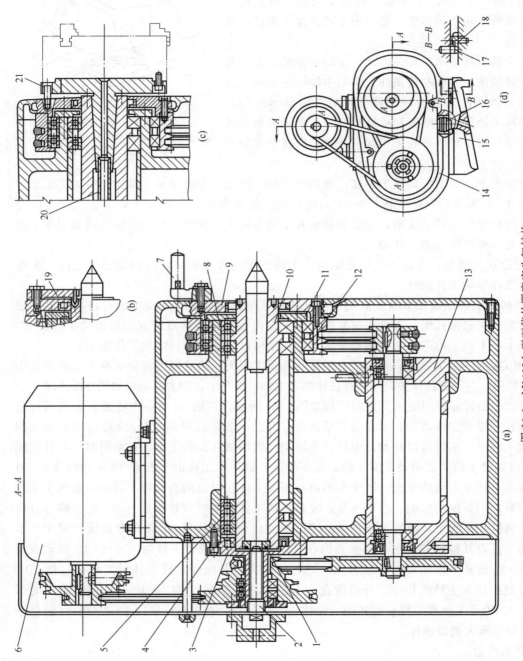

图 10-9　M1432A 型万能外圆磨床头架结构

1—螺套；2—螺杆；3—端盖；4—螺钉；5—垫圈；6—电动机；7—拨杆；8—垫圈；9—拨盘；10—主轴；11—挡圈；12—V 带轮；13—偏心套；14—壳体；15—底座；16~18—轴销；19—拨销；20—拉杆；21—拨销

件磨削时的定位基准。因此，要求尾座顶尖和头架顶尖同心，一般其连心线还应平行于工作台纵向进给方向。尾座本身应有足够的刚度。

　　尾座的结构：后顶尖插在尾座套筒锥孔中，以套筒后部的弹簧推力顶紧工件。这种结构使工件在磨削加工过程中发热膨胀时可以自由伸长，使顶尖对工件中心孔的压力保持不变，从而避免了工件发生弯曲或中心孔过量磨损。顶尖对工件的预紧力可按工件的直径、质量及磨削用量来调整。M1432A 型万能外圆磨床尾座的调整如图 10-11 所示。旋松螺钉 1，可调整尾座的纵向位置。移动尾座时应擦净工作台台面并涂润滑油。转动捏手 2，可微调顶尖的顶紧力。顺时针旋转，顶紧力增大；逆时针旋转，则顶紧力减小。扳动手柄 3 可将套筒退回。调整时注意以下几点。

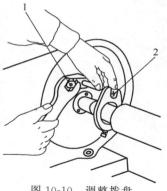

图 10-10　调整拨盘
1—螺钉；2—拨杆

　　① 尾座的顶紧力要适当调整，可以用手转动装夹在两顶尖间的轴，手感松紧适宜即可（即感觉到顶尖是顶着工件，但顶紧力不大）。

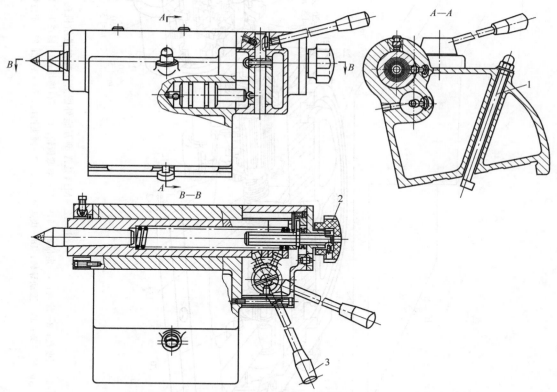

图 10-11　M1432A 型万能外圆磨床尾座的调整
1—螺钉；2—捏手；3—手柄

　　② 当顶紧力相差较大时，则需重新移动尾座位置，然后再做微调。

　　尾座套筒退回时，除可液动外，还可手动。磨削时，尾座用 T 形螺钉固紧在机床工作台上。

6. 砂轮架的横向进给机构

　　横向进给机构应能实现砂轮架的横向快速进退和工作进给。在微量进给时，还必须保证进给精度，避免产生"爬行"现象。图 10-12 所示为 M1432A 型万能外圆磨床横向进给机构。

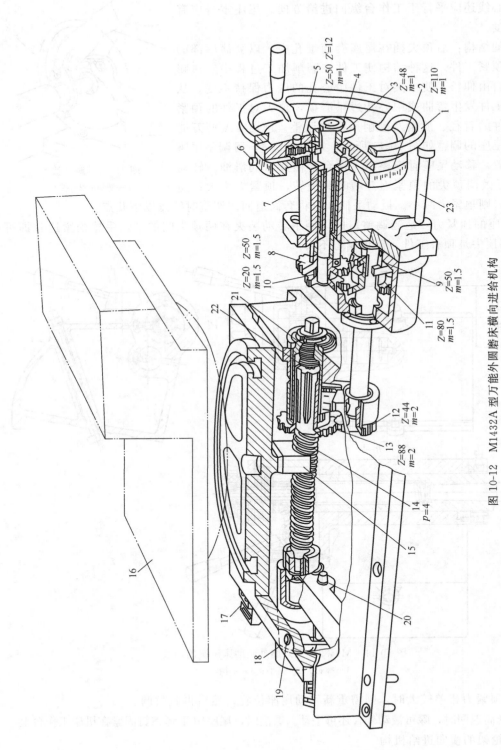

图 10-12　M1432A 型万能外圆磨床横向进给机构

1—手轮；2—刻度盘；3—旋盘；4—定位销；5、8～11—双联齿轮；6—零位插块；7—阻尼块；12、13—齿轮；14—丝杠；15—半螺母；16—砂轮架；17—滚动导轨；18—快速液压缸；19—圆头挡块；20—闸缸；21—定位螺钉；22—定位头；23—手柄

转动手轮 1，通过手轮与轴之间的键连接、双联齿轮 8、9 或双联齿轮 10、11 传给齿轮 12、13，使丝杠 14 转动，带动固定在砂轮架上的半螺母 15，使砂轮架在滚动导轨 17 上移动，实现手动进给。砂轮架的横向快进快退采用的是液压传动，用刚性定位螺钉来保证运动位置的准确度。并有由丝杠及螺母组成的消除间隙结构和滚动导轨等部件，以保证手动进给的准确度，避免磨削加工时产生"爬行"现象。

第二节 磨削加工特点与外圆磨削方法

一、磨削加工特点

① 砂轮上磨粒小而多，经过修整后，砂轮表面得到锋利、等高的微刃，磨床的横向进给很小，每个微刃只切削极薄的一条微条切屑，半钝的磨粒还有抛光作用，而磨削速度又极高，因此磨削尺寸精度能达 IT7～IT5，表面粗糙度能达 $Ra0.8～0.1\mu m$。

② 由于磨削速度高，且磨粒一般均为负前角，因此磨削时切屑变形很大，摩擦很严重，产生很多热量，磨削点的瞬时温度可达 800～1000℃。磨屑在空气中氧化成火花飞出。为了避免工件热变形和表面被烧伤，必须使用充足的切削液，以降低工件表面的温度，并冲走磨屑和脱落的碎磨粒。切削液一般使用以冷却作用为主的水溶液。

③ 由于磨削时同时工作的磨粒很多，而磨粒又是负前角切削，所以径向切削力很大，一般为主切削力的 1.5～3 倍。因此，磨削时要用中心支架支撑，以提高工件的刚性，减小因变形引起的加工误差。

④ 砂轮磨粒硬度高，热稳定性好，不但可磨钢材、铸铁等材料，还可磨各种硬度高的材料，如硬质合金、玻璃、陶瓷、石材等。这些材料用一般的车、铣都很难加工。

⑤ 磨粒具有一定的脆性，在磨削力的作用下会破裂，从而更新其切削刃，称为砂轮的自锐性。

⑥ 可获得较高的加工效率。不但可精加工，而且可进行粗磨、荒磨、重负荷磨削。

二、磨削加工的相对运动和磨削速度

1. 磨削加工的相对运动

在磨削加工中，为了切除工件表面多余的金属，必须使工件和刀具相对运动。图 10-13 所示为外圆、内圆和平面磨削运动。

(1) 磨削运动的分类　磨削运动同样可分为主运动和进给运动两种。

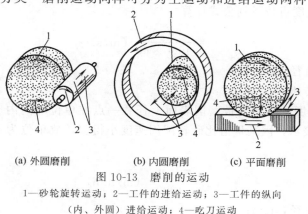

(a) 外圆磨削　　　　(b) 内圆磨削　　　　(c) 平面磨削

图 10-13 磨削的运动

1—砂轮旋转运动；2—工件的进给运动；3—工件的纵向
（内、外圆）进给运动；4—吃刀运动

① 主运动。直接切除工件表层金属，使之成为切屑，形成工件新表面的运动。主运动一般为一个，如图 10-13 中的运动 1，即砂轮的旋转运动为主运动，其运动速度较高，消耗的切削功率较大。

② 进给运动。使新的金属层不断投入磨削的运动。如图 10-13 中的运动 2～4 均为进给运动，视磨削方式的不同，其运动方向有所区别。

（2）不同磨削方式的进给运动

① 外圆磨削［图 10-13（a）］的进给运动为工件的圆周进给运动、工件的纵向进给运动和砂轮的横向进给运动（吃刀运动）。

② 内圆磨削［图 10-13（b）］的进给运动与外圆磨削相同。

③ 平面磨削［图 10-13（c）］的进给运动为工件的纵向（往复）进给运动、砂轮或工件的横向进给运动和砂轮的垂直进给运动（吃刀运动）。

2. 磨削运动的基本参数

与磨削运动有关的参数如图 10-14 所示。

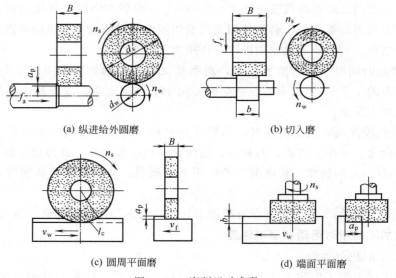

(a) 纵进给外圆磨 (b) 切入磨

(c) 圆周平面磨 (d) 端面平面磨

图 10-14　磨削运动参数

（1）砂轮的圆周速度 v_s　指砂轮外圆表面上任意一磨粒在单位时间内所经过的路程，用 v_s 表示。砂轮圆周速度可按下列公式计算

$$v_s = \frac{\pi d_s n_s}{1000 \times 60} \ (\text{m/s}) \tag{10-1}$$

式中　d_s——砂轮直径，mm；

　　　n_s——砂轮转速，r/min。

（2）工件圆周速度 v_w　工件被磨削表面上任意一点在单位时间内所经过的路程称为工件圆周速度，用 v_w 表示，因其量值比砂轮圆周速度小得多，故单位为 m/min。工件圆周速度可按下式计算

$$v_w = \frac{\pi d_w n_w}{1000} \ (\text{m/min}) \tag{10-2}$$

式中　d_w——工件直径，mm；

n_w——工件转速，r/min。

（3）纵向进给量 f_a　　工件每转一转砂轮在纵向移动的距离称为纵向进给量，用 f_a 表示，单位为 m/r。如图 10-15 所示。纵向进给量受砂轮宽度 B 的约束，不同材料磨削纵向进给量如下。

粗磨钢件　$f_a=(0.3\sim0.7)B$

粗磨铸件　$f_a=(0.7\sim0.8)B$

精磨　　　$f_a=(0.1\sim0.3)B$

式中　B——砂轮宽度，mm。

内、外圆磨削进给速度 v_f 与纵向进给量 f_a 有如下关系

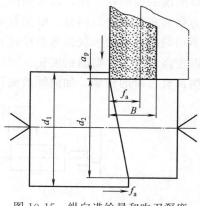

图 10-15　纵向进给量和吃刀深度

$$v_f=\frac{f_a n_w}{1000}\ (\text{m/min})\qquad(10\text{-}3)$$

（4）横向进给量 a_p（或径向进给量 f_r）　　指在工作台每次行程终了时，砂轮横向移动的距离，又称为吃刀深度，用 a_p 表示。横向进给量可按下式计算

$$a_p=\frac{d_1-d_2}{2}\ (\text{mm})\qquad(10\text{-}4)$$

式中　d_1，d_2——吃刀前、后工件直径，mm。

（5）砂轮与工件接触长度 l_c　　参照图 10-14 有

$$l_c\approx\sqrt{a_p d_s}\ (\text{mm})\qquad(10\text{-}5)$$

式中，l_c 的大小表明磨削热源的大小、冷却及排屑的难易、砂轮是否易出现堵塞等现象。一般内圆磨削接触弧最长，其次是平面磨削，外圆磨削最小。

（6）金属切除率 Z　　指单位时间内砂轮所切除的金属体积，用 Z 表示，即

$$Z=1000\,v_w f_a a_p\qquad(10\text{-}6)$$

式中　v_w——工件圆周速度，m/min；

f_a——纵向进给量，mm/r；

a_p——横向进给量，mm/r。

（7）磨削比 G　　指金属切除率 Z 和砂轮磨损体积的比值，用下式计算

$$G=\frac{Z}{Z_s}\qquad(10\text{-}7)$$

式中　Z_s——每分钟砂轮磨损的体积，mm^3/min。

磨削比 G 大，表示砂轮的切削性能好，生产率高，经济效果好。

三、外圆磨削方法

1. 磨外圆柱面

磨外圆柱面有纵磨和横磨两种方法，如图 10-16 所示。图 10-16（a）所示为纵磨法，迎着纵向进给方向的前部分砂轮宽度上的磨粒担负切削作用，而后部分磨粒担负修光作用，因此，加工表面粗糙度小，只是磨削效率低。另外，纵磨时横向进给量很小，磨削力小，散热条件好，磨削温度低，因此，磨削精度高。纵磨法是常用的方法，特别适用于精磨以及磨削较长的工件。

图 10-16（b）所示为横磨法，又称为切入磨法。工件没有纵向进给运动，砂轮的宽度比

需要磨削的表面宽一些，以很慢的进给磨掉全部加工余量。由于砂轮宽度方向上磨粒的切削能力得到充分发挥，因此，磨削效率高。但因为没有纵向进给运动，砂轮由于修整不好或磨损不均匀所产生的形状误差会反映到工件上，并且砂轮与工件的接触长度大，磨削力大，磨削温度高。因此，磨削精度比纵磨法低。横磨法一般适用于磨削刚性较好，磨削长度短，或两侧都有台阶的轴颈，如曲轴的曲拐颈等。

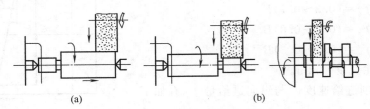

图 10-16　磨外圆柱面的方法

2. 磨圆锥面

磨外圆锥面有三种方法。

① 扳转磨床工作台：如图 10-17 所示，采用纵磨法，适于磨削锥度小而锥体长的工件。

② 扳转磨床头架：如图 10-18 所示，此时工件用卡盘安装，采用纵磨法，适于磨削锥度大而锥体短的工件。

③ 扳转磨床砂轮架：如图 10-19 所示，适于磨削长工件上的锥度大而锥体短的表面。

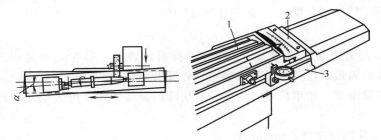

图 10-17　扳转磨床工作台磨削外圆锥面

1—上工作台；2—刻度尺；3—下工作台

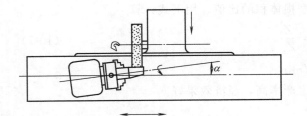

图 10-18　扳转磨床头架磨削外圆锥面

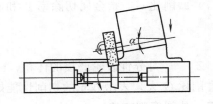

图 10-19　扳转磨床砂轮架磨削外圆锥面

第三节　其他磨床简介

一、普通外圆磨床与半自动宽砂轮外圆磨床

1. 普通外圆磨床

普通外圆磨床与万能外圆磨床在结构上的差别：普通外圆磨床的头架和砂轮都不能绕竖直轴调整角度；头架主轴固定不动；没有内圆磨具。因此，普通外圆磨床只能用于磨削外圆柱面、锥度不大的外锥面以及台肩端面。

普通外圆磨床的万能性不如万能外圆磨床，但是，加工的工艺范围窄了，使机床的结构简化，刚度提高。尤其是头架主轴是固定不动的，工件支撑在"死"顶尖上，提高了头架主轴组件的刚度和工件的旋转精度。

2. 半自动宽砂轮外圆磨床

这种机床的结构与普通外圆磨床类似，但具有更好的结构性，采用大功率电动机驱动宽度很大的砂轮，按切入磨法工作。常配备有自动测量仪控制磨削尺寸，按自动循环进行工作，自动化程度高，但磨削力和磨削热量大，工件容易变形，加工精度和表面粗糙度比普通外圆磨床差；适合于成批和大量生产中磨削刚度较好的工件，如汽车、拖拉机的驱动轴、电机转子轴和机床主轴等。

二、无心外圆磨床

1. 磨削原理与磨削方法

无心磨床上加工工件，不用顶尖定心和支承，而由工件的被磨削外圆面本身作定位面。如图 10-20 所示，工件 2 放在磨削砂轮 1 和导轮 3 之间，由托板 4 支承进行磨削。导轮是用树脂或橡胶为黏结剂制成的刚玉砂轮，它与工件之间的摩擦系数较大，所以工件由导轮的摩擦力带动做圆周进给运动。导轮的线速度通常为 $10\sim50\,\mathrm{m/min}$，工件的线速度基本等于导轮的线速度。磨削砂轮就是一般的砂轮，线速度很高，所以，在磨削砂轮与工件之间有很大的相对速度，这就是磨削工件的切削速度。

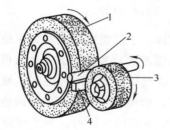

图 10-20　无心磨削加工示意图
1—砂轮；2—工件；3—导轮；4—支承

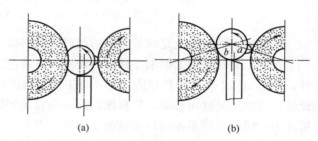

(a)　　　　　(b)

图 10-21　无心磨床加工原理

无心磨床加工原理如图 10-21 所示。进行无心磨削时，工件的中心应高于磨削砂轮和导轮的中心连线，工件才能被磨圆。如果托板的顶面是水平的，而且调整得使工件中心与磨削砂轮及导轮的中心处于同一高度，当工件上有一凸起的点与导轮相接触，则凸起的点的对面就被磨成一凹坑，其深度等于凸起点的高度，如图 10-21（a）所示。工件回转180°后，凸起的点转到与磨削砂轮相接触，此时凹坑正好与导轮相接触，工件被推向导轮，凸起的点无法被磨去。此时，虽然工件各个方向上直径都相等，但工件不是一个圆形，而是一个等直径的棱圆。例如，一个有三等分凸起的圆坯料，经过上述无心磨削后，就磨成一个等直径的三棱圆。

工件不能被磨圆的原因在于：工件中心同磨削砂轮和导轮的中心同高，使得工件的凸（凹）点与导轮接触时，总是它对面的凹（凸）点与磨削轮相接触，只要使工件的中心高于磨削砂轮和导轮的中心，就能消除这种现象，把工件磨圆。

调整托板高度，使工件的中心高于磨削砂轮和导轮的中心连线，如图10-21（b）所示。工件上的凸起点 a 与导轮接触时，使工件 b 点处被多磨去一些而相应地凹下去；但 b 点、a 点和圆心三者不在同一条直线上，所以当 b 点转到与导轮接触时，a 点尚未转到与磨削砂轮相接触；工件再转过一个角度，当凸起点 a 与磨削砂轮相遇时，工件上与导轮接触的那一点不是凹坑，凸起点 a 就被磨低了；磨削继续进行，凸起点不断被磨平，而凹坑也逐渐变浅，工件逐渐被磨圆。工件中心高出磨削砂轮和导轮中心连线的距离为工件直径的15％～25％。如果高出的距离增大，导轮对工件的方向向上的垂直分力也随着增大，在磨削过程中，容易引起工件的跳动，影响加工表面的表面粗糙度。

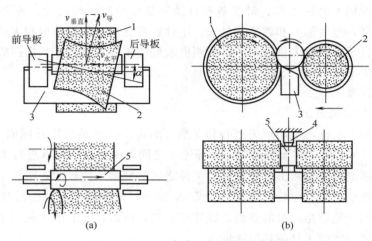

图10-22　无心磨床的加工方法示意图

1—磨削砂轮；2—导轮；3—托板；4—挡块；5—工件

托板的顶面实际上是向导轮一边倾斜20°～30°，这样，工件能更好地贴紧导轮。

在无心外圆磨床上磨削工件的方法有贯穿磨削法（纵磨法）和切入磨削法（横磨法）两种，如图10-22所示。贯穿磨削时，将工件从机床前面放到托板上，推入磨削区域后，工件旋转，同时又沿轴向移动，从机床的另一端移出磨削区，磨削完毕。工件的轴向进给是由导轮的中心线在竖直平面内向前倾斜 α 角所引起的，如图10-22（a）所示。为了保证导轮与工件间的接触线为直线形，这时，导轮的形状修成回转双曲线形。切入磨削法如图10-22（b）所示，先将工件放在托板和导轮之间，然后横向切入进给，使磨削砂轮磨削工件。这时导轮的轴心线仅倾斜很小的角度（约30′），对工件有微小的轴向推力，使它靠在挡块4上，得到可靠的轴向定位。切入磨削法适用于磨削具有阶梯或成形回转表面的工件。

2. 无心外圆磨床的布局、特点及适用范围

图10-23所示为无心外圆磨床的外形。砂轮架3固定在床身1的左边，砂轮主轴由装在床身内的电动机经带传动做高速旋转。导轮架装在床身右边的滑板9上，它由转动体5和座架6组成。转动体可在垂直平面内相对座架转位，使装在其上的导轮主轴相对水平线偏转加工所需的角度。导轮可有级或无级变速，其传动装置在座架内。利用快速进给手柄10或微量进给手柄7，可使滑板9连同导轮架和工件托架沿底座8的燕尾形导轨移动，实现横向运动。

在无心外圆磨床上磨削外圆表面，工件上不需打中心孔，这样，既排除了因中心孔偏心而带来的误差，又可节省装卸工件的时间。由于导轮和托板沿全长支承工件，刚度差的工件也可用较大的切削用量进行磨削，故生产率较高，但机床调整时间较长，不适用于单件、小

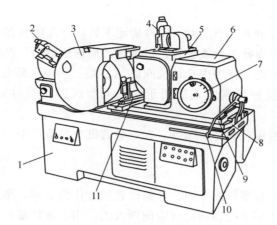

图 10-23 无心外圆磨床的外形

1—床身；2—砂轮修整器；3—砂轮架；4—导轮修整器；5—转动体；6—座架；

7,10—进给手柄；8—底座；9—滑板；11—托架

批量生产。此外，周向不连续的表面（如有键槽）或外圆和内孔的同轴度要求很高的表面，不宜在无心磨床上加工。

三、内圆磨床

内圆磨床用于磨削各种圆柱孔（通孔、盲孔、阶梯孔和断续表面的孔等）和圆锥孔，其磨削方法又分为下面几种。

1. 普通内圆磨削

内圆磨床磨削方式如图 10-24 所示，采用图 10-24（a）所示方式磨削时，工件用卡盘或其他夹具装夹在机床主轴上，由主轴带动旋转做圆周进给运动 $f_周$，砂轮高速旋转实现主运动 $n_内$，同时砂轮或工件往复移动做纵向进给运动 $f_纵$，在每次（或 n 次）往复行程后，砂轮或工件做一次横向进给运动 $f_横$。这种磨削方法适用于形状规则、便于旋转的工件。

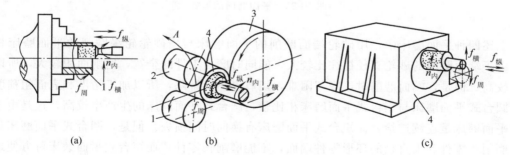

(a)　　　　　　　　(b)　　　　　　　　(c)

图 10-24　内圆磨床磨削方式

1—滚轮；2—压紧轮；3—导轮；4—工件

2. 无心内圆磨削

采用图 10-24（b）所示方式磨削时，工件 4 支承在滚轮 1 和导轮 3 上，压紧轮 2 使工件 4 紧靠导轮，工件 4 即由导轮带动旋转，实现圆周进给运动。砂轮除完成主运动外，还做纵向进给运动和周期横向进给运动。加工结束时，压紧轮沿箭头 A 方向摆开，以便装卸工件。这种磨削方式适用于大批、大量生产中，加工外圆表面已经精加工的薄壁工件，如轴承套圈等。

3. 行星内圆磨削

采用图 10-24（c）所示方式磨削时，工件固定不转，砂轮除绕其自身轴线高速旋转实现主运动外，同时还绕被磨内孔的轴线公转，以实现圆周进给运动。纵向往复运动由砂轮或工件完成。周期性地改变砂轮与被磨内孔轴线间的偏心距，即增大砂轮公转运动的旋转半径，可实现横向进给运动。这种磨削方式适用于磨削大型或形状不对称，而且不便于旋转的工件。

内圆磨床的主要类型还有坐标磨床等。在一般的机械制造厂中，以使用普通内圆磨床最为普遍。

四、平面磨床

平面磨床用于磨削各种零件的平面。根据砂轮的工作面不同，平面磨床可分为用砂轮轮缘（即圆周）进行磨削和用砂轮端面进行磨削两大类。用砂轮轮缘磨削的平面磨床，砂轮主轴常处于水平位置（卧式）；而用砂轮端面磨削的平面磨床，砂轮主轴常为立式。根据工作台的形状不同，平面磨床又可分为矩形工作台和圆形工作台两类。

因此，根据砂轮工作面和工作台形状的不同，普通平面磨床可分为卧轴矩台式平面磨床、卧轴圆台式平面磨床、立轴圆台式平面磨床、立轴矩台式平面磨床四大类，见图10-25。

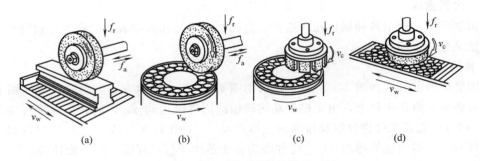

图 10-25　平面磨削的形式

上述四种平面磨床中，用砂轮端面磨削的平面磨床与用砂轮轮缘磨削的平面磨床相比较，由于端面磨削的砂轮直径往往比较大，能同时磨出工件的全宽，磨削面积较大，所以生产率较高。但是，端面磨削时，冷却困难，切屑也不易排除，所以加工精度和表面粗糙度较差，圆台式平面磨床与矩台式平面磨床相比较，圆台式平面磨床的生产率较高，这是由于圆台式平面磨床是连续进给，而矩台式平面磨床有换向时间损失。但是，圆台式平面磨床只适用于磨削小零件和大直径的环形零件端面，不能磨削长零件；而矩台式平面磨床可方便地磨削各种常用零件，包括直径小于矩形宽度的环形零件。

上述四种平面磨床较多使用卧轴矩台式平面磨床，其次是立轴圆台式平面磨床。

第四节　砂轮的特性、参数及其选择

一、砂轮的特性和参数

砂轮是磨削加工中最主要的一类磨具。砂轮是在磨料中加入黏结剂，经压坯、干燥和焙烧而制成的多孔体，如图 10-26 所示。由于磨料、黏结剂及制造工艺不同，砂轮的特性差别很大，因此，对磨削的加工质量、生产率和经济性有着重要影响。砂轮的特性主要是由磨料、粒度、黏结剂、硬度、组织、形状和尺寸等因素决定。

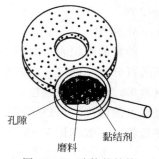

图 10-26　砂轮的结构

1. 常用的磨料

常用的磨料有氧化铝（刚玉类）、碳化硅、立方氮化硼和人造金刚石等，其种类、代号、成分及适用范围见图 10-27。

2. 粒度

粒度是指磨料颗粒的尺寸大小，即粗细程度。粒度分为粗磨粒和微粒两类。固结磨具用磨料粒的表示方法：粗磨粒 F4～F200（用筛分法区别，F 后面的数字大致为每英寸筛网长度上筛孔的数目），微粉 F230～F1200（用沉降法区别）。粒度号越小，磨粒越粗；粒度号越大，磨粒越细。

磨粒的粒度直接影响磨削生产率和磨削质量。粗磨时以高生产率为主要目标，应选小的粒度号；精磨时以表面粗糙度小为主要目标，应选大的粒度号。工件材料塑性大或磨削接触面积大时，为避免磨削温度过高，使工件表面烧伤和砂轮气孔堵塞，应选小粒度号；工件材料软时，为避免砂轮气孔堵塞，也应选小粒度号。反之，则选大粒度号。成形磨削时，为保持砂轮轮廓的精度，宜用大粒度号。

3. 结合剂

结合剂将磨粒结合在一起，并使砂轮具有一定的形状。砂轮的强度、耐热性、耐冲击及耐腐蚀性等性能都取决于结合剂的性能。结合剂的种类、特点与用途如图 10-27 所示。

4. 硬度

砂轮硬度不是指磨料的硬度，而是指砂轮上磨粒受力后自砂轮表层脱落的难易程度，也反映黏结剂对磨粒黏结的牢固程度。若磨粒易脱落，则砂轮的硬度低；若磨粒不易脱落，则砂轮的硬度高。硬度分级如图 10-27 所示。

磨削时应根据工件材料的特性和加工要求来选择砂轮的硬度。如选择的砂轮过硬，磨钝的磨粒不易脱离，砂轮易堵塞，磨削热增加，工件易烧伤，磨削效率低，影响工件表面质量；如选择的砂轮过软，磨粒在锋利的时候就会脱落，增加砂轮损耗，易失去正确形状，影响加工精度。砂轮硬度的选择原则如下。

① 工件材料越硬，应选用越软的砂轮。这是因为硬材料易使磨粒磨损，需用较软的砂轮以使磨钝的磨粒及时脱落。同时，砂轮孔隙较多且较大，容屑性能较好。但是，磨削有色金属（铝、黄铜、青铜等）、橡皮、树脂等软材料，由于这些材料易使砂轮糊塞，选用软砂轮可使糊塞处较易脱落，露出锋锐新鲜的磨粒来。

② 砂轮与工件磨削接触面积较大时，磨粒参加切削的时间较长，较易磨损，应选用较软的砂轮。薄壁零件及导热性差的零件，也应选择软砂轮。

③ 粗磨削时，应选用较软砂轮；而精磨削、成形磨削时，应选用硬一些的砂轮，以保持砂轮必须的形状精度。

④ 砂轮气孔率较低时，为防止砂轮糊塞，应选用较软的砂轮。

⑤ 一般情况下，磨削较硬的材料应选择较软砂轮。可使磨钝的磨粒及时脱落，露出具有尖锐棱角的新磨粒，有利于切削顺利进行，同时防止磨削温度过高"烧伤"工件。

⑥ 在同样磨削条件下，用树脂黏结剂砂轮比陶瓷黏结剂砂轮的硬度要高 1～2 小级；砂轮旋转速度高时，砂轮的硬度可选软 1～2 小级；用冷却液磨削要比干磨削时的砂轮硬度高

1～2 级。

5. 组织

砂轮的组织表示磨粒、黏结剂和气孔三者之间的比例。砂轮的组织号以磨粒所占砂轮体积的百分比来确定。组织号分 15 级，组织号越大，磨粒所占砂轮体积的百分比越小，气孔就越多，砂轮组织越松。气孔可以容纳切屑，使砂轮不易堵塞，还可将切削液带入磨削区，降低磨削温度。但过于疏松会影响砂轮强度。粗磨时，选用较疏松砂轮；精磨时，选用较紧密砂轮，一般选用 7～9 级。

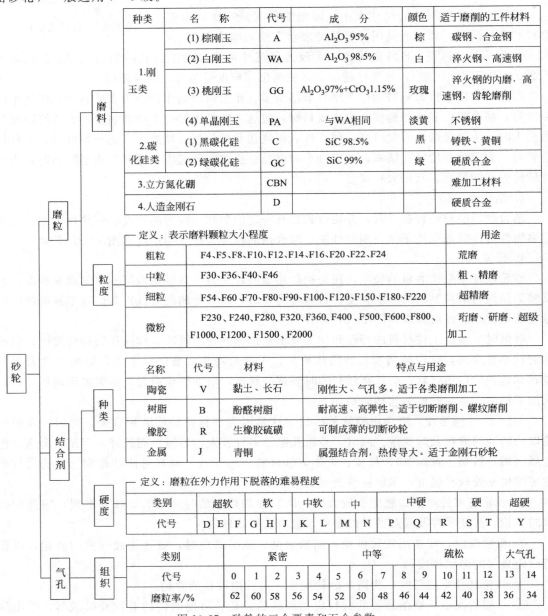

图 10-27　砂轮的三个要素和五个参数

6. 强度

砂轮强度是指砂轮高速旋转时抵抗自身破碎的能力。砂轮高速旋转时，产生离心力与砂轮圆周速度的平方成正比,当圆周速度增大到一定程度,离心力超过砂轮黏结剂黏结能力时,砂轮就会碎裂。为了确保工作时砂轮不致碎裂,一般砂轮需经过回转试验。

回转试验以砂轮标志的最高工作速度,按一定的安全系数来进行。最高工作速度≤50m/s的砂轮,按其工作速度的1.6倍进行回转试验,当达到最高工作速度时,维持30s。最高工作速度大于50m/s的砂轮,按其工作速度的1.5倍进行回转试验,当达到最高速度时,维持30s。因此,各种砂轮按其强度高低都规定了最高工作速度,并标注在砂轮上,工作时,砂轮速度不允许超过最高工作速度。

二、砂轮的形状、尺寸和标注

砂轮的形状和尺寸是根据磨床的类型、磨削加工方法及工作的形状和尺寸来确定的。常用的砂轮的形状、代号及主要用途见表10-1(摘自GB/T 2484—2018《固结磨具一般要求》)。

砂轮的特性均标记在砂轮的侧面上,按(GB/T 2484—2018《固结磨具一般要求》)规定,砂轮标注的顺序为形状代号、尺寸、磨粒、粒度号、硬度、组织号、结合剂、最高工作速度,举例如下:

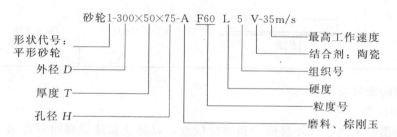

表 10-1 常用砂轮的形状、代号及主要用途

代号	名 称	断 面 形 状	形状尺寸标记	主 要 用 途
1	平形砂轮		$1\text{-}D \times T \times H$	磨外圆、内孔、无心磨、周磨平面及刃磨刀具
2	筒形砂轮	$W \leqslant 0.17D$	$2\text{-}D \times T\text{-}W$	端磨平面
4	双斜边砂轮		$4\text{-}D \times T/U \times H$	磨齿轮及螺纹
6	杯形砂轮	$E > W$	$6\text{-}D \times T \times H\text{-}W,\ E$	端磨平面 刃磨刀具后刀面

代号	名　称	断　面　形　状	形状尺寸标记	主　要　用　途
11	碗形砂轮	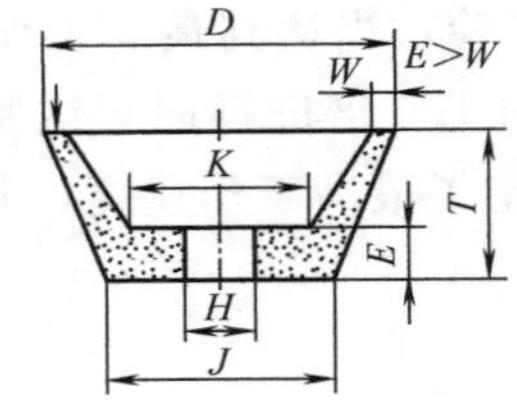	$11\text{-}D/J\times T\times H\text{-}W,E,K$	端磨平面 刃磨刀具后刀面
12a	碟形一号砂轮	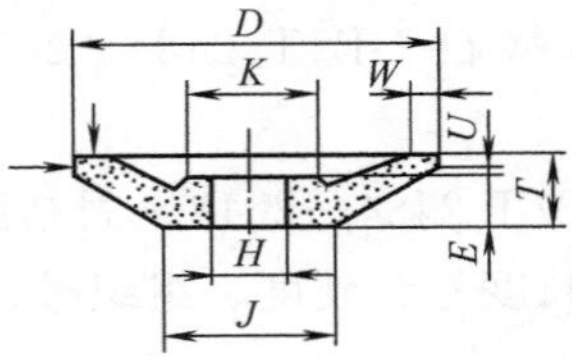	$12a\text{-}D/J\times T/U\times H\text{-}W,$ E,K	刃磨刀具前刀面
41	薄片砂轮	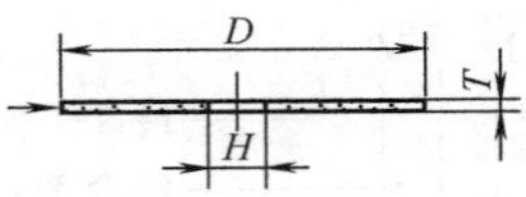	$41\text{-}D\times T\times H$	切断及磨槽

三、砂轮的安装与修整

1. 砂轮的检查

砂轮安装前必须先进行外观检查和裂纹检查，以防止高速旋转时砂轮破裂导致安全事故。检查裂纹时，可用木槌轻轻敲击砂轮，声音清脆的为没有裂纹的砂轮。

2. 砂轮的平衡

由于砂轮在制造和安装中的多种原因，砂轮的重心与其旋转中心往往不重合，这样会造成砂轮在高速旋转时产生振动，轻则影响加工质量，严重的会导致砂轮破裂和机床损坏。因此，砂轮安装在法兰盘上后必须对砂轮进行静平衡。如图 10-28 所示，砂轮装在法兰盘上后，将法兰盘套在芯轴上，再放在平衡架导轨上。如果不平衡，砂轮较重的部分总是会转到下面，移动法兰盘端面环形槽内的平衡块位置，调整砂轮的重心进行平衡，反复进行，直到砂轮在导轨上任意位置都能静止不动，此时，砂轮达到静平衡。安装新砂轮时，砂轮要进行两次静平衡。第一次静平衡后，装上磨床用金刚石笔对砂轮外形进行修整，然后卸下砂轮再进行一次静平衡才能安装使用。

3. 安装砂轮

通常采用法兰盘安装砂轮，两侧的法兰盘直径需相等，其尺寸一般为砂轮直径的 1/2。砂轮和法兰盘之间应垫上 0.5～3mm 厚的皮革或耐油橡胶弹性垫片，砂轮内孔与法兰盘之间要有适当间隙，以免磨削时主轴受热膨胀而将砂轮胀裂，如图 10-29 所示。

4. 修整

砂轮工作一段时间后，磨粒会逐渐变钝，磨屑将砂轮表面空隙堵塞，砂轮几何形状也会发生改变，造成磨削质量和生产率下降。这时，需要对砂轮进行修整。修整砂轮通常用金刚石笔进行，利用高硬度的金刚石将砂轮表层的磨料及磨屑清除掉，修出新的磨粒刃口，恢复砂轮的切削能力，并校正砂轮的外形。

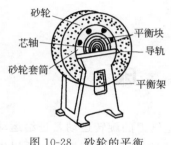

图 10-28 砂轮的平衡

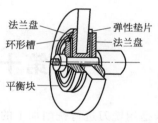

图 10-29 砂轮的安装

思考题与习题

10-1 以 M1432A 型外圆磨床为例，将它与卧式车床进行比较，说明为了保证加工质量（尺寸精度、几何形状精度和表面粗糙度），万能外圆磨床在传动与结构方面采取了哪些措施？

10-2 M1432A 型外圆磨床的砂轮架和头架均能转动一定角度，上工作台又能相对于下工作台扳动一定的角度，试问各有什么用处？在什么场合下使用？

10-3 简述 M1432A 型外圆磨床砂轮主轴采用"短三瓦"动压轴承的好处，并说明其工作原理。

10-4 磨外圆柱面有哪些方法？各有何特点？磨外圆锥面有哪些方法？各有何特点？

10-5 外圆磨床有哪些运动？磨削用量如何表示？

10-6 砂轮有哪些组成要素？用什么代号表示？砂轮如何选用？

10-7 举例说明砂轮代号的意义？

第十一章 铣 床

铣床是用铣刀进行铣削加工的机床。铣床的主运动是铣刀的旋转运动，进给运动由工件做直线运动来完成。与其他机床相比，铣床切削速度高，又是多刃连续切削，所以生产率较高。铣床的加工范围很广，可以加工的表面类型很多，图 11-1 所示为铣床上能完成的工作。

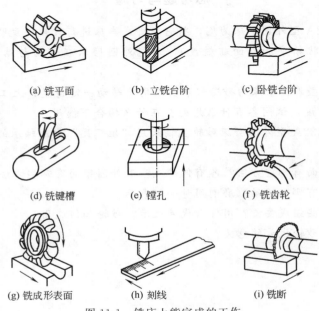

(a) 铣平面　　　　(b) 立铣台阶　　　　(c) 卧铣台阶

(d) 铣键槽　　　　(e) 镗孔　　　　(f) 铣齿轮

(g) 铣成形表面　　　　(h) 刻线　　　　(i) 铣断

图 11-1　铣床上能完成的工作

第一节　卧式万能升降台铣床

一、X6132 型铣床的组成

X6132 型卧式万能升降台铣床与一般升降台铣床的主要区别在于，其工作台不仅能在相互垂直的三个方向做进给运动和调整，还能绕垂直轴线在 ±45° 范围内回转，并且可安装万能立铣头，扩大了机床的工艺范围。

X6132 型卧式万能升降台铣床如图 11-2 所示。床身 2 固定在底座 1 上，用来安装和支撑其他部件；床身内装有主传动装置及其变速装置、主轴部件，完成铣刀旋转主运动。横梁 3 安装在床身顶部，并可沿着燕尾导轨调整前后位置。横梁前端装有刀杆支架 4，用来安装刀杆，以提高其刚性。床身前侧面导轨上装有升降台 8，可沿导轨做上、下移动。升降台内部装有进给运动传动系统及其操纵机构，完成各向进给变速。水平导轨上装有床鞍 7，可完成横向进给运动。床鞍上装有回转盘 9，回转盘的燕尾导轨上安装有工作台 6，由工作台做纵向进给运动，并可通过回转盘绕垂直轴线在 ±45° 范围内调整角度，以便加工斜面、螺旋槽等。

二、X6132 型铣床的传动系统

（一）主传动系统

图 11-3 所示为 X6132 型万能升降台铣床的传动系统。主运动由主电动机驱动，经一组皮带轮传至轴 II，再经轴 II—III 之间、轴 III—IV 之间的滑移齿轮变速组，以及轴 IV—V 之间的双联滑移齿轮变速组，使主轴 V 获得 30～1500r/mm 的 18 级转速。主轴的换向由电动机正、反转控制。安装在轴 II 上的电磁制动器 M 控制主轴的快速制动。

主运动传动路线表达式为：

$$\text{电动机（7.5kW，1450r/min）} \frac{\phi150}{\phi290} - \text{II} -$$

$$\begin{bmatrix} \frac{19}{36} \\ \frac{22}{33} \\ \frac{16}{38} \end{bmatrix} - \text{III} - \begin{bmatrix} \frac{27}{37} \\ \frac{17}{46} \\ \frac{38}{28} \end{bmatrix} - \text{IV} - \begin{bmatrix} \frac{80}{40} \\ \frac{18}{71} \end{bmatrix} - \text{V（主轴）}$$

（二）进给运动传动系统

X6132 型万能升降台铣床的工作台由进给电动机（1.5kW，1410r/min）驱动，它做纵向、横向、垂直三个方向的进给运动及快速移动。

1. 进给运动传动路线表达式

电动机的运动经一对圆锥齿轮 17/32 传至轴 VI，然后根据轴 X 上的电磁摩擦离合器 M_1、M_2 的结合情况，分两条路线传动。当轴 X 上的离合器 M_1 脱开、M_2 结合时，轴 VI 的运动经齿轮副 40/26、44/42 及离合器 M_2 传至轴 X，使工作台快速移动；如果轴 X 上的离合器 M_2 脱开、M_1 结合，轴 VI 的运动经齿轮副 20/44 传至轴 VII，再经轴 VII—VIII 和轴 VIII—IX 之间的两组三联滑移齿轮变速组及轴 VIII—IX 之间的曲回机构、离合器 M_1，将运动传至轴 X，再经离合器 M_3、M_4、M_5 及相应的后续传动路线，使工作台分别得到垂向、横向、纵向的移动，完成工作台的工作进给。

进给运动的传动路线表达式如下。

$$\text{进给电动机} \frac{1.5\text{kW}}{1410\text{r/min}} - \frac{17}{32} - \text{VI}$$

$$\begin{cases} \frac{20}{44} - \text{VII} \begin{bmatrix} \frac{29}{29} \\ \frac{36}{22} \\ \frac{26}{32} \end{bmatrix} - \text{VIII} \begin{bmatrix} \frac{29}{29} \\ \frac{22}{36} \\ \frac{32}{26} \end{bmatrix} \\ \frac{40}{26} \times \frac{44}{42} - M_2 \text{ 合（快速进给）} \end{cases}$$

$$-\text{IX} \begin{cases} -\frac{40}{49}\text{（左）} \\ \frac{18}{40} \times \frac{18}{40} \times \frac{18}{40} \times \frac{18}{40} \times \frac{40}{49}\text{（右）} - M_1 \text{ 合（工作给进）} \\ -\frac{18}{40} \times \frac{18}{40} \times \frac{40}{49}\text{（中）} \end{cases}$$

$$-\text{X} - \frac{38}{52} - \text{XI} - \frac{29}{47} \begin{cases} \frac{47}{38} - \text{XIII} \begin{bmatrix} \frac{18}{18} - \text{XVIII} - \frac{16}{20} - M_5 \text{ 合} - \text{XIX（纵向进给）} \\ \frac{38}{47} - M_4 \text{ 合} - \text{XIV（横向进给）} \end{bmatrix} \\ M_3 \text{ 合} - \text{XII} - \frac{22}{27} - \frac{27}{33} - \frac{22}{44} - \text{XVII（垂向进给）} \end{cases}$$

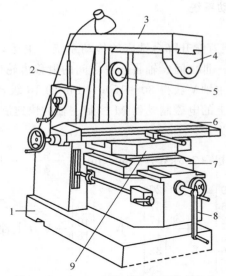

图 11-2　X6132 型卧式万能升降台铣床

1—底座；2—床身；3—横梁；4—刀杆支架；5—主轴；6—工作台；7—床鞍；8—升降台；9—回转盘

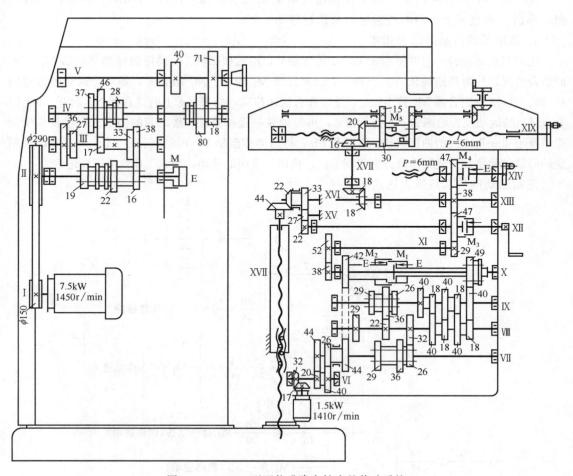

图 11-3　X6132 型万能升降台铣床的传动系统

由上述传动路线表达式可知，铣床在三个进给方向上均应获得 $3\times3\times3=27$ 种进给量，但由于轴Ⅶ—Ⅸ之间的两组三联滑移齿轮变速组的 $3\times3=9$ 种传动比中有三种是相等的，即

$$\frac{26}{32}\times\frac{32}{26}=\frac{29}{29}\times\frac{29}{29}=\frac{36}{33}\times\frac{22}{36}=1$$

所以实际上在轴Ⅶ—Ⅸ之间只有 7 种传动比。因此轴Ⅹ上的滑移齿轮 Z49 实际只有 21 级不同转速。可见，X6132 型铣床的纵、横、垂向的进给量均为 21 级，其中纵向、横向的进给量为 10～1000mm/min，垂向进给量为 3.3～333mm/min。

2. 曲回机构

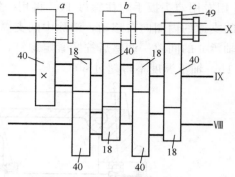

图 11-4　曲回机构的工作原理

曲回机构的工作原理如图 11-4 所示。轴Ⅹ上的滑移齿轮 Z49 有三个啮合位置。当 Z49 处在 a 位置时，运动直接由轴Ⅸ经齿轮副 40/49 传到轴Ⅹ，此时，轴Ⅸ—Ⅹ之间的传动比为

$$u_{a}=\frac{40}{49}$$

当 Z49 处在 b 位置时，轴Ⅸ的运动经由齿轮副 18/40－18/40－40/49 传至轴Ⅹ，此时轴Ⅸ—Ⅹ的传动比为

$$u_{b}=\frac{18}{40}\times\frac{18}{40}\times\frac{40}{49}$$

当 Z49 处在 c 位置时，轴Ⅸ的运动经 18/40－18/40－18/40－18/40－40/49 传至轴Ⅹ，传动比为

$$u_{c}=\frac{18}{40}\times\frac{18}{40}\times\frac{18}{40}\times\frac{18}{40}\times\frac{40}{49}$$

由上述分析可知，轴Ⅸ的运动经由与轴Ⅷ之间的空套齿轮的曲折传递，可得到三种传动比。与一般的三联滑移齿轮相比，该种机构结构简单紧凑，并且降速比变化范围很大。由于该机构曲折迂回，故叫做曲回机构。

三、X6132 型铣床的典型结构

（一）主轴部件

X6132 型铣床主轴部件结构如图 11-5 所示，铣床的主轴部件包括主轴本身、主轴支撑及轴上所安装的齿轮和飞轮。

铣床的主轴 1 是一空心阶梯轴，前端有 7∶24 的精密锥孔和精密外圆柱面实现精密定心。刀具或刀杆以锥柄与锥孔配合定心，并由从尾部穿过中心孔的拉杆拉紧。铣刀锥柄上开有与端面键配合的缺口，它与主轴前端面镶的两个端面键配合，用来传递扭矩，带动铣刀旋转，完成切削主运动。

铣刀主轴采用三支撑结构，以提高主轴部件的刚性和抗振性，从而克服断续铣削可能引起的振动及铣削力的周期变化。主轴的前支撑采用 D 级精度的圆锥滚子轴承，以承受径向力和向左的轴向力；中间支撑采用 E 级精度的圆锥滚子轴承，承受径向力和向右的轴向力。前、中支撑是主轴的主要支撑，主轴的回转精度主要由前、中支撑保证。后支撑为 G 级单列深沟球轴承，是辅助支撑，只承受径向力，以提高主轴刚度。调整主轴轴承间隙时，先将

横梁移开，并拆下床身盖板，露出主轴部件，然后拧松中间支撑左侧螺母 11 上的紧定螺钉 3，用专用勾头扳手勾住螺母 11，再用一短棍通过前端的端面键 8 扳动主轴顺时针旋转，使中间支撑的内圈向右移动，消除中间支撑的间隙。继续转动主轴，使其向左移动，直至消除前轴承 6 的间隙。调整后拧紧紧定螺钉，并进行试运转，要求主轴以 1500r/min 的转速试运转 1h，轴承温度不得超过 60℃。

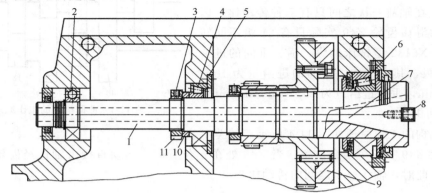

图 11-5　X6132 型铣床主轴部件结构

1—主轴；2—后支撑；3—紧定螺钉；4—中间支撑；5—轴承盖；6—前轴承；

7—主轴前锥孔；8—端面键；9—飞轮；10—隔套；11—螺母

在前、中支撑之间安装有大齿轮，将运动传至主轴。大齿轮上用定位销及螺钉紧固飞轮 9，切削加工中可通过飞轮旋转的惯性使主轴运转平稳，以减轻铣刀断续切削引起的振动。

（二）孔盘变速操纵机构

X6132 型铣床的主运动及进给运动都采用孔盘变速操纵机构。

1. 孔盘变速操纵机构的工作原理

孔盘变速操纵机构主要由孔盘 4、齿轮 3、齿条轴 2、齿条轴 2′ 和拨叉 1 组成。利用孔盘变速操纵机构控制三联滑移齿轮，孔盘变速原理如图 11-6 所示。

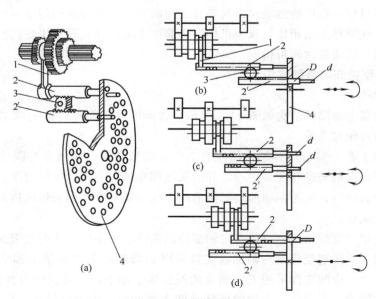

图 11-6　孔盘变速原理

1— 拨叉；2,2′—齿条轴；3—齿轮；4—孔盘

孔盘 4 上有几组不同直径的圆周，每个圆周又被划分成 18 等份，根据变速时滑移齿轮不同位置的要求，在每个圆周的 18 个位置上分别有大孔、小孔或未钻孔三种状态。齿条轴 2、2′上被加工出直径分别为 d 和 D 的两段台阶，直径为 d 的台阶只可穿过孔盘上的小孔，直径为 D 的可穿过孔盘上的大孔而不能通过小孔。变速时，先将孔盘右移，退离齿条轴，再根据变速要求，将孔盘转过一定角度，向左推回复位。孔盘复位时，其上各孔与齿条轴上两段直径对应的不同情况，可使滑移齿轮处在三个不同位置，从而达到变速的目的。图 11-6(b) 所示为孔盘变速机构的三种工作状态。

① 复位时，孔盘上对应齿条轴 2 的位置无孔，齿条轴 2′的位置对应大孔，则齿条轴 2 被孔盘向左推移，并通过拨叉使三联滑移齿轮左移，同时齿条轴 2′被齿轮 3 带动向右移，直至直径 D 的台阶全部穿过大孔，其台阶靠上孔盘为止，此时滑移齿轮已移到最左位。

② 复位时，孔盘上对应齿条轴 2 和 2′的位置均为小孔，齿条轴上的小台阶 d 可穿过小孔，直至使滑移齿轮移到中间位置。

③ 复位时，孔盘上对应齿条轴 2 的位置为大孔，齿条轴 2′的位置无孔，这时孔盘使齿条轴 2′向左移，通过齿轮 3 使齿条轴 2 向右移，拨叉带动滑移齿轮右移至右位。

当然，一次变速过后，齿条轴的台阶已插入孔盘中，再次变速时，首先应使孔盘从齿条轴组中做轴向退离，然后转位，再复位。这些动作都需要操纵机构来实现。

2. 主变速操纵机构的结构及操纵

X6132 型铣床的主变速操纵机构如图 11-7 所示。变速时将手柄 1 向外拉出 ［图 11-7

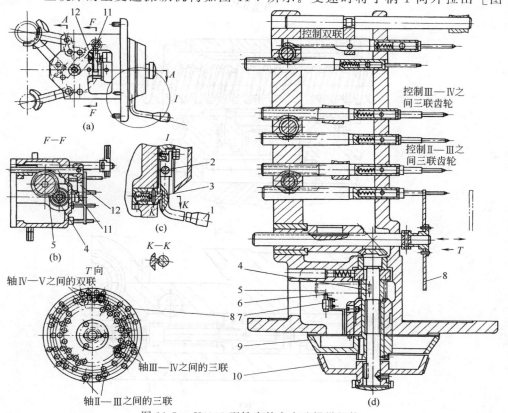

图 11-7　X6132 型铣床的主变速操纵机构
1—手柄；2—销轴；3—定位销；4—齿轮套筒；5—齿轮；6—凸块；7—微动开关；8—孔盘；9—操纵盘；10—速度盘；11—齿条轴；12—拨叉

（c），向右]，则手柄 1 绕销轴 2 转动，脱开定位销 3 在手柄槽中的定位。然后按逆时针方向转动手柄 1 约 250°，经操纵盘 9 及平键使齿轮套筒 4 转动，再经齿轮 5 使齿条轴 11 向右移动 [图 11-7(b)]，齿条轴 11 再通过拨叉 12，拨动孔盘向右退离齿条轴，为孔盘 8 转位做好准备。按所需主轴转速，转动速度盘 10 至所需转速位置，并经与其用键相连的轴及一对圆锥齿轮而使孔盘 8 转动相应的角度 [图 11-7(d)]。最后将手柄 1 扳回原位并定位，则使孔盘左移而推动各组齿条轴做相应的位移，并使滑移齿轮到达新的啮合位置，实现转速的变换。齿轮 5 上的凸块 6、微动开关 7 可以瞬时接通主电动机电源，使主电机实现一次瞬时冲动，带动主变速传动齿轮缓慢转动，使滑移齿轮顺利移动到另一工作位置，顺利啮合。

四、顺铣机构

顺铣机构工作原理如图 11-8 所示。铣床在切削加工时，如果进给方向与切削力 F 的水平

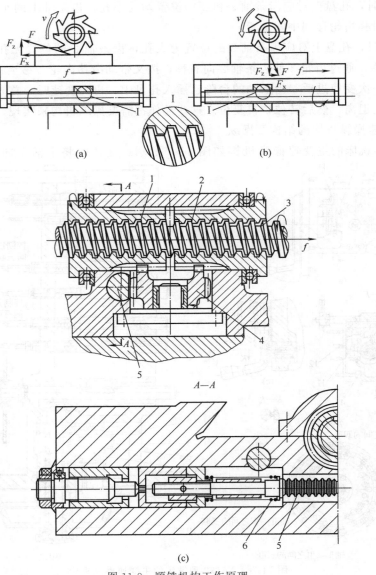

图 11-8　顺铣机构工作原理

1—左螺母；2—右螺母；3—右旋丝杠；4—冠状齿轮；5—齿条；6—弹簧

分力 F_x 相反，称为逆铣 [图 11-8(a)]；如果进给方向与水平分力 F_x 方向相同，则称为顺铣 [图 11-8(b)]。采用逆铣法时，切削力水平分力 F_x 的方向向左，正好使丝杠螺纹左侧面紧靠在螺母螺纹的右侧面，因而工作台运动平稳；采用顺铣法时，可能引起工作台轴向窜动，这是因为带动工作台纵向进给的丝杠为右旋螺纹，如工作台向右移动，丝杠螺纹的左侧面为工作表面，与螺母螺纹的右侧面接触 [图 11-8(a)、(b) 中 I]，间隙出现在丝杠螺纹的右侧，水平分力 F_x 的方向向右，当切削力足够大时，就使丝杠螺纹左侧面与螺母脱开，导致工作台向右窜动。铣削加工是多刃断续切削，铣削力不断变化，时大时小，就使得工作台在丝杠与螺母间隙范围内来回窜动，直接影响加工质量。为解决这一问题，机床设有顺铣机构 [图 11-8(c)]。

顺铣机构由右旋丝杠 3、左螺母 1、右螺母 2、冠状齿轮 4、齿条 5 组成。在弹簧 6 的作用下齿条 5 右移，使冠状齿轮 4 按箭头方向旋转，并通过左、右螺母 1、2 外圆的齿轮，使两者向相反方向转动，从而使左螺母 1 的螺纹左侧与丝杠螺纹的右侧靠紧，右螺母 2 的螺纹右侧与丝杠螺纹左侧靠紧。顺铣时，丝杠的轴向力由左螺母 1 承受，由于丝杠与左螺母 1 之间摩擦力的作用，使左螺母 1 有随丝杠转动的趋势，并通过冠状齿轮使右螺母 2 产生反向旋转的趋势，从而消除了右螺母 2 与丝杠间的间隙，不会使工作台轴向窜动。

顺铣机构可以在逆铣时自动松开，以减少丝杠与螺母间的磨损。逆铣时，丝杠的轴向力由右螺母 2 承受，两者间产生较大的摩擦力，使右螺母 2 有随丝杠一齐转动的趋势，从而通过冠状齿轮使左螺母 1 产生与丝杠反向旋转的趋势，左螺母 1 的螺纹左侧与丝杠螺纹右侧之间产生间隙，减少丝杠磨损。

第二节　其他铣床

铣床的类型很多，常见的类型有卧式铣床、立式铣床、龙门铣床、工具铣床、仿形铣床、仪表铣床及数控铣床等，此外，还有万能工具铣床和立式升降台铣床。

一、万能工具铣床

万能工具铣床的基本布局与万能升降台铣床相似，但配有多种附件，因而扩大了机床的万能性。图 11-9 所示为万能工具铣床。图 11-9(a) 为安装着主轴座 1、固定工作台 2、升降台 3 的机床。此时，机床的功能与卧式升降台铣床很相似，只是横向进给运动由主轴座的水平移动来实现，纵向进给运动及垂直进给运动分别由工作台 2 和升降台 3 实现。

根据加工需要，机床还可安装其他附件，图 11-9(b) 所示为可倾斜工作台，图 11-9(c) 为回转工作台，图 11-9(d) 为平口钳，图 11-9(e) 为分度装置，图 11-9(f) 为立铣头，图 11-9(g) 为插削头。

万能工具铣床有较强的万能性，常用于工具车间，加工形状复杂的切削刀具、夹具、模具等的零件。

二、立式升降台铣床

立式升降台铣床也是通用机床，通常适用于单件及成批生产。它与卧式升降台铣床的主要区别在于主轴是竖直安装的，也就是用立铣头代替卧式铣床的水平主轴、横梁、刀杆及其支撑部分。如图 11-10 所示，主轴安装在立铣头内，可沿其轴线方向进给或调整位置。立铣头可根据加工要求在垂直平面内 ±45° 范围回转，使主轴与工作台面倾斜成所需角度，以扩大机床工艺范围。立式升降台铣床的其余部分（如工作台 3、床鞍 4、升降台 5 等）和卧式升降台铣床相似。

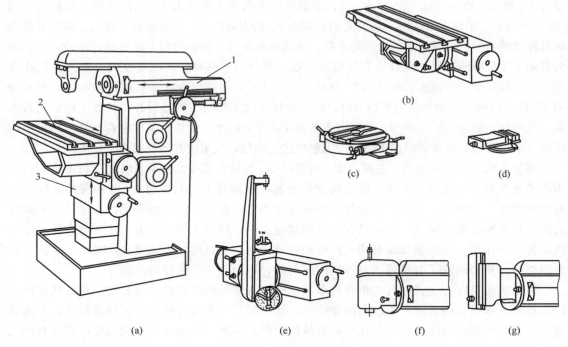

图 11-9　万能工具铣床

1—主轴座；2—固定工作台；3—升降台

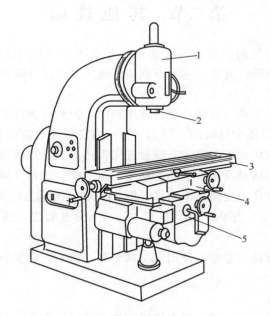

图 11-10　立式升降台铣床

1—立铣头；2—主轴；3—工作台；4—床鞍；5—升降台

第三节　铣床附件——万能分度头

万能分度头是一种铣床常用附件。它安装在铣床工作台上，用来支撑工件，并通过分度头完成工件的分度、回转一定角度、连续回转等一系列动作，从而在工件上加工出方头、六角头、花键、齿轮、斜面、螺旋槽、凸轮等多种表面，大大扩大了铣床的工艺范围。本节介绍万能分度头的结构及使用。

一、FW250 型万能分度头的结构和传动系统

图 11-11 所示为 FW250 型万能分度头的结构及传动系统。分度头主轴 9 安装在回转体 8 内，回转体 8 以两侧轴颈支撑在底座 10 上，并可绕其轴线沿底座的环形导轨在 $-6°\sim90°$ 范围内转动，使主轴轴线实现在铅锤面内的角度调整，如图 11-11（a）所示。主轴前端有莫氏锥孔和一短定位锥面，可以安装顶尖或三爪自定心卡盘，用来安装工件。分度头侧轴 5 可以安装挂轮，与工作台丝杠建立内联系传动链。分度头侧面装有分度盘，其上不同的圆周上均布着不同孔数，每一圆周上的均布小孔称为孔圈，分度数由分度定位销 12 所对孔圈的孔数来计算。转动分度手柄 11，经传动比 1：1 的螺旋齿轮副、1：40 的蜗杆蜗轮副带动主轴 9 回转到所需角度，进行分度。

FW250 型万能分度头的传动系统如图 11-11（b）所示 。传动链平衡方程式为

$$n_0 = n_k \times \frac{1}{1} \times \frac{1}{1} \times \frac{1}{40} \tag{11-1}$$

式中　n_0——分度头主轴转数；

　　　n_k——分度头分度手柄转数。

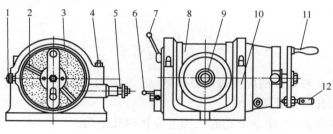

(a)

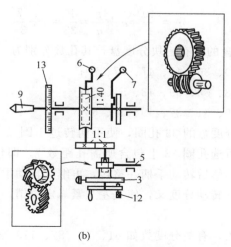

(b)

图 11-11　FW250 型万能分度头的结构及传动系统

1—紧定螺钉；2—分度叉；3—分度盘；4—螺母；5—侧轴；6—蜗杆脱落手柄；7—主轴紧定手柄；
8—回转体；9—主轴；10—底座；11—分度手柄；12—分度定位销；13—刻度盘

二、分度方法

万能分度头常用的分度方法有直接分度法、简单分度法、差动分度法、角度分度法等。

1. 直接分度法

直接采用刻度盘分度。此种方法简单、直观，但精度不高，在分度数不多，如2、3、4、6等份，分度精度要求不高时经常采用。

分度时，松开蜗杆脱落手柄6，脱开蜗轮蜗杆的啮合，用手直接转动主轴，所需转角由刻度盘13读出。分度完毕后，锁紧蜗杆脱落手柄6，以免加工时转动。

2. 简单分度法

分度数较多时，可用简单分度法。分度方法如下。

分度前，使蜗轮蜗杆啮合，并用紧固螺钉1锁紧分度盘；选择分度盘的孔圈，调整定位销12对准所选孔圈；顺时针转动手柄至所需位置，然后重新将定位销插入对应孔中。

分度时手柄的转数计算如下。

如图11-11(b)所示，设工件每次所需分度数为 z，则每次分度时主轴应转 $1/z$ 转，手柄应转 n_k 转，根据传动系统图可知

$$\frac{1}{z} = n_k \times \frac{1}{1} \times \frac{1}{1} \times \frac{1}{40} \tag{11-2}$$

式（11-2）可写成

$$n_k = \frac{1}{z} \times \frac{40}{1} \times \frac{1}{1} = \frac{40}{z} = a + \frac{p}{q} \quad \text{(r)} \tag{11-3}$$

式中　a——每次分度时，手柄应转过的整圈数（$z > 40$ 时，$a = 0$）；

　　　p——所选用孔圈的孔数；

　　　q——分度定位销12在 q 个孔的孔圈上应转的孔距数。

【例 11-1】　在铣床上用 FW125 型万能分度头加工 $z = 33$ 的直齿圆柱齿轮，求分度手柄应转几转。

解
$$n_k = \frac{40}{z} = a + \frac{p}{q} = \frac{40}{33} = 1 + \frac{7}{33}$$

FW125 型万能分度盘的共有三块分度盘，其孔数分别为：

第一块：16、24、30、36、41、47、57、59；

第二块：23、25、28、33、39、43、51、61；

第三块：22、27、29、31、37、49、53、63。

本例可选择第二块分度盘的33孔圈，使手柄转过1圈又7个孔距。为使分度正确，分度叉2可事先调整至在所选孔圈33上包含所需孔距数7，即包含7+1=8个孔。分度开始时，定位销紧靠其左叉，然后转动手柄一整转，再继续转动手柄，使定位销正好靠紧其右叉插入即可。最后，顺时针转动分度叉，使其左叉紧靠定位销，为下次分度做好准备。

3. 差动分度法

由于分度盘孔圈有限，有些分度数如61、73、87、113等不能与40约简，选不到合适的孔圈，就需采用差动分度法。

差动分度法的工作原理如下（图11-12）。

设工件要求的分度数为 z，且 $z > 40$，则分度手柄每次应转过 $40/z$ 转，即插销应由 A 点转

到 C 点，用 C 点定位。但 C 点没有相应的孔位可供定位，故不能由简单分度实现。为借用分度盘上的孔圈，选取与 z 接近的 z_0，使 z_0 能从分度盘上直接选到孔圈，或能在约简后选到相应的孔圈。z_0 选定后手柄的转数为 $40/z_0$，即定位销从 A 点转到 B 点，用 B 点定位。这时，如果分度盘固定不动，手柄转数就产生 $40/z - 40/z_0$ 的误差。为补偿这一误差，在分度盘尾端插入一根芯轴，并配一组挂轮 ac/bd，使手柄在转动的同时，通过挂轮 ac/bd 和 $1:1$ 的螺旋齿轮（或圆锥齿轮）带动分度盘做相应转动，使 B 点的小孔在分度的同时转到 C 点，供定位销插入定位，补偿上述误差。当定位销自 A 点转 $40/z$ 转至 C 点时，分度盘应补充转动 $40/z - 40/z_0$ 转，使孔恰好与孔位对准，此时分度盘与手柄间的传动链运动关系如下。

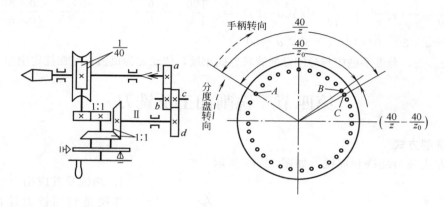

图 11-12 差动分度原理

手柄转 $\dfrac{40}{z}$ ——分度盘补转 $\dfrac{40}{z} - \dfrac{40}{z_0}$ ——主轴转 $\dfrac{1}{z}$

传动路线如下。

手柄 $-\dfrac{1}{1}-\dfrac{1}{40}-$ 主轴 $\left\{\begin{array}{l} \dfrac{ac}{bd}（正向） \\[2mm] \dfrac{a}{b} \times \dfrac{c}{z} \times \dfrac{z}{d}（反向） \end{array}\right\}$ ——Ⅱ $-\dfrac{1}{1}-$ 分度盘

则传动链平衡方程式为

$$\frac{40}{z} \times \frac{1}{1} \times \frac{1}{40} \times \frac{ac}{bd} \times \frac{1}{1} = \frac{40}{z} - \frac{40}{z_0} \tag{11-4}$$

化简后可得挂轮公式为

$$\frac{ac}{bd} = \frac{40}{z_0}(z_0 - z) \tag{11-5}$$

式中　z——所要求的分度数；

　　　z_0——选定的分度数。

分度盘的补转方向与 z_0 的大小有关。$z_0 > z$ 时，手柄与分度盘的转动方向相同；当 $z_0 < z$ 时，分度手柄与分度盘的转动方向相反。换向可由增加中间齿轮完成。

FW250 型分度头有一套五倍数的挂轮，共 12 个可供选用，齿数分别为 20、25、30、35、40、45、50、55、60、70、80、90、100。

【例 11-2】 在铣床上利用 FW125 型分度头加工 $z = 103$ 的直齿圆柱齿轮，试确定分度方法并进行适当的调整计算。

解

$$n_k = \frac{40}{z} = \frac{40}{103}$$

上式无法约简，也不能选到合适孔圈，只能用差动分度法。

① 选取 $z_0 = 100$，则

$$n_k = \frac{40}{z_0} = \frac{40}{100} = \frac{20}{50} = \frac{10}{25}$$

选择第二块分度盘 25 孔圈，手柄每次应转过 10 个孔距。

② 配换挂轮齿数

$$\frac{ac}{bd} = \frac{40}{z_0}(z_0 - z) = \frac{40}{100} \times (100 - 103) = -\frac{120}{100} = -\frac{6}{5} = -\frac{48}{40} = \frac{6 \times 8}{8 \times 5} = \frac{30 \times 80}{40 \times 50}$$

可选择 $a = 30$，$b = 40$，$c = 80$，$d = 50$

因为 $z_0 < z$，分度手柄应与分度盘的旋转方向相反，传动比为负值，应在挂轮中加一介轮。

第四节　铣削加工及铣刀

一、铣削方式

铣削方式分为端铣和周铣，如图 11-13 所示。

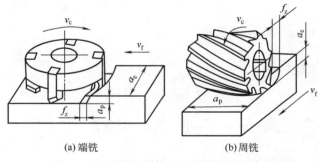

(a) 端铣　　　　　(b) 周铣

图 11-13　端铣和周铣平面及铣削用量参数

1. 端铣及其应用

端铣是利用铣刀端部齿切削的铣削方式。

端铣的表面粗糙度 Ra 值比周铣小，能获得较光洁的表面，如图 11-13（a）所示。因为端铣时可以利用副切削刃对已加工表面进行修光，只要选取合适的副偏角，则可减小已加工表面的残留面积，即减小 Ra 值。

端铣的生产率高于周铣。因为端铣刀大多可以采用硬质合金刀头，刀杆受力情况好，不易产生变形，因此，可以采用大的切削用量，其中切削速度 v_c 可达 150m/min。

端铣的适应性较差，一般仅用来铣削平面，尤其适合铣削大平面。

2. 周铣及其应用

周铣是利用铣刀圆周齿切削的铣削方式，如图 11-13(b) 所示。周铣的表面粗糙度 Ra 值比端铣大，因为周铣时只有圆周刃进行切削，已加工表面实际上是由许多圆弧所组成，Ra 值较大，如图 11-14 所示。

周铣用的铣刀多用高速钢制成，切削时刀轴要承受较大的弯曲力，其刚性又差，切削用量受到一定的限制，切削速度 $v_c < 30$m/min。

周铣的适应性强，能铣平面、沟槽、齿轮和成形面等。

3. 周铣时的顺铣和逆铣

周铣方法分为顺铣和逆铣，如图 11-15 所示。顺铣和逆铣时作用在工件上的切削力见图 11-16。

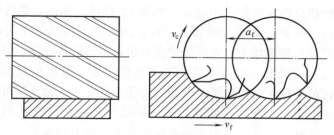

图 11-14 周铣时的残留面积

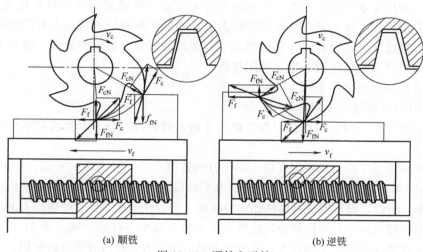

(a) 顺铣　　　　　　　　(b) 逆铣

图 11-15 顺铣和逆铣

（1）顺铣　周铣时，铣刀接触工件时的旋转方向和工件的进给方向相同的铣削方式叫顺铣，如图 11-15（a）所示。顺铣时，每齿的切削厚度由最大到零，刀齿和工件之间没有相对滑动。因此，加工面上没有因摩擦而造成的硬化层，容易切削，加工表面的粗糙度值小，刀具的寿命也长。顺铣时，铣刀对工件的作用力在垂直方向的分力始终向下，有利于工件的夹紧和铣削的顺利进行。但刀齿作用在工件上的水平分力与进给方向相同［图 11-16（a）］，当其大于工作台和导轨之间的摩擦力时，就会把工作台连同丝杠向前拉动一段距离，这段距离等于丝杠和螺母间的间隙见图 11-16（b），因而将影响工件的表面质量，严重时还会损坏刀具，造成事故，所以很少采用。

（2）逆铣　铣刀接触工件时的

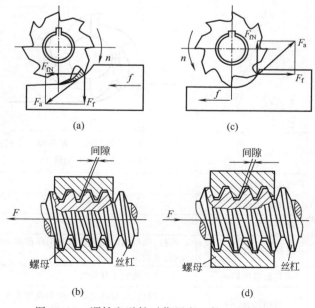

图 11-16 顺铣和逆铣时作用在工件上的切削力

191

旋转方向与进给方向相反的铣削方式叫逆铣，如图 11-15(b) 所示，逆铣时，每齿切削厚度由零到最大。切削刃在开始时不能立刻切入工件，而要在工件已加工表面上滑行一小段距离，因此，工件表面冷硬程度加重，表面粗糙度变粗，刀具磨损加剧。铣刀对工件的作用力在垂直方向的分力向上 [图 11-16(c)]，不利于工件的夹紧。但水平分力的方向与进给方向相反，有利于工作台的平稳运动。逆铣，即使刀齿作用在工作上的水平分力大于工作台与导轨之间的摩擦力，也不会把工作台连同丝杠向前拉动一段距离，见图 11-16(d)，从图中可见，逆铣时工作台与丝杆螺母在水平力方向是始终靠紧，没有间隙的。

由上述可以看出，顺铣虽然有不少优点，但因其容易引起振动，仅能对表面无硬皮的工件进行加工。并且要求铣床装有调整丝杠和螺母间隙的顺铣装置，所以只在铣削余量较小，产生的切削力不超过工作台和导轨间的摩擦力时，才采用顺铣。如机床上有顺铣装置，在消除间隙之后，也可以采用顺铣。在其他情况下，尤其加工具有硬皮的铸件、锻件毛坯时和使用没有间隙调整装置的铣床时，都要采用逆铣。

顺铣和逆铣的比较见表 11-1。

4. 端铣时的对称铣和不对称铣

用端铣刀加工平面时，根据铣刀与工件位置的不同，可以分为对称铣和不对称铣，如图 11-17 所示。

(1) 不对称铣　工件的铣削宽度偏于端铣刀回转中心一侧时的铣削方式，称为不对称铣，如图 11-17(a)、(b) 所示。图 11-17(a) 所示为不对称逆铣，切削时，切削厚度由薄变厚，但不是从零开始，所以，没有周铣时逆铣那样的缺点。刀齿作用在工件上的切削力的纵向分力和进给方向相反，可以防止工作台窜动，这种方式适宜于较窄工件的铣削。图 11-17(b) 所示为不对称顺铣，顺铣部分所占比例较大，各刀齿上纵向切削力之和与进给方向相同，切削时容易拉动工作台和丝杠，所以，端铣时一般不采用不对称顺铣。

表 11-1　顺铣和逆铣的比较

项　目		简　图	
		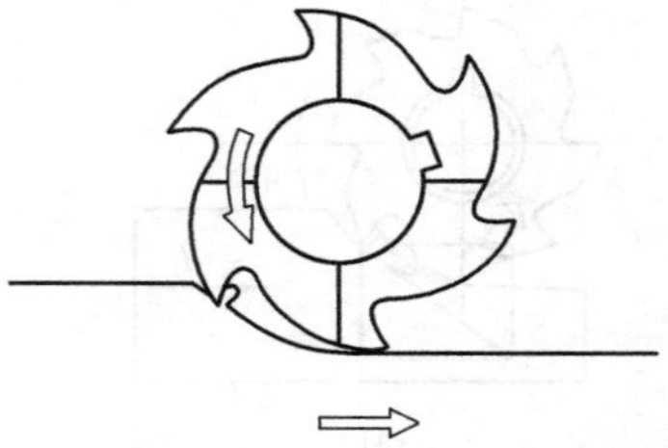	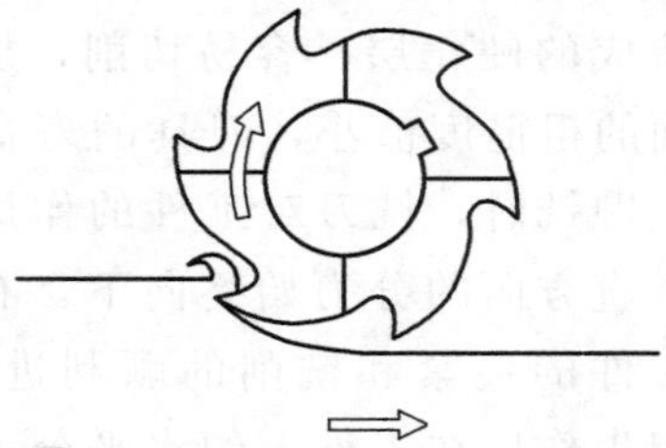
定义		铣刀接触工件时的旋转方向和工件的进给方向相同的铣削方式叫顺铣	铣刀接触工件时的旋转方向和工件的进给方向相反的铣削方式叫逆铣
对工件的影响	表面粗糙度	细	粗
	加工硬化程度	轻	重
	需要夹紧力	小	大
	进给的均匀性	丝杠、螺母轴向间隙较大时工作台被突然拉动，不均匀	均匀
对刀具磨损的影响		小（有硬皮的工件除外）	大
适用场合		用于丝杠、螺母间隙很小时和铣削水平力小于工作台导轨间的摩擦力时	一般情况下应选用逆铣，尤其当工件表面具有硬皮时

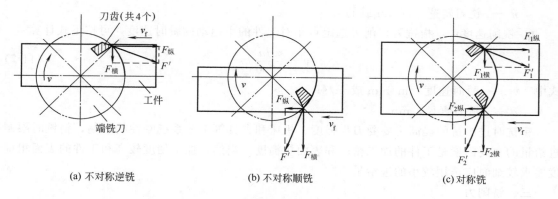

| (a) 不对称逆铣 | (b) 不对称顺铣 | (c) 对称铣 |

图 11-17　对称铣和不对称铣

（2）对称铣　铣刀处于工件对称位置的铣削，称为对称铣，如图 11-17（c）所示。工件的前半部分为顺铣，后半部分为逆铣，当纵向进给铣削时，前、后两刀齿对工件的作用力在水平方向的分力有一部分抵消，不会出现拉动工作台窜动现象。对称铣适用于工件宽度接近于铣刀直径，且铣刀齿数较多的情况下。

二、铣削用量的选择

选择铣削用量的步骤和原则是在保证加工质量和在工艺系统刚性所允许的条件下，首先选用较大的背吃刀量和切削层宽度，其次选用较大的每齿进给量，最后确定一个较合适的铣削速度。各铣削用量参数如图 11-13 所示。

1. 吃刀深度 a_p

指垂直于工作平面测量的切削层中最大的尺寸。端铣时，a_p 为切削层深度；圆周铣时，a_p 为被加工表面的宽度。当铣床功率和工艺系统刚性允许、加工精度要求不高、加工余量较小时，可一次铣去全部加工余量；当工件的加工精度要求较高或表面粗糙度值小于 $Ra 6.3 \mu m$ 时，应分粗、精铣。

2. 侧吃刀深度 a_e

指平行于工作平面测量的切削层中最大的尺寸，端铣时，a_e 为被加工表面宽度；圆周铣时，a_e 为切削层深度。

3. 进给量运动参数

铣削时进给量有以下表示方法。

① 每齿进给量 f_z：指铣刀每转过一齿相对工件在进给运动方向上的位移量，单位为 mm/z。

② 进给量 f：指铣刀每转过一转相对工件在进给运动方向上的位移量，单位为 mm/r。

4. 进给速度 v_f 和铣削速度 v_c

① 进给速度 v_f：指铣刀切削刃选定点相对工件进给运动的瞬时速度，单位为 mm/min。

通常铣床铭牌上列出进给速度，因此，首先应根据具体加工条件选择 f_z，然后计算出 v_f。按 v_f 调整机床，三者之间关系为

$$v_f = fn = f_z Z n \qquad (11-6)$$

式中　v_f——进给速度，mm/min；

　　　Z——铣刀齿数；

n——铣刀转速，r/min 或 r/s。

② 铣削速度 v_c：指铣刀切削刃选定点相对工件的主运动的瞬时速度，可按下式计算

$$v_c = \frac{\pi d n}{1000} \qquad (11\text{-}7)$$

式中　v_c——瞬时速度，m/min 或 m/s；

　　　d——铣刀直径，mm。

粗铣时进给量的提高主要受刀齿强度、机床和夹具等工艺系统刚性的限制，精铣时限制进给量的主要因素是工件的加工精度和表面粗糙度。当然，加工精度较高和工件的表面粗糙度要求较细时应选用较小的进给量。

三、铣削力

1. 铣刀总切削力和分力

铣刀为多齿刀具。铣削时，每个工作刀齿都受到变形抗力和摩擦力作用。每个刀齿的切削位置和切削面积随时在变化，因此每个刀齿所承受切削力的大小和方向也在不断变化。为了便于分析，假定各刀齿上的总切削力 F 作用在某个刀齿上，如图 11-18 所示。并根据需要，可将铣刀总切削力 F 分解为三个互相垂直的分力。

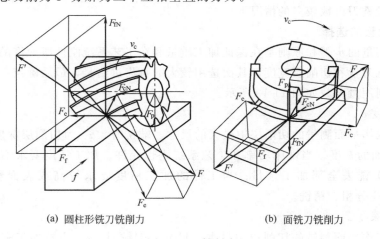

(a) 圆柱形铣刀铣削力　　　　　　　(b) 面铣刀铣削力

图 11-18　铣削力

切削力 F_c：总切削力在铣刀主运动方向上的分力，它消耗功率最多。

垂直切削力 F_{cN}：在工作平面内，总切削力在垂直于主运动方向上的分力，它使刀杆产生变曲。

背向力 F_p：总切削力在垂直于工作平面上的分力。

圆周铣削时，F_{cN} 和 F_p 的大小与圆柱形铣刀的螺旋角 ω 有关；而端铣时，与面铣刀的主偏角 κ_r 有关。

如图 11-19 所示，用圆柱形铣刀铣削时，应使背向力指向刚度较大的主轴方向，可减少支架和加工系统的变形，

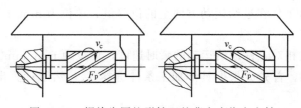

图 11-19　螺旋齿圆柱形铣刀的背向力指向主轴

并可减轻支架轴承磨损，同时可增加铣刀芯轴与主轴之间的摩擦力，以传递足够的动力。

2. 作用在工件上的铣削分力

如图 11-18 所示，作用在工件上的总切削力 F' 和 F 大小相等，方向相反。由于机床、夹具设计的需要和测量方便，通常将总切削力 F' 沿着机床工作台运动方向分解为三个分力。

进给力 F_f：总切削力在纵向进给方向上的分力。它作用在铣床的纵向进给机构上，它的方向随铣削方式不同而异。

横向进给力 F_c：总切削力在横向进给方向上的分力。

垂直进给力 F_{fN}：总切削力在垂直进给方向上的分力。

铣削时，各进给力和切削力之间有一定比例，见表 11-2，如果求出 F_c，便可计算 F_f、F_e 和 F_{fN}。铣刀总切削力 F 为

$$F = \sqrt{F_c^2 + F_{cN}^2 + F_p^2} = \sqrt{F_f^2 + F_e^2 + F_{fN}^2} \tag{11-8}$$

表 11-2　各铣削力之间比值

铣削条件	比　值	对称铣削	不对称铣削	
			逆铣	顺铣
端铣削	F_f/F_c	0.3～0.4	0.6～0.9	0.15～0.30
$a_e=(0.4～0.8)d$	F_e/F_c	0.85～0.95	0.45～0.7	0.9～1.00
$f_z=0.1～0.2\text{mm/z}$	F_{fN}/F_c	0.5～0.55	0.5～0.55	0.5～0.55
圆柱铣削	F_f/F_c		1.0～1.20	0.8～0.90
$a_e=0.05d$	F_{fN}/F_c	—	0.2～0.3	0.75～0.80
$f_z=0.1～0.2\text{mm/z}$	F_e/F_c		0.35～0.40	0.35～0.40

3. 铣削力计算

与车削相似，圆柱铣刀和面铣刀的切削力可按表 11-3 所给出的试验公式进行计算。当加工材料性能不同时，F_c 需乘修正系数 K_{Fc}。

表 11-3　圆柱铣削和端铣削时的铣削力计算式

铣刀类型	刀具材料	工件材料	切削力 F_c 计算式（单位：N）
圆柱铣刀	高速钢	碳钢	$F_c=9.81(65.2)a_e^{0.86}f_z^{0.72}a_p Z d^{-0.86}$
		灰铸铁	$F_c=9.81(30)a_e^{0.83}f_z^{0.65}a_p Z d^{-0.83}$
	硬质合金	碳钢	$F_c=9.81(96.6)a_e^{0.88}f_z^{0.75}a_p Z d^{-0.87}$
		灰铸铁	$F_c=9.81(58)a_e^{0.90}f_z^{0.80}a_p Z d^{-0.90}$
面铣刀	高速钢	碳钢	$F_c=9.81(78.8)a_e^{1.1}f_z^{0.80}a_p^{0.95}Z d^{-1.1}$
		灰铸铁	$F_c=9.81(50)a_e^{1.14}f_z^{0.72}a_p^{0.90}Z d^{-1.14}$
	硬质合金	碳钢	$F_c=9.81(789.3)a_e^{1.1}f_z^{0.75}a_p Z d^{-1.3}n^{-0.2}$
		灰铸铁	$F_c=9.81(54.5)a_e f_z^{0.74}a_p^{0.90}Z d^{-1.0}$
被加工材料 σ_b 或硬度不同时的修正系数 K_{Fc}			加工钢料时 $K_{Fc}=\left(\dfrac{\sigma_b}{0.637}\right)^{0.30}$（式中，$\sigma_b$ 的单位为 GPa）
			加工铸铁时 $K_{Fc}=\left(\dfrac{\text{布氏硬度值}}{190}\right)^{0.55}$

四、铣刀的种类和用途

铣刀是一种多齿多刃回转刀具，铣削速度较高且无空行程，故加工生产率较高，已加工

表面粗糙度较小。铣刀的种类繁多，其类型与用途见表 11-4 和图 11-20。

表 11-4　铣刀的类型与用途

分类方法	铣刀名称	特点与用途
按用途分类	圆柱铣刀	圆柱铣刀如图 11-20(a)所示，切削刃成螺旋状分布在圆柱表面上，两端面无切削刃。常用来在卧式铣床上粗铣和半精铣平面，多用高速钢整体制造，也可以镶焊硬质合金刀片
	端铣刀	如图 11-20(b)所示，端铣刀切削刃分布在铣刀端面。发削时，铣刀轴线垂直于被加工表面，多用于立式铣床上加工平面。端铣刀多采用硬质合金刀齿，故生产效率较高
	立铣刀	立铣刀如图 11-20(c)所示，其圆柱面上的螺旋切削刃是主切削刃，端面上的切削刃是副切削刃。应与麻花钻头加以区别，一般不能做轴向进给，可加工平面、台阶面、沟槽等。用于加工三维成形表面的立铣刀，端部做成球形，称球头立铣刀。其球面切削刃从轴心开始。也是主切削刃，可做多向进给
	两面刃铣刀	两面刃铣刀如图 11-20(d)所示，在圆柱表面和一个侧面上做有刀齿，用于加工台阶面
	三面刃铣刀	三面刃铣刀如图 11-20(e)所示，在两侧面上都有刀齿，常用于加工沟槽
	锯片铣刀	实际上就是薄片槽铣刀，如图 11-20(f)所示，与切断车刀类似，用于切断材料或切深而窄的槽
	T 形槽铣刀	铣削 T 形槽，如图 11-20(g)所示
	键槽铣刀	键槽铣刀如图 11-20(h)所示，它是铣键槽的专用刀具。它仅有两个刃瓣，其圆周和端面上的切削刃都可作为主切削刃，使用时先轴向进给切入工件，然后沿键槽方向进给铣出全槽。为保证被加工键槽的尺寸，键槽铣刀只重磨端面刃
	角度铣刀	角度铣刀分单角度铣刀[见图 11-20(i)]和双角度铣刀[见图 11-20(j)]，用于铣削沟槽和斜面
	成形铣刀	成形铣刀如图 11-20(k)和图 11-20(l)所示，用于加工成形表面。其刀齿廓形需根据被加工工件的廓形确定
按齿背形式分类	尖齿铣刀	尖齿铣刀的齿背经铣制而成，并在切削刃后磨出一条窄的后刀面，用钝后仅需重磨后刀面，如图 11-21(a)所示。与铲齿铣刀相比，尖齿铣刀耐用度较高，加工表面质量较好。对于切削刃为简单直线或螺旋线的铣刀，刃磨很方便，故使用广泛。在图 11-20 中，除图 11-20(k)和图 11-20(l)为成形铣刀外，其余皆为尖齿铣刀
	铲齿铣刀	铲齿铣刀的后刀面是铲制而成的，用钝后重磨前刀面[见图 11-21(b)]。当铣刀切削刃为复杂廓形时，可保证铣刀在使用过程中廓形不变。目前，多数成形铣刀为铲齿铣刀，它比尖齿成形铣刀容易制造，重磨简单，铲齿铣刀的后刀面如经过铲磨加工，可保证较高的耐用度和被加工表面质量
按刀齿疏密分	粗齿铣刀	铣刀刀齿数少，刀齿强度高，容屑空间大，用于粗加工
	细齿铣刀	细齿铣刀刀齿齿数多，容屑空间小，用于精铣

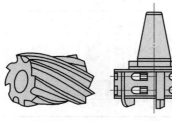
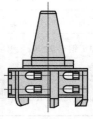
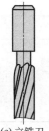

(a) 圆柱铣刀　　　(b) 端铣刀　　　(c) 立铣刀　　(d) 两面刃铣刀　　(e) 三面刃铣刀　　(f) 锯片铣刀

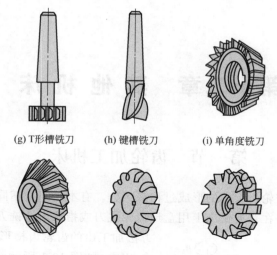

(g) T形槽铣刀　　(h) 键槽铣刀　　(i) 单角度铣刀

(j) 双角度铣刀　(k) 凸圆弧成形铣刀(1)　(l) 凸圆弧成形铣刀(2)

图 11-20　常用铣刀类型

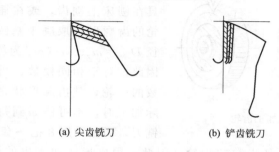

(a) 尖齿铣刀　　　　　(b) 铲齿铣刀

图 11-21　铣刀刀齿的齿背形式

思考题与习题

11-1　指出卧式铣床、立式铣床、工具铣床及龙门铣床各适合加工哪些零件表面？

11-2　X6132 型铣床主运动、进给运动为何采用两台电动机？

11-3　简述 X6132 型铣床怎样用一台进给电动机实现工作台的三向工进及快速进给。

11-4　怎样避免顺铣时工作台的轴向窜动？

11-5　简述孔盘变速的基本原理。

11-6　在 X6132 铣床上利用万能分度头 FW125 加工 $z=83$，$z=101$，$z=107$，$z=64$，$z=4$ 的直齿圆柱齿轮及槽轮。问：用哪种分度方法进行分度？怎样调整分度头？

11-7　试分析比较圆柱铣削时顺铣和逆铣的主要优缺点。

第十二章 其他机床

第一节 齿轮加工机床

　　齿轮的切削加工，按轮齿齿廓的形成过程来区分，有本质完全不同的两种方法，即成形法和展成法。成形法就是在普通铣床上用盘形齿轮铣刀或指状齿轮铣刀来加工齿轮。用这种方法加工出的齿轮齿槽形状与成形铣刀形状完全相同，如图 12-1 所示。

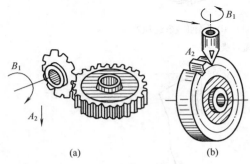

图 12-1　成形法加工齿轮

　　用成形法加工齿轮时，也可以用成形刀具在刨床上刨齿，或在插床上插齿。由于齿轮的齿廓形状取决于基圆的大小，而基圆直径 $D_基 = m_z \cos\alpha$（m_z 为模数，α 为齿形角），因此，对于相同模数、相同齿形角而不同齿数的齿轮，其齿廓形状是不同的。齿轮在实际加工时，不可能做到每一种齿轮就有一把铣刀，而是采用 8 把一套或 15 把一套的齿轮

铣刀。每把铣刀可切削几种齿数的齿轮。因此，用成形法加工出的齿廓形状存在误差，这种加工方法一般只适用于单件小批生产和加工精度要求不高的修配行业中。

　　展成法加工齿轮是利用齿轮啮合原理，其切齿过程模拟齿轮副的啮合过程。用啮合中的一个齿轮做成刀具来加工另一个齿轮毛坯。被加工齿的齿形表面是在刀具和工件包络（展成）过程中由刀具切削刃的位置连续变化而形成的。这种加工方法的优点是，用一把刀具可以加工相同模数而任意齿数的齿轮，生产率和加工精度都比较高。在齿轮加工中，展成法应用最为广泛。

　　用展成法进行齿形加工的机床种类繁多，一般可以分为圆柱齿轮加工机床和锥齿轮加工机床两大类。

　　圆柱齿轮加工机床主要有滚齿机、插齿机等，锥齿轮加工机床又分为直齿锥齿轮加工机床和曲线齿锥齿轮加工机床两大类。直齿锥齿轮加工机床有刨齿机、铣齿机和拉齿机等；曲线齿锥齿轮加工机床有加工各种不同曲线齿锥齿轮的铣齿机和拉齿机等。

　　用来精加工齿轮齿面的机床有研齿机、剃齿机和磨齿机等。

　　本节主要介绍加工圆柱齿轮的滚齿机。

一、滚齿机的运动分析

　　滚齿机主要用于滚切直齿和斜齿圆柱齿轮及蜗轮，还可以加工花键轴的键槽。

　　滚齿机是根据展成法原理来加工齿轮轮齿的。用齿轮滚刀加工齿轮的过程，相当于一对斜齿轮啮合滚动的过程。将其中一个齿数减少到一个或几个，并开槽、铲齿背，就成了齿轮滚刀，如图 12-2 所示。当机床使滚刀和工件严格地按一对斜齿轮的传动关系做相对运动时，

就可在工件上连续不断地切出齿来。图 12-2(a) 所示为一对啮合的斜齿轮；图 12-2(b) 所示为一对啮合的蜗杆蜗轮；图 12-2(c) 所示为滚切直齿圆柱齿轮。

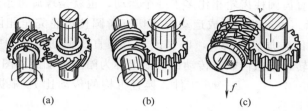

图 12-2　展成法加工圆柱齿轮

1. 滚切直齿圆柱齿轮

（1）机床运动及原理图　图 12-3 所示为滚切直齿圆柱齿轮及传动原理。图 12-3(a) 所示为滚切直齿圆柱齿轮的工作状态及切削加工时所需的运动，图 12-3(b) 所示为其传动原理。

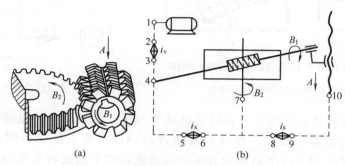

图 12-3　滚切直齿圆柱齿轮及传动原理

用滚刀加工直齿圆柱齿轮有如下三个运动。

① 主运动。从切削的角度分析，滚刀的旋转为主运动，这条传动链称为主传动链。图中为电动机—1—2—i_v—3—4—滚刀。

② 展成运动。是指滚刀与工件之间的啮合运动，它是一个复合的表面成形运动。此运动被分解为：滚刀的旋转运动 B_1 和工件的旋转运动 B_2 两个部分，两者之间需要一个内联系传动链，用以保持 B_1 和 B_2 之间的相对运动关系。设滚刀头数为 K_1，工件齿数为 Z，则滚刀每转 1 转，工件转过 K/Z 转。图中为滚刀—4—5—i_x—6—7—工件。

③ 垂直进给运动。滚刀需做 A 进给运动，使切削得以连续进行。滚齿机的进给以工件每转一转时滚刀架的轴向移动量计算，单位为 mm/r。计算时，可将工作台作为间接动力源。图中为工件—7—8—i_s—9—10—刀架升降丝杠，这是一条外联系传动链，称为进给传动链。

（2）滚刀安装　滚切直齿圆柱齿轮的安装角如图 12-4 所示。滚齿时，滚刀与工件（齿坯）两轴线的相对位置，应相当于两个斜齿轮啮合时的轴线位置，即滚刀安装后，其螺旋线方向必须和被加工齿轮轮齿方向一致，即安装时应为 $\delta = \beta - \omega$，式中，δ 为滚刀安装角，ω 为滚刀螺旋升角。由于直齿圆柱齿轮可认为是螺旋角 $\beta = 0°$ 的斜齿轮，故滚刀安装角 $\beta = \omega$。图 12-4(a) 所示为右旋滚刀滚切直齿圆柱齿轮。图 12-4(b) 所示为左旋滚刀滚切直齿圆柱齿轮。

2. 滚切斜齿圆柱齿轮

机床运动及传动原理：斜齿圆柱齿轮与直齿圆柱齿轮的不同之处是齿线为螺旋线，因此加工斜齿圆柱齿轮与直齿圆柱齿轮相比多了一个运动，也就是螺旋进给运动，它是一个复合运动，如图 12-5 所示。主运动、展成运动与滚切直齿圆柱齿轮完全相同。进给运动连接着刀架移动 A_{21} 和工件的附加转动 B_{22}，以保证当刀架直线移动距离为螺旋线的导程 T 时，工件的附加转动为一转，这条内联系传动链习惯上称为附加运动链。图中为丝杆—12—13—i_y—14—15—合成—6—7—i_x—8—9—工件。换置机构的传动比 i_y 根据被加大齿轮的螺旋线导程 T 或螺旋角 β 调整。

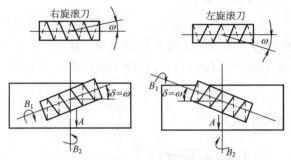

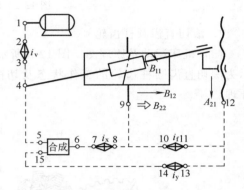

(a) 右旋滚刀滚切直齿圆柱齿轮 (b) 左旋滚刀滚切直齿圆柱齿轮

图 12-4　滚切直齿圆柱齿轮的安装角　　　图 12-5　滚切斜齿圆柱齿轮传动原理

由于滚切斜齿圆柱齿轮的工件旋转运动既要与滚刀旋转配合，组成展成运动，又要与滚刀刀架直线进给运动配合，组成螺旋轨迹运动，而且它们又是同时进行的，所以加工时工件的旋转运动是两个运动的合成——展成运动中的旋转运动 B_{12} 和螺旋轨迹运动的附加运动 B_{22}。这两个运动分别是展成运动传动链和附加运动传动链传动，为使工件同时接受两个运动而不发生矛盾，需要在传动系统中配合运动合成机构，将两个运动合成之后再传给工件。

（1）滚刀的安装　滚切斜齿圆柱齿轮与滚刀的螺旋线方向及螺旋升角 ω 有关，而且还与被加工齿轮的螺旋线方向及螺旋 β 角有关。当滚刀与齿轮的螺旋线方向相同时，滚刀的安装角 $\delta=\beta-\omega$，当滚刀与齿轮的螺旋方向相反时，滚刀的安装角 $\delta=\beta+\omega$，如图 12-6 所示。图 12-6(a) 所示为右旋滚刀加工右旋齿轮，图 12-6(b) 所示为右旋滚刀加工左旋齿轮。

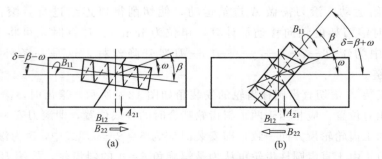

图 12-6　滚切斜齿圆柱齿轮滚刀的安装角

（2）工件附加运动的方向　工件附加转动 B_{22} 方向如图 12-7 所示。图中 ac' 是斜齿圆柱齿轮的齿线。滚刀在位置Ⅰ时，切削点在 a 点。滚刀下降 Δf 到达位置Ⅱ时，需要切削的是 b' 点而不是 b 点。如果用右旋滚刀切削右旋齿轮，则工件应比切直齿时多转一些［图 12-7 (a)］，切左旋齿轮，则应少转一些［图 12-7(b)］。刀架向下移动螺旋线导程 T，工件应多转（右旋齿轮）或少转（左旋齿轮）1 圈。

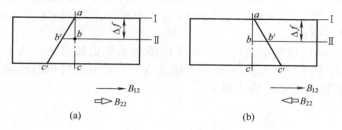

图 12-7　工件附加运动的方向

二、Y3150E 型滚齿机

1. 机床的外形及主要技术性能

Y3150E 型滚齿机主要用于滚切直齿和斜齿圆柱齿轮。此外，使用蜗轮滚刀时，还可手动径向进给滚切蜗轮，也可用于加工花键轴。

如图 12-8 所示，刀架可沿立柱上的导轨上下移动，还可绕自己的水平轴线转动，以调整滚刀的安装角度。4 为滚刀主轴，滚刀安装在主轴上做旋转运动。5 为小立柱，它可连同工作台 7 一起做水平方向移动，以适应不同直径的工件及径向进给法滚切蜗轮时做进给运动。6 为工件芯轴，将工件安装在此芯轴上，随同工作台一起旋转。

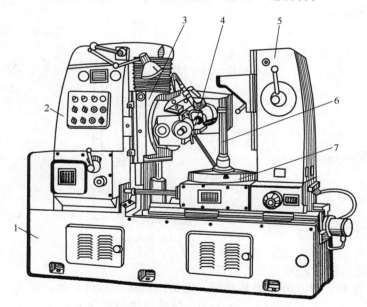

图 12-8　Y3150E 型滚齿机

1—床身；2—立柱；3—刀架；4—滚刀主轴；5—小立柱；6—工件芯轴；7—工作台

机床的主要技术性能如下：

工件最大直径　　　　500mm

工件最大加工宽度　　250mm

工件最大模数　　　8mm

工件最小齿数　　　$Z_{最小}=5K$（滚刀头数）

滚刀主轴转速　　　40r/min、50r/min、63r/min、80r/min、100r/min、125r/min、160r/min、200r/min、250r/min

刀架轴向进给量　　0.4mm/r、0.56mm/r、0.63mm/r、0.87mm/r、1.0mm/r、1.16mm/r、1.41mm/r、1.6mm/r、1.8mm/r、2.5mm/r、2.9mm/r、4.0mm/r

2. 机床传动系统分析

滚齿机是一种运动比较复杂的机床，机床的传动系统也较复杂。为了弄清其工作原理，必须从传动系统图着手进行分析。图 12-9 所示为 Y1350E 型滚齿机的传动系统。

Y1350E 型滚齿机的传动结构式如下。

（1）主运动链（以下简称"主传动链"）

① 末端件。主传动链是外联系传动链。它的一端是电动机，另一端是主轴。

② 计算位移。电动机转速为 1430r/min，滚动主轴转速为 $n_刀$。

记作：1430r/min（电动机）$\longrightarrow n_刀$（主轴）

③ 运动平衡式

$$1430\text{r/min}_{（电动机）} \times \frac{115}{165} \times \frac{21}{42} \times i_{变速箱} \times \frac{A}{B} \times \frac{28}{28} \times \frac{28}{28} \times \frac{28}{28} \times \frac{20}{80} = n_刀 \quad (\text{r/min})$$

整理后可得调整计算公式

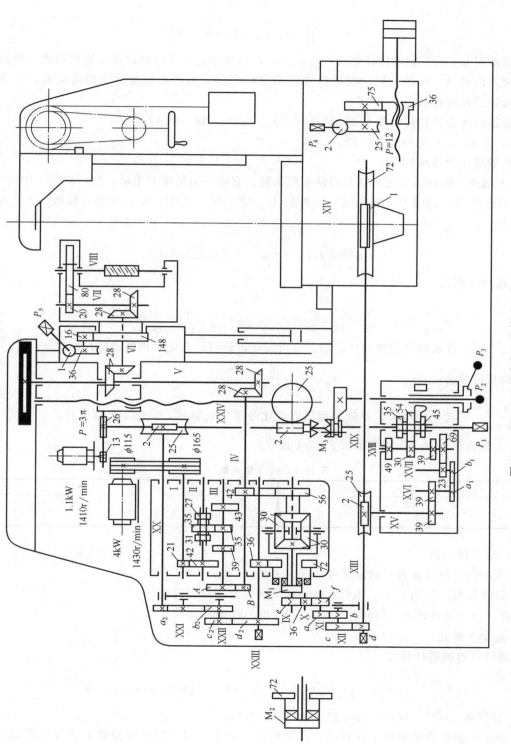

图 12-9　Y1350E 型滚齿机的传动系统
$P_1\sim P_5$—操纵手柄

$$i_v = i_{变速箱} \times \frac{A}{B} = \frac{n_刀}{124.6}$$

$$n_刀 = \frac{A}{B} \times i_{变速箱} \times 124.6$$

选定滚刀 $n_刀$ 后，就可以计算出 $i_{变速箱} \times A/B$ 的传动比，并由此决定变速箱内啮合的齿轮副和交换齿轮 A、B 的齿轮。根据机床说明书提供的滚刀主轴转速的交换齿轮表，可直接查表确定交换齿轮 A/B。

变速箱内啮合齿轮传动副有 27/43、31/39、35/35 三种（图 12-9）。

A/B 有 22/44、33/33、44/22。

（2）展成运动传动链

① 末端件。展成运动传动链是内联系传动链，它的一端是滚刀主轴，另一端是工作台。

② 计算位移。即滚刀每转一转，工件转 $K_刀/Z_工$ 转，式中，$K_刀$ 为滚刀线数，$Z_工$ 为工件齿数。

$$1r（主轴滚刀） \longrightarrow \frac{K_刀}{Z_工}（工作台转动）$$

③ 运动平衡式

$$\frac{Z_工}{K_刀} \times \frac{80}{20} \times \frac{28}{28} \times \frac{28}{28} \times \frac{28}{28} \times \frac{42}{56} \times i_{合成} \times \frac{e}{f} \times \frac{ac}{bd} \times \frac{1}{72} = 1r_{工件台}$$

式中　$i_{合成}$——合成机构的传动比，加工直齿圆柱齿轮时，合成机构被锁住，$i_{合成} = 1$。

整理后计算公式：

$$i_x = \frac{ac}{bd} = \frac{f}{e} \times \frac{24K_刀}{Z_工}$$

式中　$\dfrac{f}{e}$——挂轮，用于 $Z_工$ 在较大范围内变化时调整 i_x 数值，以便于选取挂轮。

e、f 值根据被加工齿轮齿数按表 12-1 选取。

表 12-1　e、f 值选取

$Z_工/K_刀$	e	f	$Z_工/K_刀$	e	f
5~20	48	24	≥143	24	48
21~142	36	36			

（3）进给传动链

① 末端件。外联系传动链是工件台和滚刀架。

② 计算位移。进给量为工作台每转一转时滚刀架的垂直移动量。

记作：$1r$（工件转动 1 转）$\longrightarrow f_{(滚刀架)}$（滚刀移动距离）。

③ 运动平衡式

整理后可得调整计算式

$$1r \times \frac{72}{1} \times \frac{2}{25} \times \frac{39}{39} \times \frac{a_1}{b_1} \times \frac{23}{69} \times i_进 \times \frac{2}{25} \times 3\pi = f\ [mm_{(刀架轴向移动)}/r]$$

$i_进$ 分别为 49/35、30/54、39/45 三种（图 12-9）。

进给量 f 的数值是根据工件材料、齿面粗糙度要求、加工精度和滚切方式等情况来选取的。当 f 值确定后，交换齿轮 a_1/b_1 进给箱手柄的位置可根据机床上的标牌或说明书进行换置。一般 f 按 0.5~3mm/r 选取。

3. 滚切斜齿圆柱齿轮

（1）附加运动传动链 切削斜齿圆柱齿轮时，进给量复合运动，需要一条内联系传动链来保证螺旋线的导程。这条传动链即为附加运动传动链。

① 末端件。螺旋线由滚刀架的垂直运动和工作台的附加转动来保证，故末端件为滚刀架和工件。

② 计算位移。当滚刀架垂直运动 T 时，工件应多转或少转 1r，T 是螺旋线的导程。记作：

$$T_{（滚刀架）} \longrightarrow \pm 1r_{（工件）}$$

③ 运动平衡式

$$\frac{T}{3\pi} \times \frac{25}{2} \times \frac{2}{25} \times \frac{a_2 c_2}{b_2 d_2} \times \frac{36}{72} \times i_{合2} \times \frac{e}{f} \times \frac{ac}{bd} \times \frac{1}{72} = \pm 1r_{（工件）}$$

$$T = \frac{\pi m_t Z_工}{\tan\beta}$$

$$m_t = \frac{m_n}{\cos\beta}$$

$$T = \frac{\pi m_n Z_工}{\tan\beta \cos\beta} = \frac{\pi m_t Z_工}{\sin\beta}$$

式中　m_t——齿轮的端面模数；

　　　m_n——齿轮的法向模数；

　　　β——齿轮的螺旋角（°）。

$i_{合2} = 2$（由合成机构传动比的计算确定），则：

$$i_x = \frac{f}{e} \times \frac{24K}{Z_工}$$

整理后得

$$i_x = \frac{ac}{bd} = \pm \frac{9\sin\beta}{m_n K_刀}$$

（2）展成运动传动链 展成运动传动链与滚切圆柱直齿齿轮相同，但合成机构不被锁住。合成机构进端和出端的转速相同，但转向相反，故传动比为 -1。因此，展成链的平衡式不变，但滚刀和工件的相对旋转方向与滚切直齿齿轮时相反。如果想要方向相同，应在展成运动链的交换齿轮架内加一惰轮。

主传动和进给运动传动链与滚切直齿齿轮时相同。

【例】 在 Y3150E 型滚齿机上加工。

① 直齿圆柱齿轮：$Z = 36$、$m = 3mm$；滚刀直径 $D = \phi70mm$。$\omega = 3°15'$，$m_n = 3mm$（右旋单头）。

② 斜齿圆柱齿轮：$Z = 28$、$m = 2.5mm$，螺旋角 $\beta = 14.5°$（右旋），滚刀直径 $D = \phi70mm$，$\omega = 2°28'$（右旋单头）。

Y3150E 滚齿机交换齿轮齿数有 20（两个）、23、24、25、26、30、32、33、34、35、37、40、41、43、45、46、47、48、50、52、53、55、57、58、59、60（两个）、61、62、65、67、70、71、73、75、79、80、83、85、89、90、92、95、97、98、100，共 47 个。

试计算：加工直齿圆柱齿轮各传动链交换齿轮齿数和加工斜齿圆柱齿轮附加传动链交换齿轮齿数。

解

1. 加工直齿圆柱齿轮

(1) 展成运动传动链挂轮的选择

已知 $Z_{工}=36$，$m=3mm$，$K_{刀}=1$

由 $\dfrac{Z_{工}}{K_{刀}}=\dfrac{36}{1}=36$ 查表 12-1 得：

$$e=36 \qquad f=36$$

又因为：$i_{x}=\dfrac{ac}{bd}=\dfrac{24K_{刀}}{Z_{工}}=24\times\dfrac{1}{36}=\dfrac{6\times 4}{4\times 9}$，得：

$$\frac{ac}{bd}=\frac{60\times 40}{40\times 90}$$

可取：$a=60$，$b=40$，$c=40$，$d=90$

校验挂轮中心距，应满足：$a+b>c$，$c+d>b$

因为：$60+40>40$；$40+90>40$

故：交换齿轮的齿数为 $a=60$，$b=40$，$c=40$，$d=90$

(2) 主运动传动链挂轮的选择

滚刀的转速 $n_{刀}$ 表示切削速度，它是根据齿坯材料、刀具直径和加工精度要求确定，不同的转速可以通过选配不同齿数的挂轮 A 和 B 得到。

设：取 $n_{刀}=100r/min$

因为：$i_{变速箱}\times\dfrac{A}{B}=\dfrac{n_{刀}}{124.6}\approx\dfrac{100}{125}=\dfrac{4}{5}$

因为 $i_{变速箱}$ 有 $\dfrac{27}{43}$、$\dfrac{31}{39}$、$\dfrac{35}{35}$ 三种（图 12-9）。

$\dfrac{A}{B}$ 有 $\dfrac{22}{44}$、$\dfrac{33}{33}$、$\dfrac{44}{22}$。

取：$i_{变速箱}=\dfrac{31}{39}$，则 $\dfrac{31}{39}\times\dfrac{A}{B}=\dfrac{4}{5}$

$$\frac{A}{B}=\frac{4\times 39}{5\times 31}=\frac{156}{155}\approx 1$$

故取：$Z_{A}=Z_{B}=\dfrac{33}{33}$

(3) 进给传动链挂轮的计算

轴向进给量 f 的数值可根据工件材料、加工精度及表面粗糙度等条件选择，一般取 $0.5\sim 3mm/r$，现取 $f=2mm/r$。

因为：$\dfrac{a_{1}}{b_{1}}\times i_{进}=0.6908f=0.6908\times 2=1.3816\approx 1.38$

因为：$i_{进}$ 有 $\dfrac{49}{35}$、$\dfrac{30}{54}$、$\dfrac{39}{45}$ 三种齿轮副

设：$i_{进}=\dfrac{30}{54}$

则：$\dfrac{a_{1}}{b_{1}}\times i_{进}=\dfrac{a_{1}}{b_{1}}\times\dfrac{30}{54}=1.38$

$$\frac{a_{1}}{b_{1}}=1.38\times\frac{54}{30}=\frac{75.52}{30}\approx\frac{5}{2}=\frac{50}{20}$$

进给传动链交换挂轮挂齿齿数为：$Z_{a1}=50$，$Z_{b1}=20$

2. 加工斜齿圆柱齿轮

附加传动链交换齿轮齿数计算：

已知 $m_n=2.5$ $\beta=14.5°$，$K_刀=1$

因为：$i_x=\dfrac{ac}{bd}=\pm\dfrac{9\sin\beta}{m_n K_刀}$

则：$\dfrac{ac}{bd}=\dfrac{9\sin14.5°}{2.5\times1}=9\times\dfrac{0.25}{2.5}=9\times\dfrac{1}{10}$

$\qquad=\dfrac{900}{1000}=\dfrac{60\times15}{20\times50}$

可取：$a=60$，$c=15$，$b=20$，$d=50$

校验挂轮中心距，应满足：$a+b>c$，$c+d>b$

因为：$60+20>15$；$15+50>20$

故交换齿轮的齿数为：$Z_a=60$，$Z_c=15$，$Z_b=20$，$Z_d=50$

第二节 钻 床

钻床作为孔加工机床，主要用来加工像箱体、机架等外形较复杂、没有对称回转轴线的工件上的孔。在钻削加工时，工件不动，刀具做旋转运动，同时沿轴向进给运动。钻床可完成钻孔、铰孔、锪平面、攻螺纹等工作。钻床的加工方法，如图 12-10 所示。

钻床按其结构形式可分为立式钻床、台式钻床、摇臂钻床、专门化钻床和深孔钻床等，钻床的主要参数是最大钻孔直径。

一、立式钻床

图 12-11 所示为立式钻床。图 12-11(a) 所示为立式钻床的外形，它由主轴箱、进给箱、工作台、立柱和底座等组成。电动机经主轴箱

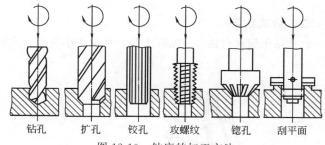

钻孔　扩孔　铰孔　攻螺纹　锪孔　刮平面

图 12-10　钻床的加工方法

驱动主轴旋转，形成主运动。进给运动可以机动也可以手动。机动进给是由进给箱传出的运动通过小齿轮驱动主轴套筒上的齿条，使主轴套筒齿条做轴向进给运动。若断开机动进给，扳动手柄驱动小齿轮，则同样可以带动齿条上下移动，实现手动进给，如图 12-11(b) 所示。

在立式钻床上，加工完一个孔后再钻另一个孔时，需要移动工件，使刀具与另一个孔中心对准。对于大而重的工件，操作很不方便。因此，立式钻床仅适用于在单件、小批生产中加工中、小型零件。立式钻床还有一些变形品种，常见的有排式可调式多轴立式钻床，如图 12-12 所示。

排式多轴立式钻床相当于几台单轴立式钻床的组合，它的多个主轴用于顺次地加工同一工件的不同孔径或分别进行各种孔加工工序（如钻、扩、铰、螺纹等）。它和单轴立式钻床相比，可节省更换刀具的时间，加工时仍是一个孔一个孔地加工。因此，这种机床主要用于中、小批生产中加工中、小型工件。可调式多轴钻床的主轴可根据加工需要调整位置。加工时，由主轴箱带动全部主轴转动，进给运动则由进给箱带动。这种机床是多孔同时加工，生产效率高，适用于成批生产。

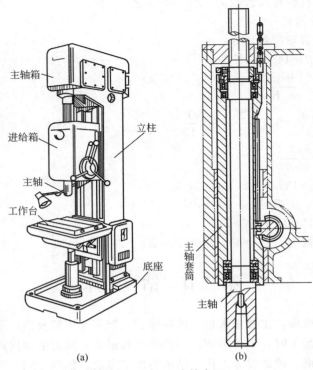

主轴箱

立柱

进给箱

主轴

工作台

底座

主轴套筒

主轴

(a)   (b)

图 12-11 立式钻床

二、台式钻床

台式钻床简称台钻，它实际上是一种加工小孔的立式钻床，它的外形如图 12-13 所示。

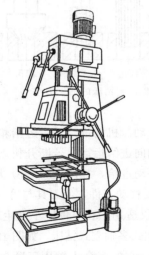

图 12-12 排式可调式多轴立式钻床

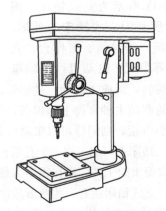

图 12-13 台式钻床

台钻的钻孔直径一般小于 15mm，最小可达十几分之几毫米。因此，台钻主轴的转速很高。台钻的自动化程度较低，通常用于手动进给，但其结构简单，使用灵活方便。

三、摇臂钻床

摇臂钻床的主轴能在空间任意调整其位置，因此能做到工件不动而方便地加工工件上不同位置的孔，这对于加工大而重的工件更为适用（图12-14）。图12-14（a）所示为摇臂钻床的外形。摇臂钻床的主轴箱6可沿摇臂5的导轨横向调整位置，摇臂可沿外立柱3的圆柱面上下调整位置。

此外，摇臂5及外立柱3可绕内立柱2转动至不同的位置，如图12-14（b）所示。因此，加工时就可使工件不动而方便地调整主轴7位置。为了使主轴在加工时保持准确位置，摇臂钻床上具有立柱、摇臂及主轴箱的夹紧机构。当主轴的位置调整妥当后，就可快速地将它们夹紧。由于摇臂钻床在加工时经常要改变切削用量，因此，摇臂钻床通常具有既方便又节省时间的操纵机构，可快速地改变主轴转速和进给量。摇臂钻床广泛应用于单件和中、小批生产中加工大、中型零件。

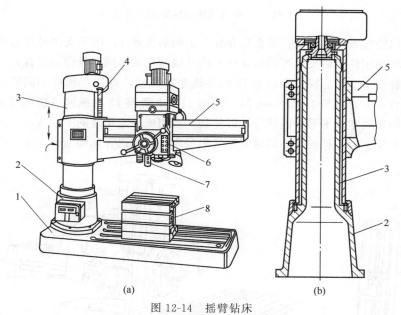

(a)　　　　　　　　　　　　(b)

图 12-14　摇臂钻床

1—底座；2—内立柱；3—外立柱；4—摇臂升降丝杆；5—摇臂；6—主轴箱；7—主轴；8—工作台

第三节　镗　床

镗床的主要功能是用镗刀进行镗孔，按其结构形式可分为卧式镗床、坐标镗床和金刚镗床等。

一、卧式镗床

卧式镗床除镗孔外，还可以用各种孔加工刀具进行钻孔、扩孔和铰孔；可安装端面铣刀铣削平面；可利用其上的平旋盘安装车刀车削端面和短的外圆柱面；利用主轴后端的交换齿轮可以车削内、外螺纹等。因此，卧式镗床能对工件一次安装后完成大部分或全部的加工工序。卧式镗床主要用于对形状复杂的大、中型零件（如箱体、床身、机架等加工精度和孔距精度、形位精度要求较高的零件）进行加工，其典型加工方法如图12-15所示。

卧式镗床如图12-16所示，它由底座10、主轴箱8、前立柱7、带后支架1的后立柱2、下滑座11、上滑座12和工作台3等部件组成。主轴箱8可沿前立柱7的导轨上下移动。在主轴箱8中，装有主轴部件、主运动和进给运动变速机构以及操纵机构。根据加工情况不同，刀具可以装在镗杆4上或平旋盘5上。加工时，镗杆4旋转完成主运动，并可沿轴向移动完成进给

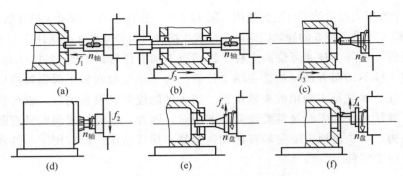

图 12-15　卧式镗床的典型加工方法

运动；平旋盘只能做旋转主运动。装在后立柱 2 上的后支架 1，用于支承悬伸长度较大的镗杆的悬伸端，以增加刚性。后支架可沿后立柱上的导轨与主轴箱同步升降，以保持其上的支承孔与镗轴在同一轴线上。后立柱可沿底座 10 的导轨左右移动，以适应镗杆不同长度的需要。工件安装在工作台 3 上，可与工作台一起随下滑座 11、上滑座 12 做纵向或横向移动。工作台还可绕上滑座的圆导轨在水平平面内转位，以便加工互相成一定角度的平面或孔。当刀具装在平旋盘 5 的径向刀架上时，径向刀架可带着刀具做径向进给，以镗削端面。

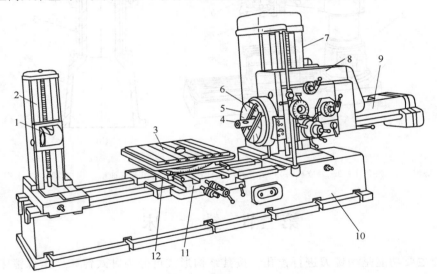

图 12-16　卧式镗床

1—后支架；2—后立柱；3—工作台；4—镗杆；5—平旋盘；6—径向滑板；
7—前立柱；8—主轴箱；9—后尾筒；10—底座；11—下滑座；12—上滑座

综上所述，卧式镗床具有镗杆的旋转主运动、平旋盘的旋转主运动、镗杆的轴向进给运动、主轴箱垂直进给运动、工作台纵向进给运动、工作台横向进给运动和平旋盘径向刀架进给运动等工作运动。

辅助运动包括主轴箱、工作台在进给方向上的快速调位运动，后立柱纵向调位运动，后支架垂直调位运动和工作台的转位运动，这些辅助运动由快速电动机传动。

二、坐标镗床

坐标镗床是一种高精度机床。由于它装有精密光学仪器——坐标测量装置，机床的主要零部件的制造和装配精度很高，并有良好的刚度和抗振性。因此，它主要用来镗削精密的孔

（IT5 级或更高）和位置精度要求很高的孔系（定位精度达 0.002～0.01mm），如钻模、镗模等的精密孔。

坐标镗床的加工范围较广，除镗孔、钻孔、扩孔、铰孔、精铣平面和沟槽外，还可进行精密刻线和划线，以及孔距和直线尺寸的精密测量等工作。坐标镗床的主参数是工作台的宽度。

坐标镗床有立式单柱、立式双柱和卧式等主要类型，见图 12-17。图 12-17（a）所示为立式单柱坐标镗床，图 12-17（b）所示为立式双柱坐标镗床。下面介绍立式单柱坐标镗床的主要结构及运动。

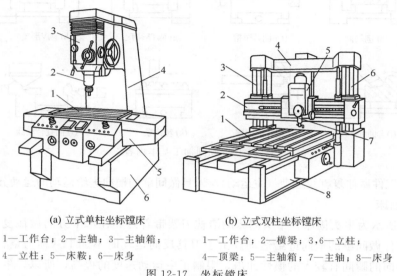

(a) 立式单柱坐标镗床　　　　　　　　(b) 立式双柱坐标镗床

1—工作台；2—主轴；3—主轴箱；　　　　1—工作台；2—横梁；3,6—立柱；

4—立柱；5—床鞍；6—床身　　　　　　　4—顶梁；5—主轴箱；7—主轴；8—床身

图 12-17　坐标镗床

这种机床的主轴在水平面上的位置是固定的，镗孔坐标位置由工作台 1 沿床鞍 5 导轨的纵向移动和床鞍 5 沿床身 6 导轨的横向移动来确定。装有主轴组件的主轴箱 3 装在立柱 4 的垂直导轨上，可上下调整位置，以适应加工不同高度的工件。主轴由精密轴承支承在主轴套筒中（旋转精度和刚度都有很高的要求），主轴的旋转运动是由立柱 4 内的电动机经带轮和变速箱传动，以完成主运动。当进行镗孔、钻孔、扩孔、铰孔等工序时，主轴由主轴套筒带动，在垂直方向做机动或手动进给运动。

这种机床工作台的三个侧面都是敞开的，操作比较方便。立式单柱的布局形式多为中、小型坐标镗床采用。

第四节　直线运动机床

主运动为直线运动的机床称为直线运动机床。这类机床有刨床、插床和拉床。

一、刨床

刨床主要用于加工各种平面（如水平面、垂直面和斜面）、沟槽（如 T 形槽、V 形槽和燕尾槽）和直线成形面，如图 12-18 所示。刨床所用刀具构造简单，在单件小批生产条件下，加工形状复杂的表面比其他刀具经济，且生产准备省时。此外，用宽度刨刀以大进给量加工狭长平面时，生产效率高，因而在单件生产中，特别是机修、工具车间是常用设备。

刨床的主运动和进给运动均为直线移动。当工件尺寸和重量较小时，由刀具的移动实现主运动，由工件的移动实现进给运动，牛头刨床和插床就是这样的运动分配形式。而龙门刨床则是采

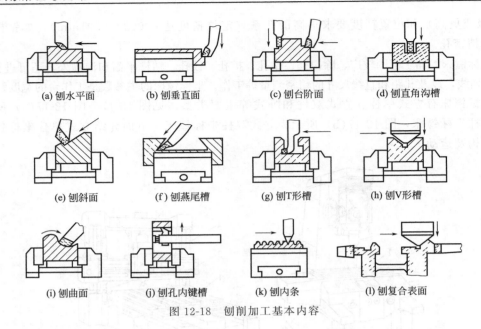

(a) 刨水平面　　(b) 刨垂直面　　(c) 刨台阶面　　(d) 刨直角沟槽

(e) 刨斜面　　(f) 刨燕尾槽　　(g) 刨T形槽　　(h) 刨V形槽

(i) 刨曲面　　(j) 刨孔内键槽　　(k) 刨内条　　(l) 刨复合表面

图 12-18　刨削加工基本内容

用工作台带着工件做往复直线运动（主运动），刀具做间歇的横向进给运动的运动分配形式。

1. 牛头刨床

图 12-19 所示为牛头刨床。牛头刨床的滑枕刀架带着刀具在水平方向做往复直线运动，而工作台带着工件做间歇的横向进给运动。由于刀具反向运动时不加工（称为空行程），浪费工时，在滑枕换向的瞬间有较大的惯性冲击，限制了主运动速度的提高，所以，牛头刨床的生产效率较低。在成批大量生产中，它多为铣床所代替。牛头刨床使用的刀具较简单，它主要用于单件、小批生产或修理车间中。滑枕 3 沿刨床的水平导轨做直线往复运动，在滑枕上装有刀架 2，刨削垂直面时，可手动做垂直方向进给运动，如图 12-19（a）所示。刨削斜面时应调整转盘 9，如图 12-19（b）所示的角度，以便刀架沿倾斜方向进给。工作台可沿横向运动，以刨削水平面。横梁可沿床身 4 前导轨在垂直方向移动，以适应不同高度工件的需要。

牛头刨床的传动系统及机构的调整方法从图 12-20 所示牛头刨床运动中可以看出。

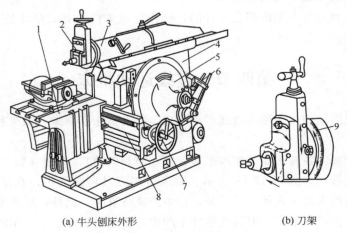

(a) 牛头刨床外形　　　　　　　　(b) 刀架

图 12-19　牛头刨床

1—工作台；2—刀架；3—滑枕；4—床身；5—摇臂机构；6—变速机构；7—进给机构；8—横梁；9—转盘

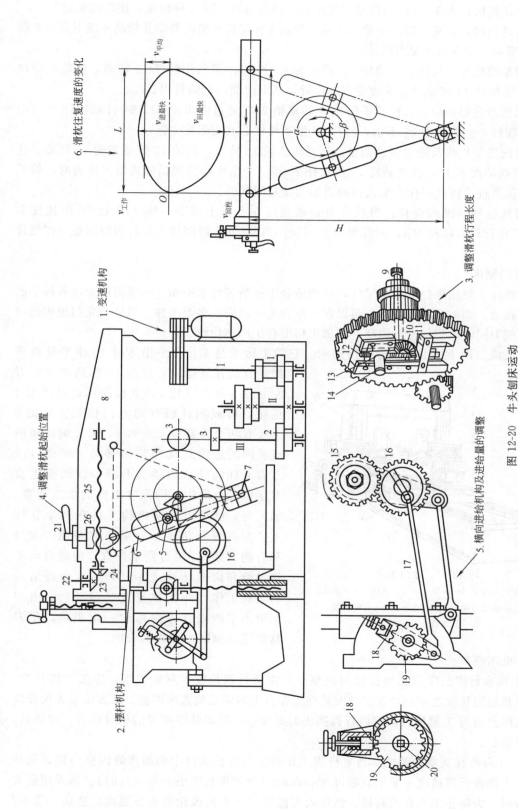

图 12-20 牛头刨床运动

1,2—滑动齿轮组；3,4—齿轮；5—滑块；6—摆杆；7—下支点；8—滑枕；9—转动轴；10,11—锥齿轮；12—小丝杆；13—偏心滑块；
14—曲柄箱；15,16—齿轮；17—连杆；18—齿轮；19—棘轮；20—丝杆；21—手柄；22—转动轴；23,24—锥齿轮；25—丝杆；26—丝母

① 变速机构：由 1、2 两组滑动齿轮组成，轴Ⅲ有 $3\times2＝6$ 种转速，使滑枕变速。

② 摆杆机构：齿轮 3 带动齿轮 4 转动，滑块 5 在摆杆 6 槽内滑动并带动 6 绕下支点 7 摆动，于是带动滑枕 8 做往复直线运动。

③ 调整滑枕行程长度：转动轴 9，锥齿轮 10 和 11，带动小丝杆 12 转动，使偏心滑块 13 移动，曲柄销 14 带动滑块 5 改变偏心位置，从而改变滑枕的行程长度。

④ 调整滑枕起始位置：松开手柄 21，转动轴 22，通过锥齿轮 23、24 转动丝杆 25，由于固定在摆杆 6 上的丝母 26 不动，丝杆 25 带动滑枕 8 改变起始位置。

⑤ 横向进给机构及进给量的调整：运动由齿轮 15 传来，齿轮 15 带动齿轮 16 转动，连杆 17 连带摆动拨爪 18，拨动棘轮 19 使丝杆 20 转一个角度，实现横向进给，反向时，拨爪从棘轮齿顶滑过，因此工作台横向自动进给运动是间歇的。

⑥ 滑枕往复速度的变化：滑枕往复运动速度在各点上都不一样（图 12-20 中速度曲线）。其工作行程的转角为 α，回程角为 β，$\alpha>\beta$，因此回程时间较工作行程时间短（即慢进快回）。

2. 龙门刨床

龙门刨床主要用来刨削大型工件，特别适合于刨削各种水平面、垂直面以及由各种平面组合的导轨面。如加工中小零件，可以在工作台上一次安装多个工件。另外，龙门刨床还可以用几把刨刀同时对工件进行刨削，其加工精度和生产率均较高。

（1）组成 图 12-21 所示为龙门刨床。它的主运动是工作台 9 沿床身 10 水平导轨所做的直线往复运动，床身 10 的两侧固定有左立柱 3 和右立柱 7，立柱顶部通过顶梁 4 连接，形成刚性较好的龙门框架。横梁 2 上装有两个垂直刀架 5 和 6，可分别做横向或垂向的进给运动和快速移动。横梁可沿左右立柱的导轨做垂直升降，以调整垂直刀架位置，适应不同高度工件的加工需要。加工时，横梁由夹紧机构夹持在两个立柱上。左右两个立柱上分别装有左侧刀架 1 和右侧刀架 8，可分别沿垂直方向做自动工作进给和快速移动。各刀架的自动进给运动是在工作台一次往复直线运动后，由刀架沿水平或垂直方向移动一定距离，使刀具能逐次刨削出所需的表面。

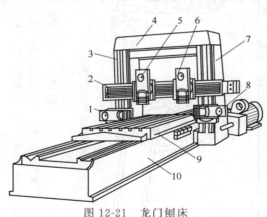

图 12-21 龙门刨床
1—左侧刀架；2—横梁；3—左立柱；4—顶梁；
5,6—垂直刀架；7—右立柱；8—右侧刀架；
9—工作台；10—床身

（2）机床调整

① 工作台行程长度和起始位置的调整。工作台行程长度和起始位置，应按工件长度、刀具空刀和超程长度之和，以及工件安装在工作台上的前后位置来调整。其方法是先松开位于机床工作台侧面 T 形槽内固定两行程挡块的螺母，然后调整好两者的相对位置。完毕后，应将螺母旋紧。

② 工作台行程速度的调整。当短行程工作时，为防止床身中的斜齿轮因换向频繁而疲劳破坏，工作台行程速度一般不宜超过 $35m/min$（当行程长度小于 $80mm$ 时）。当采用最大工作行程时，为防止工作台因高速、惯性大可能使其下面的齿轮与齿条脱离，造成"飞车"

事故，工作台行程速度应适当降低，超程不大于100mm为宜。

③横梁位置的调整。调整前需将左垂直刀架移到横梁最左端，将右垂直刀架移到横梁中间，使横梁的两条升降丝杠的受力处于平衡状态，再按压悬挂按钮盒上的横梁"上升"或"下降"按钮。按下按钮后，需等十几秒，待横梁的夹紧机构放松后，才能移动。松开按钮，夹紧机构又会自动夹紧。

④刀架快速移动和自动进给的变换。快速移动前，先将进给箱上面的手柄1扳到"快速移动"位置，手柄2扳到Ⅱ挡位置，手柄3扳到所需方向，再按悬挂按钮上的刀架快速移动按钮，刀架即可快速移动。如图12-22所示，图中2、3和2′、3′是分别控制两个垂直刀架的手柄。

在自动进给前，应将进给箱上面的手柄1扳到"自动进给"位置，手柄2扳到

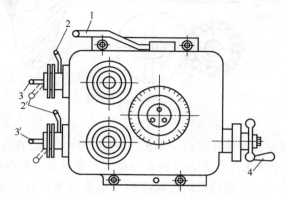

图12-22　垂直刀架进给箱外形

Ⅰ挡或Ⅱ挡位置，手柄3扳到所需的方向，转动侧面的手柄4，即可使进给量在一定范围内获得无级调整，其值在进给刻度环上示出，然后启动工作台，即可实现自动进给。

二、插床

插床实质上是一种立式刨床，其结构原理与牛头刨床相同，只是在结构形式上略有区

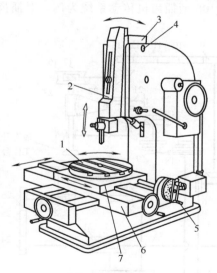

图12-23　插床

1—圆工作台；2—滑枕；3—滑枕导轨座；
4—轴；5—分度装置；6—床鞍；7—溜板

别。它的主运动是滑枕带动插刀沿垂直方向所做的直线往复运动。图12-23所示为插床，滑枕2向下移动为工作行程，向上为空行程。滑枕导轨座3可绕轴4在小范围内调整角度，以便加工倾斜面和沟槽。床鞍6和溜板7可分别做横向及纵向进给，圆工作台1可绕垂直轴线回转以进行圆周进给或分度。圆工作台在上述各方向的进给运动也是在滑枕空行程结束后的短时间内进行的。圆工作台的分度是依靠分度装置5实现的。

插床主要用于加工键槽、花键孔、多边形孔之类的内表面，有时也用于加工成形内、外表面。

插齿机主要用于加工直齿圆柱齿轮，尤其适用于加工内齿轮和多联齿轮，若配上特殊的附件，可以加工齿条，但不可以加工蜗轮。

插齿机工作原理：插齿机是按展成法原理加工圆柱齿轮的机床。插齿时，插齿刀沿工件轴向做直线往复运动，其切削刃在空间形成一铲形齿轮。铲形齿轮与工件做无间隙的啮合运动过程中，逐步加工出全部轮齿的齿廓。工件齿形曲线是由插齿刀的切削刃多次切削包络线所形成，如图12-24所示。

（1）Y5132型插齿机主要组成部分部件　Y5132型插齿机外形如图12-25所示，它主要由床身1、立柱2、刀架座3、插齿刀主轴4、工作台5、挡块支架6和工作台滑鞍7等组成。

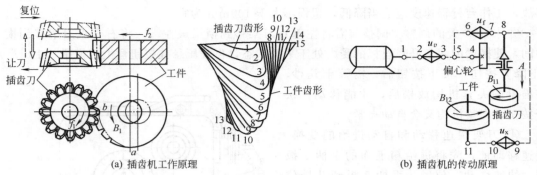

图 12-24 插齿原理

插齿刀安装在刀具主轴上，并随刀具主轴做直线往复运动和圆周进给运动，工件安装在滑鞍7上的工作台上，工件在与插齿刀做展成运动的同时，随同滑鞍做径向切入运动。

（2）插齿机的传动原理　插齿轮形插齿刀插削直齿圆柱齿轮时，机床的传动原理如图12-24所示。B_{11} 和 B_{12} 是一个复合运动，需要一条内联系传动链和一条外联系传动链。图中点8到点11之间的传动链是内联系传动链——展成链。圆周进给以插齿刀每往复一次插齿刀所转过的分度圆弧长度计算。因此，外联系传动链以驱动插齿刀往复的偏心轮为间接动力源来联系插齿刀旋转，图中为点4到点8。

插齿刀的往复运动 A 是一个简单的运动，它只有一个外联系传动链，即由电动机轴处的点1至曲柄偏心轮处的点4。这条传动链是主传动链。

（3）插齿机的运动分析　下面以图12-26所示的Y5108型插齿机传动系统为例，对插齿机进行运动分析。插齿机工作时由以下5个运动组成。

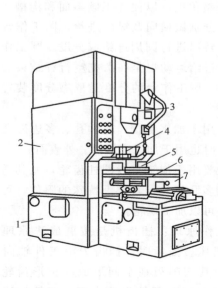

图 12-25　Y5132 型插齿机外形

1—床身；2—立柱；3—刀架座；4—插齿刀主轴；5—工作台；6—挡块支架；7—工作台滑鞍

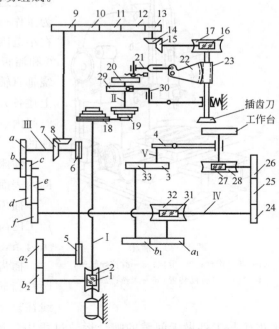

图 12-26　Y5108 型插齿机传动系统

① 插齿刀主轴往复运动。由主电动机经带轮 18、19 使轴 II 的曲柄盘 20 带动连杆 21，经扇形齿轮 22 带动环形齿条 23，从而使主轴上下往复运动。

② 插齿刀主轴旋转运动。由主电动机经蜗杆 1、蜗轮 2 传给圆周进给挂轮 b_2/a_2，再经链轮 5、6 传给轴 III 的圆锥齿轮 7、8，齿轮 9、10、11、12、13 传给圆锥齿轮 14、15，蜗杆 16，蜗轮 17，使插齿刀主轴旋转。

③ 让刀运动。插齿刀往复一次时，轴 II 曲柄盘转一转，则轴 II 的凸轮 29 通过连杆 30，使插齿刀主轴有让刀运动。

④ 展成运动（圆周进给运动）。链轮 6 转动时，经轴 III 传给分齿挂轮 a/b、c/d、e/f，经轴 IV 传给齿轮 24、25、26，蜗杆 27，使蜗轮 28（即工作台）旋转。

⑤ 径向进给运动。分齿挂轮中，f 轮转动时，轴 IV 传给蜗杆 31 带动蜗轮 32，径向进给挂轮 a_1/b_1 传给齿轮 33、3，使轴 V 上的凸轮 4 转动，使工作台径向进给。

三、拉床

拉床是用拉刀进行加工的机床。拉床用于加工通孔、平面和成形表面。图 12-27 所示为适于拉削的典型表面形状。

拉削时，拉刀使被加工表面一次切削成形，所以拉床只有主运动，没有进给运动。切削时，拉刀做平稳的低速直线运动。拉刀承受的切削力很大，通常是由液压驱动的。安装拉刀的滑座通常由液压缸的活塞杆带动。

拉削加工，切屑薄，切削运动平稳，因而有较高的加工精度（平面的位置准确度可控制在 0.02 ～ 0.06mm）和较小的表面粗糙度（$Ra < 0.62\mu m$），拉床工作时，工件的粗、精加工可在一次行程中完成。因此，生产效率较高，是铣削加工

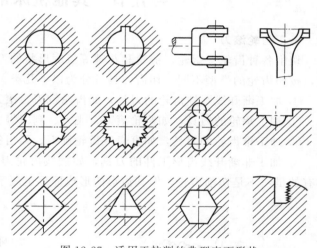

图 12-27　适用于拉削的典型表面形状

生产效率的 3～8 倍。但拉刀加工所用的刀具——拉刀，其结构复杂，制造成本高，因此，仅适用于大批、大量生产。

拉床的主要参数是额定拉力，常见为 50～400kN。

拉床有内（表面）拉床和外（表面）拉床两类，按机床的布局形式有卧式的，也有立式的。图 12-28 所示为几种常用拉床外形。卧式拉床的工作原理：毛坯从拉床左端装入夹具并穿入拉刀，然后由机床带动拉刀匀速向右运动。当拉刀通过工件后，即完成拉削加工。卧式拉床用于拉花键孔、键槽和精加工孔；立式内拉床常用于在齿轮淬火后，校正花键孔的变形。这时切削用量不大，拉刀较短，故为立式，拉削时常从拉刀的上部向下推。立式外拉床，用于汽车拖拉机行业加工气缸体等零件的表面。连续式外拉床，毛坯从拉床左端装入夹具，连续地向右运动，经过拉刀下方时拉削顶面，到达右端时加工完毕，从机床上卸下，它用于大量生产中加工小型零件。

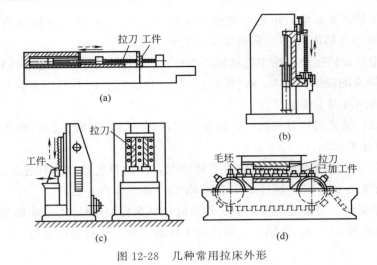

(a)

拉刀 工件

(b)

工件 拉刀 拉刀

(c)

毛坯 拉刀 已加工件

(d)

图 12-28　几种常用拉床外形

第五节　其他机床常用刀具

一、齿轮滚刀

切削各种齿轮、蜗轮、链轮和花键等齿廓形状的刀具称为切齿刀具。切齿刀具的种类繁多，按照齿轮的类型不同，切齿刀具可分为以下几类。

① 加工渐开线圆柱齿轮的刀具，如齿轮铣刀、滚刀、插齿刀、剃齿刀等。

② 加工蜗轮的刀具，如蜗轮滚刀、飞刀、剃刀等。

③ 加工锥齿轮的刀具，如直齿锥齿轮刨刀、弧齿锥齿轮铣刀盘等。

④ 加工非渐开线齿形工件的刀具，如摆线齿轮刀具、花键滚刀、链轮滚刀等。这类刀具有的虽然不是切削齿轮，但其齿形的形成原理也属于展成法，所以也归属于切齿刀具类。

1. 齿轮滚刀的工作原理

齿轮滚刀是利用一对螺旋齿轮啮合的原理工作的，如图 12-29 所示。滚刀相当于小齿轮，工件相当于大齿轮。

滚刀的基本结构是一个螺旋齿轮，但只有一个或两个齿，因此其螺旋角 β 很大，螺旋升角 γ_{z0} 就很小，使滚刀的外貌不像齿轮，而呈蜗杆状。滚刀的头数即是螺旋齿轮的齿数。

由于滚刀轴向开槽，齿背铲磨形成切削刃，故滚刀在与齿坯啮合运动过程中就能切出齿轮槽形。被切齿轮的法向模数 m_n 和分圆压力角 α 与滚刀法向模数和法向齿形相同，齿数 Z_2 由滚刀的头数 Z_0 与啮合传动比 i 决定，齿轮滚刀端面齿形具有渐开线，则滚切出的齿轮也具渐开线齿形。

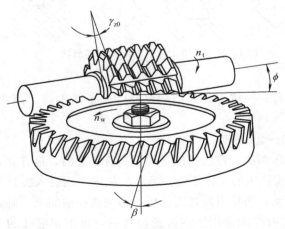

图 12-29　齿轮滚刀

2. 滚刀的结构参数

滚刀的结构参数包括安装定位结构参数及刀齿、容屑槽参数。

（1）外形结构参数 如图12-30所示，滚刀的外形尺寸包括外径 d_a、孔径 D、全长 L、凸台直径 d_1 和宽度 L_1 等。

增大滚刀外径的优点是：能使分度圆螺旋升角减少，有利于减少理论齿形误差，加大孔径，提高刀轴刚性及滚齿效率，增大齿槽数，减少齿形包络误差。但大直径的滚刀也使锻造、热处理工艺的难度提高，同时增加了滚齿切入的时间。

（2）端面齿槽参数 滚刀端面齿形如图12-31所示。滚刀端面齿槽形状类似铲齿成形铣刀，如图12-31（a）所示。主要参数有槽数 Z、槽深 H_K、铲削量 K 以及槽角 θ、槽底圆弧半径 r_K 等。图12-31中 h_0 表示齿形深度。K 是齿背精加工时用的铲削量，它决定了切削刃的后角。K_1 是齿背粗加工时用的铲削量，一般选取 K 的1.5倍，也称不铲磨部分铲削量。粗加工选用铲削量较大的目的是将铲磨时砂轮不能磨出的部分预先铲掉，以免形成

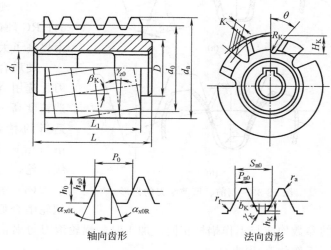

图12-30 整体阿基米德滚刀

负后角。有的工厂采用双线凸轮粗铲，将不能磨出的部分预先铲下 ΔK，如图12-31（b）所示，一般 $\Delta K = 0.6 \sim 0.9$mm。

（3）分度圆参数 它是指分度圆直径 d_0、分度圆螺旋升角 γ_{z0}，它们是滚刀齿形计算的原始参数。如图12-32所示，滚刀原始齿形剖面在新、旧滚刀重磨的中间位置，即取

$$d_0 = d_{a0} - 2h_{a0} - 0.2K \tag{12-1}$$

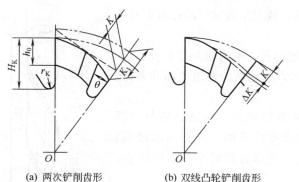

(a) 两次铲削齿形   (b) 双线凸轮铲削齿形

图12-31 滚刀端面齿形

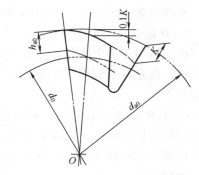

图12-32 滚刀分圆直径

由于滚刀理论造型误差在分度圆处为零，远离分度圆部位的误差就增大。分度圆直径取新、旧滚刀重磨的中间尺寸，可使重磨前后齿顶、齿根误差分布均匀。

分度圆螺旋升角可按下式计算

$$\sin\gamma_{z0} = \frac{m_n z_0}{d_0} \tag{12-2}$$

滚刀端面上应打印分度圆螺旋升角 γ_{z0}、模数 m_n、精度等级，供选择使用。

3. 其他齿轮滚刀简介

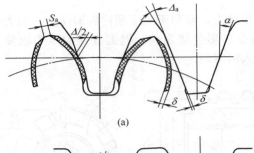

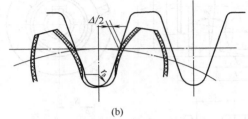

图 12-33　剃前、磨前滚刀的齿形

（1）剃（磨）前滚刀　其用于剃（磨）齿前的预加工。它与齿轮滚刀的主要区别是齿形应根据不同的留剃（磨）形式来计算。常用的留剃（磨）形式如图 12-33 所示。

（2）硬质合金刮削滚刀　它可用于 45～64HRC 硬齿面的精加工，代替磨齿。这种技术提高了大模数齿轮精加工的效益。

硬质合金刮削滚刀设计成直槽－30°前角，刀片选用 YT05 新牌号，采用真空炉焊，制造精度高。齿坯预先用剃前滚刀加工，留出适当的精刮余量。热处理后可用 30～70 m/min 速度刮削滚齿。A 级滚刀可加工 7～8 级齿轮，齿面粗糙度达到 $Ra0.32～1.25\mu m$。

（3）蜗轮滚刀　蜗轮滚刀是利用蜗杆与蜗轮啮合原理工作的，所以蜗轮滚刀铲形蜗杆的参数均应与工作蜗杆相同。加工时，蜗轮滚刀与蜗轮的轴交角、中心距也应与蜗杆、蜗轮副工作状态相同。

（4）蜗轮飞刀　加工蜗轮可以使用蜗轮飞刀代替蜗轮滚刀，蜗轮飞刀相当于切向进给蜗轮滚刀的一个刀齿，是属于切向进给加工蜗轮的刀具。

蜗轮飞刀需经专门设计刃磨齿形，安装在刀轴上，其只能用非常小的进刀量，切削效率较低。但结构简单，刀具成本低。选用很小的进给量也可使蜗轮的加工精度达到 7～8 级，适合单件生产。

二、钻头

钻削在金属切削中应用很广，麻花钻、铰刀是最常用的孔加工刀具。

1. 麻花钻

麻花钻用于在实体材料上加工低精度的孔，有时也用于扩孔。

（1）麻花钻的结构　如图 12-34 所示，麻花钻的各组成部分名称及功能如下。

① 装夹部分。用于与机床的连接并传递动力，包括钻柄与颈部。小直径钻头用圆柱柄，12mm 以上的做成莫氏锥柄。锥柄端部做成扁尾，以供使用斜铁将钻头从钻套中击出。颈部直径略小，上面印有厂标、规格等标记。

② 工作部分。用于导向、排屑，也是切削部分的后备部分。外圆柱上两条螺旋形棱边也称刃带，可保持孔形和钻头进给方向。两条螺旋刃沟是排屑的通道。钻体心部称钻心，连接两条刃瓣。

③ 切削部分。是指钻头前端有切削刃的部分。切削部分由两个前面、后面、副后面组成。前面是螺旋沟形成的螺旋面。后面的形状由刃磨机床或夹具的运动决定。一般用锥磨法刃磨夹具磨出的是圆锥面；

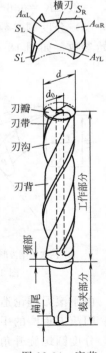

图 12-34　麻花钻的组成

有的钻头磨床磨出的是螺旋面；有些专用的或数控钻头磨床可产生复杂的运动磨出某些特殊曲面。小钻头可用简单的夹具磨出平面形后面。副后面就是刃带棱面。前后面相交为主切削刃，两主后面相交为横刃，两条刃沟与刃带棱面相交的两条螺旋线是副切削刃。

普通麻花钻共有三条主切削刃，即左、右切削刃和横刃两条副切削刃（棱边）。

（2）麻花钻的结构参数 是指钻头在制造中控制的尺寸与角度，它们都是确定钻头几何形状的独立参数。

① 直径 d。指在切削部分测量的两刃带间距离，它是直径选用标准系列尺寸。

② 直径倒锥。远离切削部分的直径逐渐减小，形成倒锥，以减少刃带与孔壁的摩擦，相当于副偏角。中等直径钻头的倒锥量小于（0.03～0.02mm）/100mm。

③ 钻心直径 d_0。指与两刃沟底相切圆的直径。它影响钻头的刚性与容屑截面。直径大于 13mm 的钻头，$d_0 = (0.125 \sim 0.15)d$，钻心做成 （1.4～2mm）/100mm 的正锥度，以提高钻头的刚度。

④ 螺旋角 ω。指钻头刃带棱边螺旋线展开成的直线与钻头轴线的夹角。如图 12-35 所示，前面上 x 点（半径为 r_x）的螺旋角 ω_x 可用下式计算

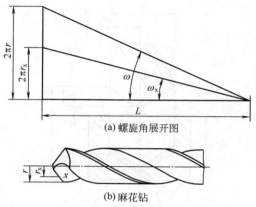

(a) 螺旋角展开图

(b) 麻花钻

图 12-35 麻花钻的螺旋角

$$\tan\omega_x = \frac{2\pi r_x}{L} = \tan\omega(r_x/r) \tag{12-3}$$

式中 r_x——钻头选定点半径；

L——螺旋槽导程。

式(12-3)说明钻头越接近中心处，螺旋角越小。刃带处的螺旋角 ω 一般为 25°～32°，增大螺旋角可使前角增大，有利于排屑，并使切削轻快，但钻头刚性变差。对于小直径的钻头而言，为了提高钻头的刚性，螺旋角做得略小一些。

（3）钻削用量与切削层参数 如图 12-36 所示，钻削用量包括吃刀深度 a_p、进给量 f、切削速度 v_c 三要素。由于钻头有两条主切削刃，所以：

钻削深度 （mm）：$a_p = \dfrac{d}{2}$

每刃进给量 （mm/z）：$f_z = \dfrac{f}{2}$

钻削速度 （m/min）：$v_c = \dfrac{\pi d n}{1000}$

钻孔时切削层参数包括：

钻削厚度 （mm）：$h_D \approx \dfrac{f\sin\phi}{2}$

钻削宽度 （mm）：$b_D \approx \dfrac{d}{2\sin\phi}$

每刃切削层公称横截面积（mm²）：$A_D = \dfrac{df}{4}$

材料切除率（mm³/min）：$Q = \dfrac{\pi d^2 fn}{4} \approx 250 v_c d f$

（4）钻削力　钻头每一切削刃都产生切削力，包括切向力（主切削力）、背向力（径向力）和进给力（轴向力）。当左右切削刃对称时，背向力抵消，最终对钻头构成影响的是进给力 F_f 与切削扭矩 M_c，如图 12-37 所示。

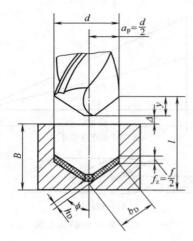

图 12-36　钻削用量与切削层参数

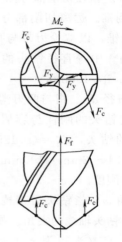

图 12-37　钻削力

通过钻削试验，测量钻削力，可知影响钻削力的因素与规律。钻头各切削刃上产生切削力的比例从表 12-2 所示钻削力的分配中可以得到。

表 12-2　钻削力的分配　　　　　　　　　　　　　　　　　　　　　　　%

项　目	主切削刃	横　刃	刃　带
进给力 F_f	40	57	3
切削扭矩 M_c	80	8	12

选取不同的材料，在固定的钻削条件下，改变切削用量，可测出进给力与切削扭矩。经过数据回归处理，可得钻削力的试验公式。

$$\text{进给力：} F_f = C_{F_f} d^{Z_{F_f}} K_{F_f} \quad (\text{N}) \tag{12-4}$$

$$\text{切削扭矩：} M_c = C_{M_c} d^{Z_{M_c}} f^{y_{M_c}} K_{M_c} \quad (\text{N·m}) \tag{12-5}$$

式中，各系数、指数、修正系数 K 可查阅相关手册。

切削所消耗的功率

$$P_c = \dfrac{M_c v_c}{30d} \tag{12-6}$$

（5）钻削用量选择

① 钻头直径。钻头直径由工艺尺寸决定，应尽可能一次钻出所要求的孔。当机床性能不能胜任时，才采用先钻孔、再扩孔的工艺。需扩孔的，钻孔直径取孔径的 50%～70%。合理刃磨与修磨，可有效地降低进给力，扩大机床钻孔直径的范围。

② 进给量。一般钻头进给量受钻头的刚性与强度限制。大直径钻头才受机床进给机构动力与工艺系统刚性限制。

普通钻头进给量可按以下经验公式估算

$$f = (0.01 \sim 0.02)d \tag{12-7}$$

合理修磨的钻头可选用 $f = 0.03d$。直径小于 $3 \sim 5\text{mm}$ 的钻头，常用手动进给。

③ 钻削速度。高速钢钻头的切削速度推荐按表 12-3 数值选用，也可参考有关手册、资料选取。

表 12-3 高速钢钻头的切削速度

加工材料	低碳钢	中高碳钢	合金钢、不锈钢	铸铁	铝合金	铜合金
钻削速度/(m/min)	25~30	20~25	15~20	20~25	40~70	20~40

2. 其他钻头

（1）外排屑深孔钻　外排屑深孔钻以单面刃的应用较多，如图 12-38 所示。单面刃外排屑深孔钻最早用于加工枪管，故又称为枪钻。枪钻的结构简单，如图 12-38（a）所示。它由切削部分和钻杆组成，其工作原理如图 12-38（b）和 12-38（c）所示。工作时，高压切削液（3.5~10MPa）由钻杆后端的中心孔注入，经月牙形孔和切削部分的进油小孔到达切削区，然后，迫使切削液由 120°的 V 形槽和工作壁之间的空间排出，故称外排屑。这种排屑方法无须专门辅具，排屑空间较大。但钻头刚性和加工质量会受到一定的影响，因此适合于加工孔径为 2~20mm、表面粗糙度 $Ra3.2 \sim 0.8\mu m$、公差 IT8~IT10 级、长径比大于 100 的深孔。

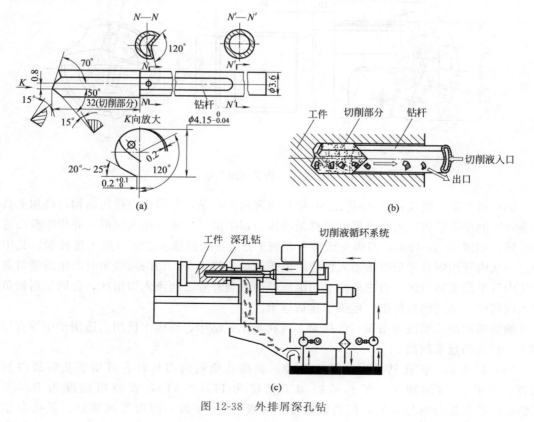

图 12-38　外排屑深孔钻

（2）内排屑深孔钻　内排屑深孔钻一般由钻头和钻杆螺纹连接组成，如图 12-39 所示。工作时，高压切削液（2～6MPa）由钻杆外圆和工件孔壁之间的空隙注入，切屑随同切削液由钻杆的中心孔排出，故名内排屑。工作原理如图 10-39（a）所示。内排屑深孔钻一般用于加工直径为 5～120mm、长径比小于 100、表面粗糙度为 3.2μm、公差 IT6～IT9 级的深孔。由于钻杆为圆形，刚性较好，且切屑不与工件孔壁摩擦，故生产率和加工质量均较外排屑型有所提高。

内排屑深孔钻中以错齿的结构较为典型。图 10-39（b）是硬质合金可转位式错齿内排屑深孔钻的结构简图，目前已较好地用于加工孔径为 60mm 以上的深孔。

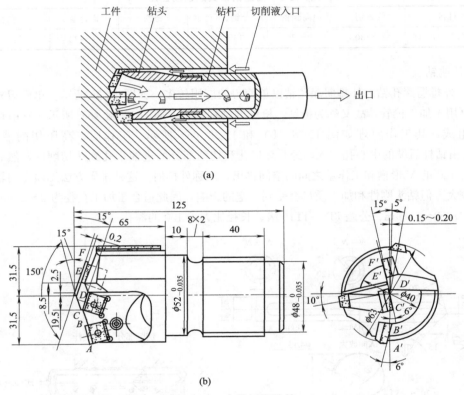

图 12-39　内排屑深孔钻

（3）喷吸钻　喷吸钻是 20 世纪 60 年代出现的深孔钻，它采用内排屑结构，再加上具有喷吸效应的排屑装置。喷吸排屑的原理是将压力切削液从刀体外压入切削区并用喷吸法进行内排屑，如图 12-40 所示，刀齿交错排列有利于分屑。切削液从进液口流入连接套，其中三分之一从内管四周月牙形喷嘴喷入内管。由于牙槽隙缝很窄，切削液喷出时产生的喷射效应能使内管里形成高压区。另三分之二切削液经内管与外管之间流入切削区，会同切屑被负压吸入内管中，迅速向后排出，增强了排屑效果。

喷吸钻附加一套液压系统与连接套，可在车床、钻床、镗床上使用。适用于中等直径的加工，钻孔的效率较高。

（4）扩孔钻　扩孔钻是用于扩大孔径、提高孔质量的刀具，它可用于孔的最终加工或铰、磨孔前的预加工。扩孔钻的加工精度为 IT10～IT9，表面粗糙度为 $Ra6.3～3.2μm$。扩孔钻与麻钻相似，但齿数较多，一般有 3～4 齿，因而导向性好。扩孔余量较小，所以扩孔钻无横刃，改善了切削条件，且屑槽较浅，钻心较厚，扩孔钻的强度和刚度较高，可选择较大切削用量。扩孔钻的加工质量和生产率均比麻花钻高。国家标准规定，高速钢扩孔钻 $\phi 7.8 \sim 50mm$ 做成锥柄，$\phi 25 \sim 100mm$ 做成套式。在实际生产中，许多工厂也使用硬质合金扩孔钻和可转位扩孔钻。

（5）锪钻　用于加工各种埋头螺钉沉孔、锥孔和凸台面等。

三、铰刀

铰刀用于中小直径孔的半精加工和精加工。铰刀的加工余量小，齿数多，刚性和导向性好，铰孔的加工精度可达 IT7～IT6 级，甚至可达到 IT5 级。表面粗糙度可达 $Ra = 1.6 \sim 0.4 \mu m$，所以得到广泛使用。

1. 铰刀的种类与用途

铰刀结构如图 12-41 所示。铰刀由工

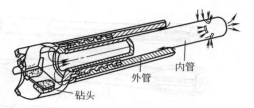

(a) 喷吸钻体

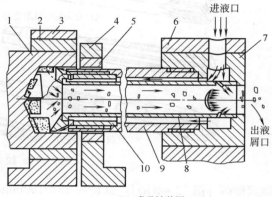

(b) 喷吸钻装置

图 12-40　喷吸钻

1—工件；2—夹爪；3—中心架；4—引导架；5—导向管；6—支持座；7—连接套；8—内管；9—外管；10—钻头

作部分、颈部和柄部组成。工作部分有切削部分和校准部分，校准部分有圆柱部分和倒锥部分。铰刀的主要结构参数有直径 d、齿数 Z、主偏角 κ_r、背前角 γ_p、后角 α_o 和槽形角 θ。

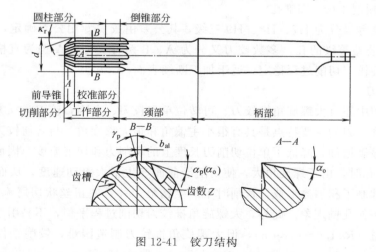

图 12-41　铰刀结构

铰刀种类很多，如图 12-42 所示。按使用方式可分为手用铰刀和机用铰刀。

图 12-42(d) 所示为手用铰刀，其主偏角 κ_r 小，工作部分较长。常用直径尺寸为 1～71mm，适用于单件小批生产或在装配中铰削圆柱孔。图 12-42(e) 所示为可调节手用铰刀。铰刀刀片装在刀体的斜槽内，并靠两端有内斜面的螺母夹紧。旋转两端螺母，推动刀片在斜槽内移动，使其直径有微量伸缩。常用直径尺寸为 $\phi 6.5 \sim 100mm$。机用铰刀又可分为高速钢机用铰刀和硬质合金机用铰刀。直径为 1～20mm 时做成直柄 ［图 12-42(a)］，直径为 5.5～50mm

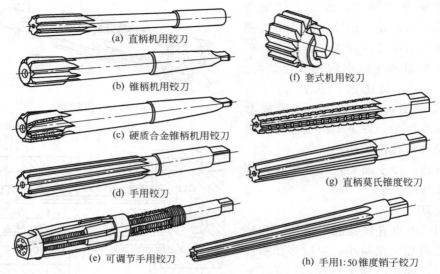

(a) 直柄机用铰刀

(b) 锥柄机用铰刀

(c) 硬质合金锥柄机用铰刀

(d) 手用铰刀

(e) 可调节手用铰刀

(f) 套式机用铰刀

(g) 直柄莫氏锥度铰刀

(h) 手用1:50锥度销子铰刀

图 12-42　铰刀基本类型

时做成锥柄［图 12-42(b)］，直径为 25～100mm 时做成套式［图 12-42(f)］。它们用于成批生产时在机床上低速铰削孔。硬质合金机用铰刀直径为 6～20mm 时做成直柄［图 12-42(a)］，直径为 8～40mm 时做成锥柄［图 12-42(c)］，它用于成批生产时在机床上铰削普通材料、难加工材料的孔。图 12-42(g) 所示为直柄莫氏锥度铰刀，它一共有 0～6 号 7 种规格，分别适合于铰削 0～6 号莫氏锥度孔。由于加工余量较大，一般两把铰刀组成一套。其中有分屑槽的莫氏锥度铰刀为粗铰刀。图 12-42(h) 所示为手用 1：50 锥度销子铰刀，常用直径尺寸为 $\phi0.6～50mm$，适用于铰削 1：50 圆锥孔。

铰刀的精度等级分为 H7、H8、H9 三级，其公差由铰刀专用公差确定，分别适于铰削 H7、H8、H9 公差等级的孔。多数铰刀又分为 A、B 两种类型。A 型为直槽铰刀，B 型为螺旋铰刀，螺旋铰刀切削过程稳定，适于加工断续表面。

2. 其他铰刀

在生产应用中还有大螺旋角推铰刀、可转位单刀铰刀、金刚石铰刀、立方氮化硼铰刀。

大螺旋角推铰刀的主要特点是具有很小主偏角和很大螺旋角。与普通铰刀相比，其切削刃工作长度有显著增加，降低了单位切削刃长度上的切削力和切削温度，因而刀具寿命可提高 3～5 倍。铰孔时，由于螺旋角大，使切削沿前面产生很大滑动速度，从而使切屑不易黏结在前面上，抑制了积屑瘤形成，铰削时不产生钩痕，并且使扭丝状切屑流向待加工表面，不会出现切屑挤伤孔壁现象。此外，大螺旋角推铰刀切削过程平稳，不易引起振动，能获得较好的表面质量（$Ra1.6～0.8\mu m$），但大螺旋角推铰刀制造困难，铰削钢件孔时，其切削用量：a_p 取 0.1～0.2mm，v_c 取 12～20m/min，f 取 0.15～0.8mm/r。

可转位单刃铰刀加工直径范围为 5～80mm。可转位单刃铰刀结构复杂，制造困难，价格昂贵。

金刚石铰刀或立方氮化硼铰刀是以金属镍、钴等作结合剂，利用电镀法或压砂法把金刚石或立方氮化硼颗粒包镶在铰刀基体上，再经磨削制成。由于电镀层薄，磨料颗粒细，所以加工余量不能太大，一般不能大于 0.03～0.05mm，通常分 2～4 次铰光。粗余量为 0.01～0.03mm，半精余量为 0.007～0.015mm，精铰余量为 0.0025～0.005mm，超精铰余量为

0.0025mm 以下。立方氮化硼铰刀的耐热性好，与铁族元素化学惰性大，适用于铰削普通钢、淬硬钢、耐热钢和钛合金等材料。金刚石铰刀主要用于铰削铝和铜合金等材料。金刚石铰刀和立方氧化硼铰刀的加工精度可达 IT5～IT4，表面粗糙度可达 $Ra0.05\mu m$。

3. 铰刀的合理使用

铰刀是精加工刀具。它使用合理与否，将直接影响铰孔的质量。也就是说，铰孔的精度和表面粗糙度除与铰刀本身的结构与制造质量有关外，前道工序的加工质量、铰削用量、润滑冷却、工件材质、重磨质量及铰刀在机床上的装夹情况等因素会直接影响铰孔的质量。

① 底孔（前道工序加工的孔）好坏，对铰孔质量影响很大。底孔精度低，就不容易得到较高精度的铰孔精度。对于精度要求高的孔，在精铰前应先经过扩孔及镗孔或粗铰等工序，使底孔误差减小，才能保证精铰质量。

② 铰削用量选择合理，可以提高铰孔质量。铰削余量视工件材料和对铰孔质量等要求的不同，一般取直径为 0.06～0.12mm。提高铰削时的切削速度和增加进给量，铰孔精度会下降，表面粗糙度增加，特别是当提高切削速度时，铰刀磨损加剧，且易引起振动；在加工韧性很大的材料时，切削速度低，还可以避免积屑瘤的产生。一般在铰削钢材时，切削速度为 1.5～5m/min，铰削铸铁时为 8～10m/min。进给量不能取太小，铰削钢材时通常取 0.3～2mm/r，铰削铸铁时为 0.5～3mm/r。铰孔尺寸大和铰孔质量要求高时取较小值。

③ 铰刀的磨损主要发生在切削部分和校准部分交接处的后刀面上。随着磨损量的增加，切削刃钝圆半径也逐渐加大，致使铰刀切削能力降低，挤压作用明显，铰削质量下降。使用过程中，若经常用油石研磨该交接处，可提高铰刀的耐用度。

④ 铰刀时正确选择切削液，对降低摩擦系数，改善散热条件及冲走细屑均有很大的作用。铰削一般钢材时，通常选用乳化油和硫化油；铰削铸铁时，可应用润湿性较好、黏性较小的煤油。

⑤ 铰刀外圆的研磨可选用 200～500 号金刚砂粉和煤油拌和作为研磨剂。

⑥ 铰刀用钝后重磨切削部分的后刀面，切削刃上应无缺口和毛刺，表面粗糙度不大于 $Ra0.4\mu m$。为了避免铰刀轴线或进给方向与机床主轴回转轴线不一致，铰刀与机床通常不采用刚性连接，而采用浮动装置。

四、复合孔加工刀具

复合孔加工刀具是由两把或两把以上同类或不同类孔加工刀具组合而成的刀具。

复合孔加工刀具的种类繁多。按零件工艺类型可分为同类工艺复合孔加工刀具（如图 12-43 所示的复合钻、复合扩孔钻、复合铰刀和复合镗刀等）和不同类工艺复合孔加工刀具（如图 12-44 所示的钻-扩、扩-铰、钻-铰等复合孔加工刀具）。

按结构不同可分为整体式、焊接式和镶装式。

选择复合程度高的复合刀具，可减少机床台数，提高生产率，并且易保证零件互相位置精度。通常根据零件的工艺、加工表面形状、尺寸、精度和表面粗糙度来确定。

整体式复合孔加工刀具刚性好，能使各单刀间保持高的同轴度、垂直度等位置精度。但重磨后尺寸不能调整，刀具利用率低，适用于小尺寸复合孔加工刀具。

五、镗刀

镗刀是广泛使用的孔加工刀具。一般镗孔达到精度 IT9～IT8，精细镗孔时能达到 IT6，表面粗糙度为 $Ra1.6～0.8\mu m$。镗孔能纠正孔的直线性误差，获得高的位置精度，特别适合于箱体零件的孔系加工。镗孔是加工大孔的唯一精加工方法。镗刀可分为单刃镗刀和双刃镗刀。图 12-45 所示为镗床上用的单刃镗刀，图 12-46 所示为固定式双刃镗刀块及其装夹。

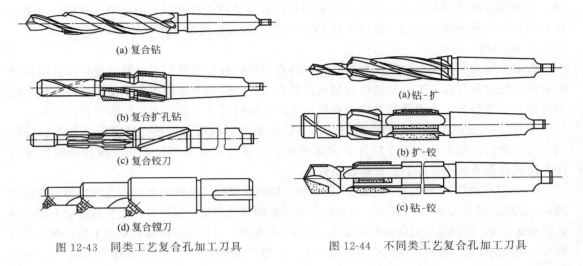

(a) 复合钻

(b) 复合扩孔钻

(c) 复合铰刀

(d) 复合镗刀

图 12-43　同类工艺复合孔加工刀具

(a) 钻-扩

(b) 扩-铰

(c) 钻-铰

图 12-44　不同类工艺复合孔加工刀具

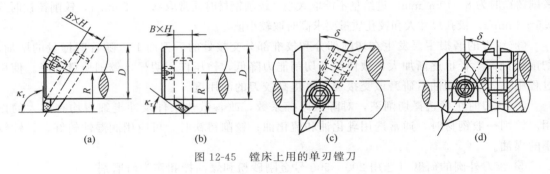

(a)　　　　　(b)　　　　　(c)　　　　　(d)

图 12-45　镗床上用的单刃镗刀

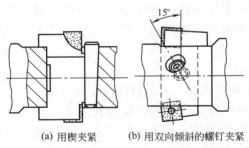

(a) 用楔夹紧　　　(b) 用双向倾斜的螺钉夹紧

图 12-46　固定式双刃镗刀块及其装夹

六、插齿刀

1. 插齿刀工作原理与特点

如图 12-47 所示，插齿刀的外形像一个齿轮，齿顶、齿侧做出后角，端面做出前角，形成切削刃。

插齿的主运动是插齿刀的上下往复运动。切削刃上下运动轨迹形成的齿轮称作铲形齿轮。插齿刀与齿坯相对的滚动形成圆周进给运动，它相当于铲形齿轮与被切齿轮做无间隙的啮合，所以插齿刀切出齿轮的模数、压力角与铲形齿轮的模数、压力角相同，齿数由插齿刀与齿坯啮合运动的传动比决定。

插齿刀开始切齿时有径向进给，切到全齿深时停止进给。为减少插齿刀与齿面摩擦，插齿刀在返回行程时，齿坯有让刀运动。这些都靠机床上的机构（如凸轮）得以实现。

加工斜齿轮时，插齿刀的铲形齿轮必须与被切齿轮坯螺旋角大小相等，旋向相反。插齿时插刀上下运动的同时，由机床装置的螺旋导轨使插齿刀形成附加的螺旋运动。插齿与滚齿比较，插齿的进给运动不受展成运动传动比的限制，因此可选用较慢的圆周进给，以增加齿形包络刃数，减小齿形表面粗糙度值。

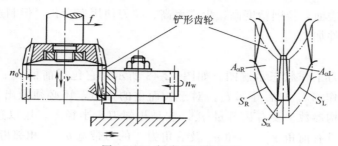

图 12-47　插齿刀工作原理

采用高性能涂层高速钢制造插齿刀，选用高速插齿机可有效提高插齿的生产率，这是当前发展的方向。

2. 插齿刀的合理选用

直齿插齿刀按加工模数范围、齿轮形状不同分为盘形、碗形、带锥柄等几种。它们的类型、规格与应用范围见表 12-4。插齿刀的精度分为 AA、A、B 三级，分别用于加工 6～9 级精度的圆柱齿轮。

表 12-4　插齿刀类型、规格与应用范围　　　　　　　　　　　　　mm

序号	类　型	简　图	应 用 范 围	规　格		d_1
				d_0	m	（莫氏锥度）
1	盘形直齿插齿刀		加工普通直齿外齿轮和大直径内齿轮	$\phi63$	0.3～1	31.743
				$\phi75$	1～4	
				$\phi100$	1～6	
				$\phi125$	4～8	
				$\phi100$	6～10	88.90
				$\phi200$	8～12	101.60
2	碗形直齿插齿刀		加工塔形，双联直齿轮	$\phi50$	1～3.5	20
				$\phi75$	1～4	31.743
				$\phi100$	1～6	
				$\phi125$	4～8	
3	锥柄直齿插齿刀		加工直齿内齿轮	$\phi25$	0.3～1	Morse No. 2
				$\phi25$	1～2.75	
				$\phi38$	1～3.75	Morse No. 3

七、拉刀

拉刀是高效的多齿刀具。拉削时，利用拉刀上相邻刀齿尺寸的变化切除加工余量。拉削后达到公差等级 IT9～IT7，表面粗糙度 $Ra = 3.2～0.5\mu m$。拉刀的主要特点：能加工各种形状贯通的内、外表面，拉削精度高、生产率高、拉刀使用寿命长，但制造复杂，拉刀主要对大量、成批的零件加工。

1. 拉刀的组成

拉刀组成与拉刀工作状态示意图。如图 12-48 所示，它包括前柄 l_1、颈部 l_2、过渡锥 l_3、前导部 l_4、工作部 l_5 和后导部 l_6。对于长而重的拉刀，还必须做出支承用的后柄 l_7。拉刀工作部分的结构参数主要有齿升量 f_z，它是相邻刀齿半径差，用以达到每齿切除金属层的作用。每齿上具有前角 γ_o、后角 α_o 及后角为 $0°$ 的刃带宽 $b_{\alpha 1}$，相邻齿间做出容屑槽。

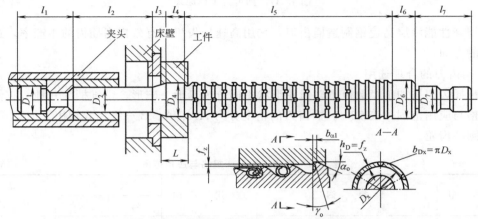

图 12-48　拉刀组成与拉刀工作状态示意图

广泛使用的矩形花键拉刀主要用于拉削大径定心和小径定心的矩形花键孔。图 12-49 所示的花键拉刀有内孔-花键组合拉刀、倒角-花键组合拉刀和倒角-内孔-花键组合拉刀。

2. 拉刀的种类及用途

通常按被加工表面部位、拉刀结构和使用方法对拉刀进行分类。

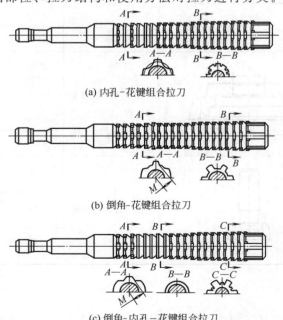

(a) 内孔-花键组合拉刀

(b) 倒角-花键组合拉刀

(c) 倒角-内孔-花键组合拉刀

图 12-49　矩形花键拉刀

（1）**按被加工表面部位分** 可分为内拉刀和外拉刀。图 12-50 所示为常用的各种拉刀，其中有圆拉刀、花键拉刀、四方拉刀、键槽拉刀和平面拉刀。

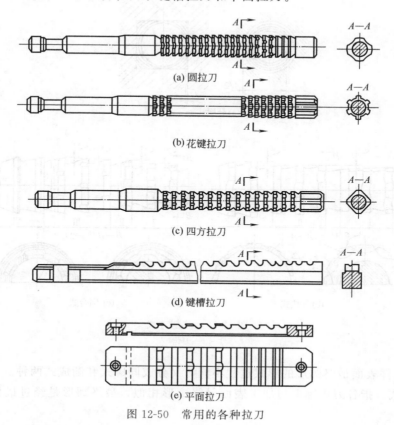

图 12-50 常用的各种拉刀

（2）**按拉刀结构分** 可分为整体拉刀、焊接拉刀、装配拉刀和镶齿拉刀。加工中、小尺寸表面的拉刀，常制成高速钢整体形式。加工大尺寸、复杂形状表面的拉刀，则可由几个零部件组装而成。对于硬质合金拉刀，利用焊接或机械镶装的方法将刀齿固定在结构钢刀体上。

（3）**按使用方法分** 可分为拉刀、推刀和旋转拉刀。图 12-51 所示为常用的圆推刀和花键推刀。推刀是在推力作用下工作的，推刀主要用于校正与修光硬度低于 45HRC 且变形量小于 0.1mm 的孔。推刀的结构与拉刀相似，它齿数少、长度短。旋转拉刀是在转矩作用下，通过旋转运动而切削工件的。

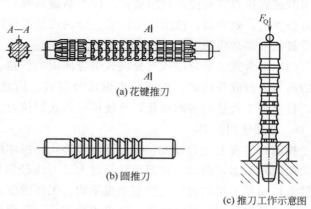

图 12-51 常用的推刀

3. 拉削方式

拉削方式是指拉刀逐齿从工件表面上切除加工余量的方式。如图 12-52 所示，拉削方式主要有分层式、分块式和组合式三种。

（1）**分层式** 如图 12-52(a) 所示，分层式是每层加工余量各用一个刀齿切除。在分层

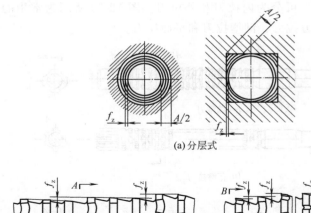

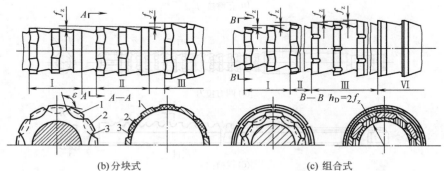

(b) 分块式　　　　　　(c) 组合式

图 12-52　拉削方式

1～3—刀齿

式中，根据工件表面最终廓形的形式过程不同，又分成同廓式和渐成式两种。

① 同廓式。指各刀齿廓形与加工表面最终廓形相似，最终廓形是经过最后一个切削齿切削后形成的。

② 渐成式。指工件表面最终廓形是经各刀齿上部分切削刃切削后衔接而形成的。

(2) 分块式（轮切式）　如图 12-52(b) 所示，分块式是每层加工余量经一组若干刀齿切除。

上述两种拉削方式的主要特点是：分层式拉刀的拉削余量少，齿升量小，拉削质量高。使用渐成式拉刀容易提高拉削质量，拉刀制造容易；分块式拉刀的齿升量大，拉削余量多，拉刀长度短，效率高，拉削质量较差。分块式拉刀可用于拉削大尺寸、多余量工件，也能拉削带氧化皮、杂质的毛坯面。

(3) 组合式　是分层式与分块式组合而成的拉削方式。如图 12-52(c) 所示。组合式拉刀的前刀齿做成分块式，后部分齿做成分层式，因此，组合式拉刀具有分层与分块式的优点，目前加工余量较多的圆孔，常使用组合式圆拉刀。

4. 合理使用拉刀

拉削时刀齿上受力过大、拉刀强度不够，是损坏拉刀和刀齿的主要原因。造成刀齿受力过大的因素很多，例如，拉刀齿升量过大、刀齿径向圆跳动大、拉刀弯曲、预制孔太粗糙、工件夹持偏斜、切削刃各点拉削余量不均、工件强度过高、工件刚度过大、材料内部有硬质点、严重粘屑和容屑槽挤塞等。可采用预制孔，孔精度 IT10～IT8，表面粗糙度 $Ra \leqslant 5\mu m$，预制孔与定位端面垂直度偏差不超过 0.05mm。此外，还应严格检查拉刀的制造精度。对于外购拉刀的制造精度、齿升量、容屑空间和拉刀强度等进行检验；对难加工材料，采取适当热处理，改善材料的加工性。

思考题与习题

12-1 分析比较应用展成法和成形法加工圆柱齿轮各有何特点？

12-2 已知滚刀的头数为 K，右旋，螺旋升角为 ω，被加工的直齿圆柱齿轮的齿数为 $Z_{\text{工}}$，滚刀的轴向进给量为 f（mm/r），①滚刀的轴线位置为什么要调整到与水平线相差一个角度？角度应为多大？②若滚刀轴向进给 f（mm）时，工件与滚刀各转了多少度？

12-3 刨床、插床、龙门铣床的应用有什么区别？

12-4 在 Y3150E 型滚齿机上加工：①直齿圆柱齿轮，$Z=40$，$m=3.5$mm；滚刀直径 $D=\phi70$mm，$\omega=3°15'$，$m_{\text{n}}=3.5$mm（右旋单头）。②斜齿圆柱齿轮，$Z=36$，$m_{\text{n}}=2.5$，螺旋角 $\beta=12°$（右旋），滚刀直径 $D=\phi70$mm，$\omega=2°15'$（右旋单头）。

试计算：①各传动链的交换齿轮的齿数；②确定各执行件的运动方向和滚刀架和滚刀扳动角度的大小和方向；③用图示表示各执行件的运动方向和滚刀架扳动角度的大小和方向。

12-5 齿轮滚刀有哪些结构参数？如何选择？

12-6 滚刀如何正确安装与调整？

12-7 插齿刀如何选择？

12-8 常用丝锥有哪些类型？它们的结构特点和适用范围如何？

12-9 拉刀由哪几部分组成？

12-10 试述扩孔钻、锪钻的结构特点及其应用范围。

12-11 铰削过程有哪些特点？

12-12 什么是复合孔加工刀具？应着重处理好哪几个方面的问题？

附 录

金属切削机床型号编制方法（摘自 GB/T 15375—2008）

一、主要内容规定与适用范围

本标准规定了金属切削机床（以下简称机床）和回转体加工自动线型号的表示方法。

本标准适用于新设计的各类通用及专用金属切削机床、自动线，不包括组合机床、特种加工机床。

二、通用机床型号

1. 型号的表示方法

型号由基本部分与辅助部分组成，中间用"/"隔开（读作"之"），前者需统一管理，后者纳入型号与否由企业自定。型号构成如下：

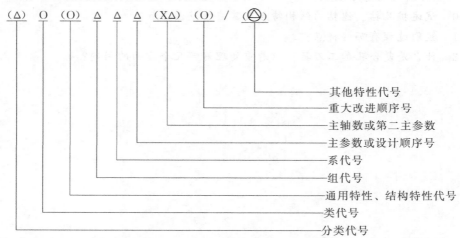

注：1. 有"（ ）"的代号或数字，当无内容时，则不表示。若有内容，则不带括号。

2. 有"O"符号者，为大写的汉语拼音字母。

3. 有"△"符号者，为阿拉伯数字。

4. 有"⬡"符号者，为大写的汉语拼音字母、阿拉伯数字或两者兼有之。

2. 机床的分类及类代号

机床按其工作原理划分为车床、钻床、镗床、磨床、齿轮加工机床、螺纹加工机床、铣床、刨插床、拉床、锯床和其他机床等共 11 类。

机床的类代号，用大写的汉语拼音字母表示。必要时，每类可分为若干分类。分类代号在类别代号之前，作为型号的首位，并用阿拉伯数字表示。第一分类别代号前的"1"省略，第"2""3"分类代号则应予以表示机床的类别代号，按其相对的汉字字义读音。例如：铣床类代号"X"，读作"铣"。

机床的类别和分类代号见附表1。

附表1　机床的类别和分类代号

类别	车床	钻床	镗床	磨床			齿轮加工机床	螺纹加工机床	铣床	刨插床	拉床	锯床	其他机床
代号	C	Z	T	M	2M	3M	Y	S	X	B	L	G	Q
读音	车	钻	镗	磨	二磨	三磨	牙	丝	铣	刨	拉	割	其

3. 通用特性代号、结构特性代号

这两种特性代号，用大写的汉语拼音字母表示，位于类代号之后。

（1）通用特性代号　通用特性代号有统一的固定含义，它在各种机床的型号中，表示的意义相同。

当某类型机床，除有普通型外，还有下列某种通用特性时，则在类代号之后加通用特性代号予以区分。如果某类型机床仅有某种通用特性，而无普通形式者，则通用特性不予表示。

当在一个型号中需要同时使用两至三个通用特性代号时，一般按重要程度排列顺序。通用特性代号，按其相应的汉字字义读音。机床的通用特性代号见附表2。

附表2　机床的通用特性代号

通用特性	高精度	精密	自动	半自动	数控	加工中心（自动换刀）	仿形	轻型	加重型	简式或轻济型	柔性加工单元	数显	高速
代号	G	M	Z	B	K	H	F	Q	C	J	R	X	S
读音	高	密	自	半	控	换	仿	轻	重	简	柔	显	速

（2）结构特性代号　对主参数值相同而结构、性能不同的机床，在型号中加结构特性代号予以区分。根据各类机床的具体情况，对某些结构特性代号，可以赋予一定含义。但结构特性代号与通用特性代号不同，它在型号中没有统一的含义。只在同类机床中起区分机床结构、性能不同的作用。当型号中有通用特性代号时，结构特性代号应排在通用特性代号之后。结构特性代号，用汉语拼音字母（通用特性代号已用的字母和"I、O"两个字母不能用）表示，当单个字母不够用时，可将两个字母组合起来使用，如 AD、AE 等，或 DA、EA 等。

4. 机床组、系的划分原则及其代号

将每类机床划分为十个组，每个组又划分为十个系（系列）组、系划分的原则如下。

在同一类机床中，主要布局或使用范围基本相同的机床，即为同一组。

在同一组机床中，其主参数相同、主要结构及布局形式相同的机床，即为同一系。

机床的组、系代号：

机床的组，用一位阿拉伯数字表示，位于类代号或通用特征代号、结构特征代号之后。

机床的系，用一位阿拉伯数字表示，位于组代号之后。

金属切削机床类、组划分见附表3。

5. 主参数的表示方法

机床型号中主参数用折算值表示。位于系代号之后。当折算值大于1时，则取整数。前面不加"0"；当折算值小于1时，则取小数点后第一位数，并在前面加"0"。

机床的统一名称和组、系划分，以及型号中主参数的表示方法，见本标准的金属切削机床统一名称和类、组、系划分附表4。

附表3　金属切削机床类、组划分

类别		0	1	2	3	4	5	6	7	8	9
车床C		仪表车床	单轴自动车床	多轴自动半自动车床	回轮、转塔车床	曲轴及凸轮轴车床	立式车床	落地及卧式车床	仿形及多刀车床	轮、轴、辊、锭及铲齿车床	其他车床
钻床Z			坐标镗钻床	深孔钻床	摇臂钻床	台式钻床	立式钻床	卧式钻床	铣钻床	中心孔钻床	其他钻床
镗床T				深孔镗床		坐标镗床	立式镗床	卧式铣镗床	精镗床	汽车、拖拉机修理用镗床	其他镗床
磨床	M	仪表磨床	外圆磨床	内圆磨床	砂轮机	坐标磨床	导轨磨床	刀具刃磨床	平面及端面磨床	曲轴、凸轮轴、花键轴及轧辊磨床	工具磨床
磨床	2M		超精机	内圆珩磨机	外圆及其他珩磨机	抛光机	砂带抛光及磨削机床	刀具刃磨及研磨机床	可转位刀片磨削机床	研磨机	其他磨床
磨床	3M		球轴承套圈沟磨床	滚子轴承套圈滚道磨床	轴承套圈超精机		叶片磨削机床	滚子加工机床	钢球加工机床	气门、活塞及活塞环磨削机床	汽车、拖拉机修磨机床
齿轮加工机Y		仪表齿轮加工机		锥齿轮加工机	滚齿及铣齿机	剃齿及珩齿机	插齿机	花键轴铣床	齿轮磨齿机	其他齿轮加工机床	齿轮倒角及检查机
螺纹加工机S				套丝机	攻丝机		螺纹铣床	螺纹磨床	螺纹车床		
铣床X		仪表铣床	悬臂及滑枕铣床	龙门铣床	平面铣床	仿形铣床	立式升降台铣床	卧式升降台铣床	床身铣床	工具铣床	其他铣床
刨插床B			悬臂刨床	龙门刨床			插床	牛头刨床		边缘及模具刨床	其他刨床
拉床L				侧拉床	卧式外拉床	连续拉床	立式内拉床	卧式内拉床	立式外拉床	键槽及螺纹拉床	其他拉床
锯床G				砂轮片锯床		卧式带锯床	立式带锯床	圆锯床	弓锯床	锉锯床	
其他机床Q		其他仪表机床	管子加工机床	木螺钉加工机床		刻线机	切断机	多功能机床			

6. 通用机床的设计顺序号

　　某些通用机床，当无法用一个主参数表示时，则在型号中用设计顺序号表示。设计顺序号由1起始，当设计顺序号小于10时，由01开始编号。

7. 主轴数和第二主参数的表示方法

（1）主轴数的表示方法　对于多轴车床、多轴钻床、排式钻床等机床，其主轴数应以实际数值列入型号，置于主参数之后，用"×"分开，读作"乘"。单轴，可省略，不予表示。

（2）第二主参数的表示方法　第二主参数（多轴机床的主轴数除外），一般不予表示，如有特殊情况，需在型号中表示，应按一定手续审批。在型号中表示的第二主参数，一般以折算成两位数为宜，最多不超过三位数。以长度、深度值等表示的，其折算系数为1/100；以直径、宽度值等表示的，其折算系数为1/10；以厚度、最大模数值等表示的，其折算系数为1。当折算值大于1时，则取整数；当折算值小于1时，则取小数点后第一位数，并在前面加"0"。

机床常用主参数及主参数的折算系数见附表4。

附表4　常用机床组、系代号及主要参数

类	组	系	机床名称	主参数的折算系数	主参数	第二主参数
车床	1	1	单轴纵切自动车床	1	最大棒料直径	
	1	2	单轴横切自动车床	1	最大棒料直径	
	1	3	单轴转塔自动车床	1	最大棒料直径	
	2	1	多轴棒料自动车床	1	最大棒料直径	轴数
	2	2	多轴卡盘自动车床	1/10	卡盘直径	轴数
	2	6	立式多轴半自动车床	1/10	最大车削直径	轴数
	3	0	回轮车床	1	最大棒料直径	
	3	1	滑鞍转塔车床	1/10	最大车削直径	
	3	3	滑枕转塔车床	1/10	最大卡盘直径	
	4	1	曲轴车床	1/10	最大工件回转直径	最大工件长度
	4	6	凸轮轴车床	1/10	最大工件回转直径	最大工件长度
	5	1	单柱立式车床	1/100	最大车削直径	最大工件长度
	5	2	双柱立式车床	1/100	最大车削直径	最大工件长度
	6	0	落地车床	1/100	最大工件回转直径	最大工件长度
	6	1	卧式车床	1/10	床身上最大回转直径	最大工件长度
	6	2	马鞍车床	1/10	床身上最大回转直径	最大工件长度
	6	4	卡盘车床	1/10	床身上最大回转直径	最大工件长度
	6	5	球面车床	1/10	刀架上最大车削直径	最大工件长度
	7	1	仿形车床	1/10	刀架上最大车削直径	最大工件长度
	7	5	多刀车床	1/10	刀架上最大车削直径	最大工件长度
	7	6	卡盘多发车床	1/10	刀架上最大车削直径	
	8	4	轧辊车床	1/10	最大工件直径	最大工件长度
	8	9	铲齿车床	1/10	最大工件直径	最大模数
钻床	1	3	立式坐标镗钻床	1	最大钻孔直径	工作台面长度
	2	1	深孔钻床	1	最大钻孔直径	最大钻孔深度
	3	0	摇臂钻床	1	最大钻孔直径	最大跨距
	3	1	万向摇臂钻床	1	最大钻孔直径	最大跨距

类	组	系	机床名称	主参数的折算系数	主参数	第二主参数
钻床	4	0	台式钻床	1	最大钻孔直径	
	5	0	圆柱立式钻床	1	最大钻孔直径	
	5	1	方柱立式钻床	1	最大钻孔直径	
	5	2	可调多轴立式钻床	1	最大钻孔直径	轴数
	8	1	中心孔钻床	1	最大工件直径	最大工件长度
	8	2	平端面中心孔钻床	1	最大工件直径	最大工件长度
镗床	4	1	立式单柱坐标镗床	1/10	工作台面宽度	
	4	2	立式单柱坐标镗床	1/10	工作台面宽度	
	4	6	卧式坐标镗床	1/10	工作台面宽度	
	6	1	卧式镗床	1/10	镗轴直径	
	6	2	落地镗床	1/10	镗轴直径	
	6	9	落地铣镗床	1/10	镗轴直径	铣轴直径
	7	0	单面卧式精镗床	1/10	工作台面宽度	工作台面长度
	7	1	双面卧式精镗床	1/10	工作台面宽度	工作台面长度
	7	2	立式精镗床	1/10	最大镗孔直径	
磨床	0	4	抛光机			
	0	6	刀具磨床			
	1	0	无心外圆磨床	1	最大磨削直径	
	1	3	外圆磨床	1/10	最大磨削直径	最大磨削长度
	1	4	万能外圆磨床	1/10	最大磨削直径	最大磨削长度
	1	5	宽砂轮外圆磨床	1/10	最大磨削直径	最大磨削长度
	1	6	端面外圆磨床	1/10	最大回转直径	最大工件长度
	2	1	内圆磨床	1/10	最大磨削孔径	最大磨削深度
	2	5	立式行星内圆磨床	1/10	最大磨削孔径	最大磨削深度
	3	0	落地砂轮机	1/10	最大砂轮直径	
	4	1	单柱坐标磨床	1/10	工作台面宽度	
	4	2	双柱坐标磨床	1/10	工作台面宽度	
	5	0	落地导轨磨床	1/100	最大磨削宽度	最大磨削长度
	5	2	龙门导轨磨床	1/100	最大磨削宽度	最大磨削长度
	6	0	万能工具磨床	1/10	最大回转直径	最大工件长度
	6	3	钻头刃磨床	1	最大刃磨钻头直径	
	7	1	卧轴矩台平面磨床	1/10	工作台面宽度	工作台面长度
	7	3	卧轴圆台平面磨床	1/10	工作台面直径	
	7	4	立轴矩台平面磨床	1/10	工作台面直径	
	8	2	曲轴磨床	1/10	最大回转直径	最大工件长度
	8	3	凸轮轴磨床	1/10	最大回转直径	最大工件长度

类	组	系	机床名称	主参数的折算系数	主参数	第二主参数
磨床	8	6	花键轴磨床	1/10	最大磨削直径	最大磨削长度
	9	0	曲线磨床	1/10	最大磨削长度	
齿轮加工机床	2	0	弧齿锥齿轮磨齿机	1/10	最大工件直径	最大模数
	2	2	弧齿锥齿轮铣齿机	1/10	最大工件直径	最大模数
	2	3	直齿锥齿轮刨齿机	1/10	最大工件直径	最大模数
	3	1	滚齿机	1/10	最大工件直径	最大模数
	3	6	卧式滚齿机	1/10	最大工件直径	最大模数或长度
	4	2	剃齿机	1/10	最大工件直径	最大模数
	4	6	珩齿机	1/10	最大工件直径	最大模数
	5	1	插齿机	1/10	最大工件直径	最大模数
	6	0	花键轴铣床	1/10	最大铣削直径	最大铣削长度
	7	0	碟形砂轮磨齿机	1/10	最大工件直径	最大模数
	7	1	锥形砂轮磨齿机	1/10	最大工件直径	最大模数
	7	2	蜗杆砂轮磨齿机	1/10	最大工件直径	最大模数
	8	0	车齿机	1/10	最大工件直径	最大模数
	9	3	齿轮倒角机	1/10	最大工件直径	最大模数
	9	9	齿轮噪声检查机	1/10	最大工件直径	
螺纹加工机床	3	0	套丝机	1	最大套丝直径	
	4	8	卧式攻丝机	1/10	最大攻丝直径	轴数
	6	0	丝杠铣床	1/10	最大铣削直径	最大铣削长度
	6	2	短螺纹铣床	1/10	最大铣削直径	最大铣削长度
	7	4	丝杠磨床	1/10	最大工件直径	最大工件长度
	7	5	万能螺纹磨床	1/10	最大工件直径	最大工件长度
	8	6	丝杠车床	1/100	最大工件长度	最大工件直径
	8	9	多头螺纹车床	1/10	最大车削直径	最大车削长度
铣床	2	0	龙门铣床	1/100	工作台面宽度	工作台面长度
	3	0	圆台铣床	1/100	工作台面直径	
	4	3	平面仿形铣床	1/10	最大铣削宽度	最大铣削长度
	4	4	立体仿形铣床	1/10	最大铣削宽度	最大铣削长度
	5	0	立式升降台铣床	1/10	工作台面宽度	工作台面长度
	6	0	卧式升降台铣床	1/10	工作台面宽度	工作台面长度
	6	1	万能升降台铣床	1/10	工作台面宽度	工作台面长度
	7	1	床身铣床	1/100	工作台面宽度	工作台面长度
	8	1	万能工具铣床	1/10	工作台面宽度	工作台面长度
	9	2	键槽铣床	1	最大键槽宽度	
刨插床	1	0	悬臂刨床	1/100	最大刨削宽度	最大刨削长度
	2	0	龙门刨床	1/100	最大刨削宽度	最大刨削长度

类	组	系	机床名称	主参数的折算系数	主参数	第二主参数
刨插床	2	2	龙门铣磨刨床	1/100	最大刨削宽度	最大刨削长度
	5	0	插床	1/10	最大插削长度	
	6	0	牛头刨床	1/10	最大刨削长度	
拉床	3	1	卧式外拉床	1/10	额定拉力	最大行程
	4	3	连续拉床	1/10	额定拉力	
	5	1	立式内拉床	1/10	额定拉力	最大行程
	6	1	卧式内拉床	1/10	额定拉力	最大行程
	7	1	立式外拉床	1/10	额定拉力	最大行程
	9	1	气缸体平面拉床	1/10	额定拉力	最大行程
锯床	5	1	立式带锯床	1/10	最大锯削厚度	
	6	0	卧式圆锯床	1/10	最大圆锯片直径	
	7	1	夹板卧式弓锯床	1/100	最大锯削直径	
其他机床	1	6	管接头车丝机	1/10	最大加工直径	
	2	1	木螺钉螺纹加工机	1	最大工件直径	最大工件长度
	4	0	圆刻线机	1/100	最大加工直径	
	4	1	长刻线机	1/100	最大加工长度	

8. 机床的重大改进顺序号

当机床的结构、性能有更高的要求，并需按新产品重新设计、试制和鉴定时，才按改进的先后顺序选用 A、B、C 等汉语拼音字母（但"I、O"两个字母不得选用），加在型号基本部分的尾部，以区别原机床型号。

重大改进设计不同于完全的新设计，它是在原有机床的基础上进行改进设计，因此，重大改进后的产品与原型号的产品，是一种取代关系。

凡属局部的小改进或增减某些附件、测量装置及改变装夹工件的方法等，应对原机床的结构、性能没有做重大的改变，故不属于重大改进，其型号不变。

9. 其他特性代号及其表示方法

① 其他特性代号置于辅助部分之首。其中同一型号机床的变形代号，一般应放在其他特性代号之首位。

② 其他特性代号主要用以反映各类机床的特性，如对于数控机床，可用以反映不同的控制系统等；对于加工中心，可用以反映控制系统、自动交换主轴头、自动交换工作台等；对于柔性加工单元，可用以反映自动交换主轴箱；对于一机多能机床，可用以补充表示某些功能；对于一般机床，可用以反映同一型号机床的变形等。

③ 其他特性代号可用汉语拼音字母（"I、O"两个字母除外）表示。其中 L 表示联动轴数，F 表示复合。当单个字母不够用时，可将两个字母组合起来使用，如 AB、AC、AD 等，或 BA、CA、DA 等。

其他特性代号，也可用阿拉伯数字表示。

其他特性代号，还可用阿拉伯数字和汉语拼音字母组合表示。

用汉语拼音字母读音，如有需要，也可用相对应的汉字字义读音。

通用机床型号示例：

工作台最大宽度为 500mm 的精密卧式镗床，其型号为 THM6150。

最大磨削直径为 400mm 的高精度数控外圆磨床，其型号为 MKG1340。

最大钻孔直径为 40mm，最大跨距为 1600mm 的摇臂钻床，其型号为 Z3040×16。

经过第 1 次重大改进，最大钻孔直径为 25mm 的可调四轴立式钻床，其型号表示为 Z5225×4A。

加工最大棒料直径为 40mm 的卧式六轴自动车床，其型号为 C2140×6。

光球板直径为 800mm 的立式钢球光球机，其型号为 3M7480。

最大磨削直径为 320mm 的半自动万能外圆磨床结构不同时，其型号为 MBE1432。

最大回转直径为 400mm 的半自动曲轴磨床，其型号为 MB8240。根据加工的需求，在此型号的基础上变换的第一种形式的半自动曲轴磨床，其型号为 MB8240/1。变换的第二种型式的半自动曲轴磨床，其型号为 MB8240/2，依此类推。

三、专用机床的型号

专用机床型号构成如下：

设计顺序号
设计单位代号

1. 专用机床的型号表示方法

专用机床的型号一般由设计单位代号和设计顺序号组成。

2. 设计单位代号

设计单位代号包括机床生产厂和机床研究单位代号（位于型号之首）。

3. 专用机床的设计顺序号

专用机床的设计顺序号，按该单位的设计顺序号排列，由 001 起始位于设计单位代号之后，并用"—"隔开（读作"至"）。

4. 专用机床的型号示例

某单位设计制造的第一种专用机床为专用车床，其型号为×××—001。

某单位设计制造的第 15 种专用机床为专用磨床，其型号为×××—015。

某单位设计制造的第 100 种专用机床为专用铣床，其型号为×××—100。

四、机床自动线的型号

1. 机床自动线代号

由通用机床或专用机床组成的机床自动线。其代号为"ZX"（读作"自线"），位于设计单位代号之后，并用"—"分开（读作"至"）。

机床自动线设计顺序号的排列与专用机床的设计顺序号相同，位于机床自动线代号之后。

2. 机床自动线的型号表示方法

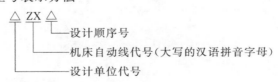

设计顺序号
机床自动线代号（大写的汉语拼音字母）
设计单位代号

3. 机床自动线型号示例

某单位以通用机床或专用机床为皮革厂设计的第一条机床自动线，其型号为×××—ZX001。

五、金属切削机床统一名称和类、组、系的划分

详细资料参阅中华人民共和国国家标准 GB/T 15375—2008。

参 考 文 献

[1] 陈日曜. 金属切削原理. 第 2 版. 北京：机械工业出版社，2007.

[2] 武文革. 金属切削原理及刀具. 第 2 版. 北京：电子工业出版社，2019.

[3] 韩步愈. 金属切削原理及刀具. 第 3 版. 北京：机械工业出版社，2018.

[4] 中国国家标准化管理委员会. 硬质合金牌号. 北京：中国标准出版社，2008.

[5] 陆剑中，孙家宁. 金属切削原理与刀具. 第 5 版. 北京：机械工业出版社，2011.

[6] 陆剑中，周志明. 金属切削原理与刀具. 北京：机械工业出版社，2010.

[7] 乐况谦. 金属切削原理与刀具. 第 2 版. 北京：机械工业出版社，2011.

[8] 吴国华. 金属切削机床. 第 2 版. 北京：机械工业出版社，2011.

[9] 庞学慧. 金属切削机床. 第 2 版. 北京：国防工业出版社，2015.